中国建筑科学研究院有限公司 组编
China Academy of Building Research

LIGHTING TECHNOLOGY 照明技术
INNOVATION AND 创新与应用
APPLICATION SERIES 丛书

U0643215

LIGHTING FOR

博物馆建筑照明

MUSEUM BUILDINGS

主编 赵建平 罗涛 刘鹭

中国电力出版社
CHINA ELECTRIC POWER PRESS

内 容 提 要

本书介绍了博物馆建筑照明的术语，照明设计标准，展品或藏品的保护，专项设计与实施流程，光源、灯具及其附属装置，展厅照明设计，天然光在博物馆中的应用，可持续设计，照明配电与控制，照明调适与运行维护，以及部分博物馆、美术馆的典型案例。

本书可供博物馆管理和专业技术人员、电气及照明设计师、生产企业技术人员等参考，也可供高校相关专业的师生学习和参考。

图书在版编目（CIP）数据

博物馆建筑照明 / 中国建筑科学研究院有限公司组编 ；赵建平，罗涛，刘鹭主编. -- 北京 ：中国电力出版社，2025. 8. -- (照明技术创新与应用丛书).

ISBN 978-7-5198-9415-3

Ⅰ. TU113.6

中国国家版本馆 CIP 数据核字第 2024EG0292 号

出版发行：中国电力出版社
地　　址：北京市东城区北京站西街 19 号（邮政编码 100005）
网　　址：http://www.cepp.sgcc.com.cn
策划编辑：周　娟
责任编辑：杨淑玲（010-63412602）　未翠霞
责任校对：黄　蓓　郝军燕
装帧设计：王红柳
责任印制：杨晓东

印　　刷：北京九天鸿程印刷有限责任公司
版　　次：2025 年 8 月第一版
印　　次：2025 年 8 月北京第一次印刷
开　　本：787 毫米×1092 毫米　16 开本
印　　张：17.75
字　　数：419 千字
定　　价：108.00 元

丛书编委会

组编单位　中国建筑科学研究院有限公司

主　　任　赵建平

委　　员（按姓氏笔画排序）

马　晔　王小冬　王书晓　王　俊

杨　赟　李战增　张　屹　罗　涛

金　珠　姚梦明　高雅春　常立强

本书编委会

主 编 单 位 中国建筑科学研究院有限公司

副主编单位 中国博物馆协会陈列艺术委员会

建科环能科技有限公司

主 编 赵建平 罗 涛 刘 鹭

编 委（按姓氏笔画排列）

王 方 王书晓 刘文洋 刘 洋 齐洪海

孙 淼 严洪明 李宝华 沙玉峰 沈迎九

张 昕 张秋逸 张恭铭 张 鹏 张 滨

陈进茹 陈泽毅 陈 琪 金小明 周 盛

胡国剑 赵 晖 索经令 夏 鑫 党 睿

徐方圆 徐 华 高 悦 高雅春 高 颖

郭春媛 常立强 覃雪波 廖 鹏 薛 峰

封面设计 荆 璐

总 序

在人类社会发展的历程中，照明始终是文明进步的重要驱动力之一。从最初的篝火、火把，到近现代的电光源（热辐射光源、气体放电光源、半导体照明光源等），照明控制也从电气控制走向数字控制、智能控制，照明需求也由满足基本视觉功能要求转向绿色、低碳、健康、智能的按需照明。照明技术不断推陈出新，不仅满足了人们日益增长的光环境需求，而且极大地推动了社会经济的发展和人类文明的进步。

中国建筑科学研究院有限公司（简称中国建研院）是全国建筑行业最大的综合性研究和开发机构之一，承担了我国主要的建筑工程标准规范的编制工作，并创建了我国第一代建筑工程光环境标准体系。先后主编完成了《建筑采光设计标准》（GB 50033）、《建筑照明设计标准》（GB/T 50034）、《绿色照明检测及评价标准》（GB/T 51268）、《体育场馆照明设计及检测标准》（JGJ 153）、《城市道路照明设计标准》（CJJ 45）、《城市夜景照明设计规范》（JGJ/T 163）、《LED 室内照明应用技术要求》（GB/T 31831）等一系列照明应用标准的编制及修订工作，开展了诸如中国人眼的视功能曲线、室内外眩光限制、光源显色性评价、照明功率密度限制、照明对健康的影响因素、智能照明技术、直流照明技术、低碳照明技术等领域的研究，为国家标准的编制奠定了坚实的基础。

随着科技的飞速发展，照明技术也日新月异。尤其是近年来，绿色低碳观念深入人心，健康照明逐步得到社会的广泛关注，人们更加注重安全、舒适、健康、绿色、低碳、环保和智能化的照明。为了帮助广大读者更好地了解和应用照明新技术，中国建筑科学研究院有限公司会同相关单位组织编写了《照明技术创新与应用丛书》。

本丛书力求将复杂的知识点进行简化，用通俗易懂的语言进行阐述，以便读者阅读和理解。同时，丛书也注重运用最新的规范和标准，并与实际案例相结合，通过案例分析帮助读者更好地理解和运用所学知识。

本丛书分为三辑：第一辑包括《照明技术基础》《办公建筑照明》《体育建筑照明》《博物馆建筑照明》《超高层建筑夜景照明》五个分册；第二辑包括《城市夜景照明》《城市更新照明》《医疗建筑照明》《教育建筑照明》《商店建筑照明》《城市道路照明》六个分册。随着照明技术与应用的不断进步和发展，我们将继续组织编写第三辑。

本丛书在编写过程中，借鉴和参考了大量相关文献和资料，同时融合了中国建筑科学研究院有限公司多年编制国家、行业规范和标准的实践经验及研究成果，并得到了相关专家学者的悉心指导与热心支持，在本丛书付梓之际，向他们表示诚挚的感谢，并致以崇高的敬意。

衷心感谢广大读者的支持与关注，希望您能够在阅读本丛书的过程中有所收获和启示。同时，我们也期待您在未来的学习和工作中能够不断探索和创新，为推动我国照明技术的进步和照明行业的可持续发展做出更大的贡献。

《照明技术创新与应用丛书》编委会主任

2025 年 6 月

前　言

　　"十三五"时期，博物馆事业蓬勃发展，数量显著增长，门类更为齐全，已成为人民美好生活不可或缺的一部分，也是建成"文化强国"的重要载体。如何把文物保护好、管理好，同时加强对其研究和利用，让历史说话，让文物说话，是一项功在当代、利在千秋的工作，也是我们面临的重要课题。博物馆作为保存和展示文物的重要载体和平台，随着观众对展陈光环境的要求越来越高，馆藏环境特别是光环境质量尤为重要。以人为本，并实现安全、保护、舒适、呈现、节能和维护便利等目标，是博物馆与照明行业共同关注和努力的方向。

　　随着科技的不断进步和人们审美观念的不断提高，博物馆照明面临诸多的挑战和机遇。半导体（LED）照明具有能耗低、寿命长、易控光、便于实现智能控制和个性化定制等优势，在博物馆中得到了普遍应用，但是由于 LED 产品质量参差不齐，带来了光环境质量不佳、不利于文物保护等问题。博物馆照明设计越来越注重与其他领域的融合与创新。例如，与虚拟现实、增强现实等技术结合，为观众提供更加沉浸式的观赏体验；与建筑设计、室内设计等领域融合，推动整体环境的优化和提升等。如何让博物馆从业人员了解和掌握这些新的理念和技术，将其应用于博物馆展陈的实践，提升博物馆光环境品质，对于促进博物馆行业高质量发展具有十分重要的意义。

　　中国建筑科学研究院有限公司是全国建筑行业最大的综合性研究和开发机构之一，具有 70 年的技术积累。建筑环境与能源研究院以建筑环境、建筑能源、节能建筑、绿色建筑、智能建筑等领域的应用研究和技术开发为主，致力于解决暖通空调、建筑声光热工程中的关键技术问题，在建筑节能、供暖空调、生物医药净化、建筑声环境、建筑光环境、可再生能源建筑应用、建筑幕墙门窗等领域具有较高的知名度，是中国建筑科技发展的重要引领者。中国建筑科学研究院有限公司的相关专家主持编制了国家标准 GB/T 23863《博物馆照明设计规范》等，参与了众多博物馆的照明顾问、设计、调适和验收工作，在博物馆照明领域有着深厚的技术积累和丰富的实践经验，在国内外具有重要影响力。

本书由中国建筑科学研究院有限公司和中国博物馆协会陈列艺术委员会共同组织，汇聚博物馆行业和照明行业的主要单位和技术专家共同编写完成。本书介绍了博物馆照明的术语，照明设计标准，展品或藏品的保护，专项设计与实施流程，光源、灯具及其附属装置，展厅照明设计，天然光在博物馆中的应用，可持续设计，照明配电与控制，照明调适与运行维护，以及典型案例等，充分体现了当前博物馆照明发展最新成果，并与实际工作相结合。

各章节负责人如下：第1章　概论（赵建平、刘鹭）；第2章　术语（赵建平、刘鹭、高雅春）；第3章　照明设计标准（赵建平、高雅春、罗涛）；第4章　展品或藏品的保护（党睿、罗涛、徐方圆）；第5章　专项设计与实施流程（齐洪海、罗涛）；第6章　光源、灯具及其附属装置（罗涛、张恭铭、沙玉峰、金小明）；第7章　展厅照明设计（罗涛、齐洪海、张鹏、沈迎九、陈进茹）；第8章　天然光在博物馆中的应用（张滨、罗涛、高悦、沈迎九）；第9章　可持续设计（高雅春、罗涛）；第10章　照明配电与控制（陈琪、常立强、徐华、李宝华、张秋逸）；第11章　照明调适与运行维护（廖鹏、王书晓、周盛）；第12章　典型案例：12.1　中国共产党第一次全国代表大会会址纪念馆（胡晓云、刘志腾、左晓蔚、吴欣语），12.2　故宫博物院雕塑馆（张昕、赵晓波），12.3　郑州博物馆　微观之作——英国V&A博物馆馆藏吉尔伯特精品展（郭春媛），12.4　安徽美术馆韩美林艺术展（刘文洋），12.5　中国人民革命军事博物馆　新时代国防和军队建设成就展（夏鑫），12.6　上海天文馆（赵晖），12.7　浙江自然博物院安吉馆（严洪明），12.8　成都金沙遗址博物馆（王方），12.9　国家博物馆　意大利之源——古罗马文明展（刘洋）。全书由赵建平、罗涛统稿。

　　本书的编写工作得到了惠州市西顿工业发展有限公司（Mayalit·玛雅）、深圳市埃克苏照明系统有限公司、赛尔富电子有限公司、恒亦明（重庆）科技有限公司等单位的大力支持。在此，一并向他们表示衷心的感谢和敬意。

　　由于时间仓促且水平有限，不妥甚至错误之处在所难免，恳请广大读者指正，使本书日臻完善。

编　者
2025 年 6 月

目 录

第1章 概 论

1.1 博物馆建筑分类

博物馆是为了教育、研究和欣赏之目的而获取、保存、研究、传播和展示人类及环境的物质和非物质遗产的公共机构。"十三五"期间，博物馆事业蓬勃发展，全国备案博物馆已接近 7000 家，在数量显著增长的同时，门类也更为齐全。博物馆已成为人民美好生活不可或缺的一部分，也是建成"文化强国"的重要载体。

博物馆作为保存和展示文物的重要载体和平台，其建筑本身和室内馆藏环境就显得极为重要。博物馆分类的方法很多，按藏品和基本陈列内容进行分类的方法在全球范围内具有普适性。对博物馆的分类，各国规定不同。日本相关法令将博物馆分为综合博物馆、人文系统博物馆和自然系统博物馆；英国《简明不列颠百科全书》认为博物馆大致可以归纳为三类，即历史类博物馆、艺术类博物馆、科学与技术类博物馆；《中国大百科全书》认为："在现阶段，参照国际上一般使用的分类法，根据中国的实际情况将中国博物馆划分为历史类、艺术类、科学与技术类、综合类这四种类型是合适的。"根据行业标准《博物馆建筑设计规范》（JGJ 66—2015），按博物馆的藏品和基本陈列内容，博物馆可划分为历史类博物馆、艺术类博物馆、科学与技术类博物馆、综合类博物馆四种类型，如图 1-1 所示。《中国大百科全书》和《简明不列颠百科全书》对各类型博物馆的定义和举例见表 1-1。

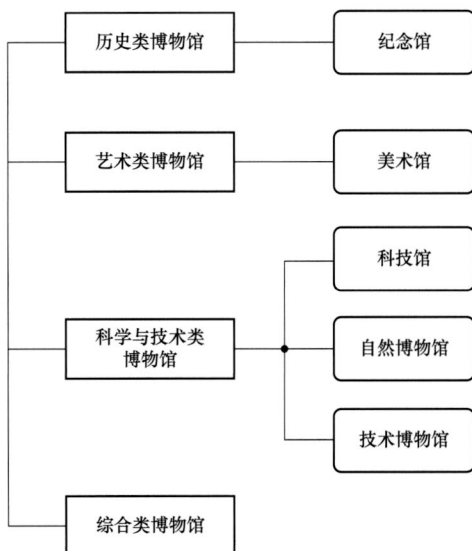

图 1-1 博物馆建筑分类

表 1-1   各类型博物馆的定义和举例

类型	《中国大百科全书》	《简明不列颠百科全书》
历史类博物馆	以历史观点来展示藏品，如中国国家博物馆、西安半坡遗址博物馆、秦始皇兵马俑博物馆、泉州海外交通史博物馆、景德镇陶瓷历史博物馆、北京鲁迅博物馆、中国共产党第一次全国代表大会会址纪念馆	以历史观点来展示藏品，主要按编年次序为重要历史事件提供文献资料。在考古遗址、历史名胜或战场上修建的博物馆以及个人纪念馆均属这一类
艺术类博物馆	主要展示藏品的艺术和美学价值，如故宫博物院、中国美术馆、广东民间工艺馆、江苏美术馆、徐悲鸿纪念馆、中国电影博物馆等	主要展示其藏品的美学价值，除绘画、雕塑、装饰艺术、实用艺术和工业艺术博物馆外，还可包括古物、民俗和原始艺术博物馆。有些艺术馆还展示现代艺术，如电影、戏剧和音乐等
科学与技术类博物馆	以分类、发展或生态的方法展示自然界，以立体的方法从宏观或微观方面展示科学成果，如中国地质博物馆、北京自然博物馆、天津自然博物馆、中国科学技术馆等	以立体形式传达科学精神和思想，引起观众对科学的爱好，提供先进的资料，使人看到技术发展的成就，以生态和历史的观点去了解、鉴别和保护自然和人类环境，从而展示其进化过程。它包括自然科学博物馆、实用科学博物馆和技术博物馆（科学技术史博物馆除外）
综合类博物馆	综合展示自然、历史、革命史、艺术方面的藏品，如中国人民革命军事博物馆、首都博物馆、山东省博物馆、湖南省博物馆、内蒙古自治区博物馆等	—

博物馆按建筑规模可划分为特大型馆、大型馆、大中型馆、中型馆、小型馆等五类，规模分类的标准见表 1-2。

表 1-2   博物馆建筑规模分类

建筑规模类别	总建筑面积/m²
特大型馆	>50 000
大型馆	20 001～50 000
大中型馆	10 001～20 000
中型馆	5001～10 000
小型馆	≤5000

近年博物馆建筑有大型化的趋势，例如，综合类博物馆建筑及国家级、省级、直辖市级常在 50 000m² 以上，与国际上顶级博物馆规模相当；省级、部级常在 20 000～50 000m² 之间；省重点市多在 10 000～20 000m² 之间。

依据《博物馆建筑设计规范》（JGJ 66—2015）的规定，博物馆建筑的功能空间应划分为公众区域、业务区域和行政区域，各区域的功能区和主要用房组成见表 1-3。

表1-3 博物馆建筑各区域的功能区和主要用房组成

区域分类	功能区或用房类别		主要用房组成			
			历史类、综合类博物馆	艺术类博物馆	自然博物馆	技术博物馆、科技馆
公众区域	陈列展览区		综合大厅、基本陈列厅、临时陈列厅、儿童展厅、特殊展厅及其设备间			
			展具储藏室、讲解员室、管理员室			
	教育区		影视厅、报告厅、教室、实验室、阅览室、博物馆之友活动室、青少年活动室			
	服务设施		售票室、门廊、门厅、休息室（廊）、饮水、厕所、贵宾室、广播室、医务室			
			茶座、餐厅、商店			
业务区域	藏品库区	库前区	拆箱间、鉴选室、暂存室、保管员工作用房、包装材料库、保管设备库、鉴赏室、周转库			拆箱间、保管员工作用房、保管设备库
		库房区	按藏品材质分类，可包括书画、金属器具、陶瓷、玉石、织绣、木器等库	按艺术品材质分类，可包括书画、油画、雕塑、民间工艺、家具等库	按学科分为哺乳、鸟、爬行、两栖、鱼、昆虫、无脊椎动物、植物、古生物类等库，按标本制作方法分浸制、干制标本库	工程技术产品库、科技展品库、模型库、音像资料库
	藏品技术区		清洁间、晾置间、干燥间、消毒（熏蒸、冷冻、低氧）室		清洗间、晾置间、冷冻消毒间	按工艺要求配置
			书画装裱及修复用房、油画修复室、实物修复用房（陶瓷、金属、漆木等）、药品库、临时库		动物标本制作用房、植物标本制作用房、化石修理室、模型制作室、药品库、临时库	按工艺要求配置
			鉴定实验室、修复工艺实验室、仪器室、材料库、药品库、临时库		生物实验室、仪器室、药品库、临时库	
	业务与研究用房		摄影用房、研究室、展陈设计室、阅览室、资料室、信息中心			
			美工室、展品展具制作与维修用房、材料库			
行政区域	行政管理区		行政办公室、接待室、会议室、物业管理用房			
			安全保卫用房、消防控制室、建筑设备监控室			
	附属用房		职工更衣室、职工餐厅			
			设备用房、行政库房、车库			

依据《博物馆建筑设计规范》（JGJ 66—2015）的规定，陈列展览区、藏品库区建筑面积占总建筑面积的比例见表1-4。

表1-4 陈列展览区、藏品库区建筑面积占总建筑面积的比例

博物馆类型		功能区	功能区建筑面积占总建筑面积的比例（%）				
			特大型	大型	大中型	中型	小型
历史类 艺术类（古代）		陈列展览区	25～35	30～40	35～45	40～55	50～75
		藏品库区	20～25	18～25	12～20	10～15	≥8
艺术类 （现代）		陈列展览区	30～40	35～45	40～50	45～55	50～75
		藏品库区	15～20	15～20	12～18	10～15	≥8
科学与 技术类	自然 博物馆	陈列展览区	25～35	30～40	35～45	40～55	50～75
		藏品库区	20～25	18～25	12～20	10～15	≥8
	技术 博物馆	按工艺要求确定					
	科技馆	展览教育区[①]	55～60	60～65	65～70	65～75	—
		藏品库区	10～15	10～15	5～15	5～15	
综合类		陈列展览区	25～35	30～40	35～45	40～55	50～70
		藏品库区	20～25	18～25	15～20	10～15	≥10

① 科技馆通常将展览用房与教育用房合并称为展览教育区。

1.2 博物馆建筑与照明

博物馆并不是要成为储存藏品的金库，事实上，其作用是展示而不是隐藏，同时也承担着服务的功能，帮助参观者欣赏展品，使其得到美的享受。因此博物馆的设计也应该对容纳藏品的物理环境非常敏感，不仅要注意保护展出的作品，还应关注空间、光线和物品的和谐融合。展品是通过光来感知的，而照明的质量、数量和焦点的对比则是对艺术的一种补充，同时，光环境也可以使一个空间变得刺激或令人疲劳。

早期的博物馆陈列室以天然采光为主，后来则一度有"黑暗博物馆"模式的流行。当人们认识到生态问题、能源问题时，探索博物馆陈列室天然采光的良好模式又成为一种时尚。但是天然光不稳定，且紫外线也会损伤展品，因此需要合理地引入天然光。

在同一博物馆中，各陈列室陈列的展品并不相同，不同的展品需要不同的光来烘托才能取得最佳展示效果，比如艺术品需要接近天然光的照明。各陈列室所处的位置不同，采用天然光就有一定的局限性，比如顶部采光对于单层和顶层的陈列室最适用。因此，陈列室的光环境设计要因物而宜、因地制宜，要区别对待，不能一概而论。

陈列室采光口的形状和位置的选择影响着博物馆建筑的空间设计与外形，因此陈列室的天然采光设计是建筑设计的一部分，应当与建筑设计同时完成。陈列室的人工照明设计在建筑设计之初也应当加以考虑，照明设计师要与建筑师和电气工程师密切配合，协同努力，在

室内设计与布展设计时将它完成。

在构筑空间的诸多元素中，光是空间的灵魂，是博物馆内部空间环境中的重要因素。随着博物馆设计观念的更新，光环境设计已成为实现博物馆陈列意图的"特有语言"之一，而为满足人们向往大自然的生理和心理需求，设计师们在博物馆设计中也越来越注重利用自然光来表现建筑空间艺术。博物馆的光环境应该使观众感到舒适愉快，又不至于分散注意力，从而集中注意力欣赏展品。博物馆的光环境设计既有理性的技术基础，也有感性的艺术价值，是技术和艺术的完美结合。

1.3 照明设计原则

成功的博物馆照明设计能更好地呈现内容、展品和环境，从而传达其内在含义。从设计之初，照明就需要与博物馆的相关方密切合作，包括博物馆管理者、策展人、展陈设计师和游客。博物馆照明的决策应该反映这些群体的需求，包括策展人的意图、设计师的审美表达、展出文物的保护要求，以及参观者想要看到、理解和分享观赏体验的愿望。研究表明，在博物馆工作人员中，文物保护是最重要的；而文物的外观（尤其是清晰的形态和准确的颜色）对参观者来说是最重要的，因此，照明设计应平衡这两方面的要求。

博物馆照明设计应遵循安全、保护、舒适、呈现、节能和维护便利的原则。

（1）安全是博物馆照明面临的首要问题，其中防火是最重要的考量因素。2018年巴西国家博物馆的火灾造成了无可挽回的巨大损失，事故原因可能是电气短路。因此，电气防火是照明设计中需要考虑的重要内容。一方面，照明的供配电线路需要注意电气安全和防火的要求；另一方面，也需要控制灯具表面温度和设置位置，避免安全隐患。

（2）藏品的保护是照明的前提，避免光对文物造成损伤是照明设计的基本要求。机构应确定每件文物或每组文物的敏感度，以便照明设计师能将收藏品照亮到合适的照度水平，同时应尽量保证文物的曝光量最小化，在不观赏光敏材料时关闭照明。以古建筑或历史建筑为馆址的博物馆，其照明设计应符合古建筑保护的规定。

（3）博物馆的藏品在展出时，应该让很多参观者都能看到。这需要协调展品与周围背景的亮度对比，采用合理的照明方式。在展厅设计中，灯具选择和布置应避免造成眩光或反射眩光，必要时可采用减反射玻璃等，保证展品呈现的效果。

（4）博物馆公共空间和展厅照明应整体协调，合理规划各空间的亮度，避免造成过高的对比，引起视觉的不舒适。博物馆馆藏的大多数展品都是光敏的，人员长时间在光线较暗的空间，容易引起视觉疲劳，而单一的展陈布置容易引起观展疲劳，不能达到展陈的目的。照明设计师能够为参观者提供从明亮和广阔的展厅到昏暗和亲密的展厅的各种各样的照明过渡。

（5）节能环保是我国的基本国策，博物馆作为公众场所，同时承担着一定的教育责任，也应体现节能环保和可持续的理念。在照明设计和使用时，应充分考虑节能减碳，同时处理好材料的回收，避免造成对环境的不利影响。

（6）博物馆的运行是一个长期的过程，在运行过程中展陈内容也会发生变化和调整，博物馆的照明设计要适应这种变化和长期使用的需要，要足够灵活并具有可调性和可扩展性，这对于减少后期运维团队的运行成本，提高效率具有重要的意义。

照明设计应与整个展陈团队进行技术标准和关键主题的解读。成功的博物馆照明应该是建筑设计和展陈设计不可分割的一部分。在相互矛盾的变量之间保持适当的平衡，参观者可以获得最优的体验——无论是现在还是将来。设计团队应与相关方和多专业进行紧密协作（见图1-2），以确保照明设计目标的达成。

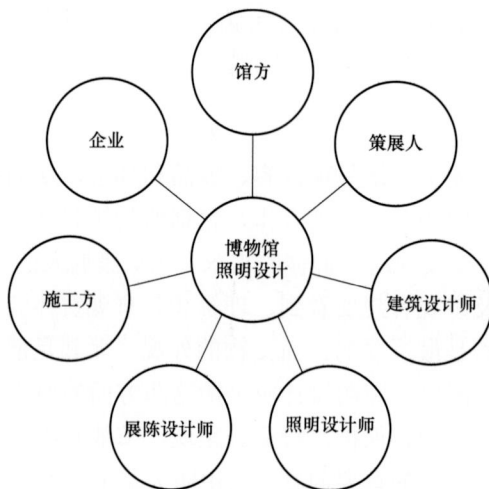

图1-2 博物馆照明设计中的相关方

以下是一些博物馆照明系统如何与建筑要素相互影响的例子：

（1）结构柱可用作灯具的安装位置。

（2）如果将天然采光融入建筑设计中，画廊空间的直射光应与建筑的外围护结构系统仔细整合，包括外墙表面材料、坡度和朝向。

（3）照明系统应与建筑室内相关联。例如，决定使用悬挂式灯具而不是嵌入式灯具，会极大地影响对房间大小和形状的感知。

（4）照明系统也影响建筑的机电系统，包括供暖、通风和空调，利用回风带走照明设备发出的热量是实现节能的一种手段。

目前很多博物馆都采用了显示屏等媒体元素，以增强与游客之间的互动和呈现更多动态的要素，媒体元素需要紧密地整合到照明控制和设计方案中，以创造所需的戏剧效果，避免出现不必要的光溢出和反射等问题。

从宏观到微观，照明设计应对如何塑造每一个展厅、每一个展品做出具体的选择。本书的重点是展厅的照明，博物馆整体的照明应以展厅为核心进行整体协调，以使观众获得最佳的体验。

第2章 术 语

2.1 博物馆

博物馆是为了教育、研究和欣赏之目的而获取、保存、研究、传播和展示人类及环境的物质和非物质遗产的公共建筑。本书中指的博物馆（museum）更侧重于建筑本体，而不涉及机构本身。

2.2 一般照明

一般照明（general lighting）是最常用的照明方式，是指为照亮整个场所而设置的均匀照明。一个场所内有不同照度要求时，可以采用分区一般照明（localized general lighting），为照亮工作场所中某一特定区域而设置均匀照明。

2.3 重点照明

与一般照明对应的是重点照明（accent lighting）。它是指为提高指定区域或目标的照度，比周围区域突出的照明。在博物馆中，重点照明是普遍采用的照明方式。通过对展品设置重点照明，使其更加突出，便于鉴赏。同时，展厅也是需要设置一般照明的，如何平衡展厅的一般照明和展品的重点照明，是设计师需要特别注意的一个问题。

2.4 局部照明

局部照明（local lighting）是指特定视觉工作用的、为照亮某个局部而设置的照明，比如办公室用的台灯，用于文物鉴赏或者修复而在局部增加的照明等。

2.5 氛围照明

氛围照明（atmosphere lighting）是在一般照明基础上，通过颜色和亮度变化实现特定环境气氛的照明。氛围照明的目的是营造和烘托气氛，实现特殊的效果。需要说明的是，氛围照明有时也不是用传统意义上的灯来实现的，一些发光装置、显示屏以及一体化的照明方式，都可以作为实现氛围照明的手段。

2.6　照明建筑一体化

照明建筑一体化（integration of building and lighting）是照明装置与室内界面和构件相结合的创新型照明方式。它是一种全新的照明方式，与传统的照明灯具有很大区别，照明装置与建筑或室内构件结合在一起，形成了"见光不见灯"的特殊效果。

2.7　维护系数

维护系数（maintenance factor）是指照明装置在使用一定周期后，在规定表面上的平均照度或平均亮度与该装置在相同条件下新装时在同一表面上所得到的平均照度或平均亮度之比。为了保证照度始终都能满足照度标准的要求，在照明设计时需要留有一定余量，这就是维护系数。一般来说，室内照明的维护系数取值为 0.8，即设计的初始照度值乘以 0.8，仍然要满足照度标准值的要求。

2.8　LED 光源

LED 光源（LED light source）是基于 LED 技术，由电致固体发光的一种半导体器件作为照明电光源的总称，可以是 LED 模组或 LED 灯等。LED 的英文全称为 light emitting diode（发光二极管）。

2.9　LED 灯

LED 灯（LED lamp）的定义为带有一个灯头，组合了一个或多个 LED 模组及与之相匹配的驱动电源的 LED 光源，包括定向 LED 灯和非定向 LED 灯。LED 灯可以被终端用户或普通人直接更换使用，通常设计成可直接替换传统光源的形式，如 LED 球泡灯、LED PAR 灯和 LED 灯管（包括双端）等。除非永久性损坏，否则 LED 灯内的 LED 模组不能拆除。LED 灯的驱动电源可以是内置或外置的，评价 LED 灯的性能时应包含与其相匹配的 LED 驱动电源。

2.10　LED 灯具

LED 灯具（LED luminaire）是组合了一个或多个 LED 光源及与之相匹配的驱动电源的灯具。LED 灯具包含 LED 光源及与之相匹配的驱动电源，并具备分配光线、定位和保护光源的功能，可直接与供电端连接。LED 灯具分为交流输入型和直流输入型。LED 灯具的形式多样，可以是以一个或若干个 LED 模组组成需要的形式，如 LED 筒灯、LED 平面灯和 LED 高天棚灯等；也可以是内含灯座，采用 LED 灯作为光源的形式。评价 LED 灯具的性能时应包含与其相匹配的 LED 驱动电源。

2.11 LED 驱动电源

LED 驱动电源（LED power driver）是 LED 灯具的一个关键部件，置于供电端和一个或多个 LED 模组之间，为 LED 模组提供额定电压或额定电流，以保证灯具能正常工作。

在博物馆展陈照明中，特别是展柜内用的 LED 灯具，有很多是直流供电的，其配套使用的直流电源的性能也非常重要。LED 恒压直流电源（LED constant voltage power supply）是指置于交流供电端和 LED 灯或 LED 灯具之间，为 LED 灯或 LED 灯具提供稳定直流电压的装置。

2.12 眩光

眩光（glare）是指由于视野中的亮度分布或亮度范围不适宜，或存在极端的对比，以致引起不舒适感觉或降低观察细部或目标能力的视觉现象。从产生机理上分，眩光通常分为不舒适眩光和失能眩光，本书中所指的一般都是不舒适眩光。从来源来分，可分为直接眩光和反射眩光。直接眩光（direct glare）是指由视野中，特别是在靠近视线方向存在的发光体所产生的眩光。反射眩光（glare by reflection）是指由视野中的反射所产生的眩光，特别是在靠近视线方向看见反射光所产生的眩光。

2.13 统一眩光值

统一眩光值（unified glare rating，UGR）是国际照明委员会（CIE）用于度量处于室内视觉环境中的照明装置发出的光对人眼引起不舒适感主观反应的心理参量。它是评价现场不舒适眩光感觉的重要指标，该指标在室内照明相关的常用标准中均有所体现。

国际照明委员会在 1995 年出版的《室内照明的不舒适眩光》（CIE 117：1995）中给出了 UGR 的计算方法，其计算公式如下：

$$\text{UGR} = 8\lg \frac{0.25}{L_b} \sum \frac{L_\alpha^2 \cdot \omega}{p^2} \qquad (2-1)$$

式中：L_b 为背景亮度，cd/m^2；ω 为每个灯具发光部分对观察者眼睛所形成的立体角，sr；p 为每个单独灯具的位置指数；L_α 为灯具在观察者眼睛方向的亮度，cd/m^2。

式（2-1）基于客观量计算得出眩光评分，用于衡量照明光环境的主观不舒适感觉。根据不同评分值所引起的眩光感受，《室内工作场所照明》（ISO/CIE 8995-1：2025），统一眩光值可按照 13、16、19、22、25、28 分级，每个级别代表不舒适眩光效果的一个明显变化，其中 13 代表可感知的最小不舒适眩光，各级别对应不舒适眩光感受程度见表 2-1。

表 2-1   UGR 对应不舒适眩光感受程度

等级	UGR 值	不舒适眩光感受程度
6	28	严重眩光，不能忍受
5	25	有眩光，有不舒适感
4	22	有眩光，刚好有不舒适感
3	19	轻微眩光，可忍受
2	16	轻微眩光，可忽略
1	13	极轻微眩光，无不舒适感

需要注意的是，上述公式仅适用于灯具发光部分面积为 $0.005 \sim 1.5 m^2$ 的情况，对于灯具发光部分面积不在上述范围的灯具或采用间接照明和发光顶棚照明的情况，《CIE 眩光修正》（CIE 146 - 147: 2002）给出了修正方法。

2.14　光幕反射

光幕反射（veiling reflection）是出现在被观察物体上的镜面反射，使对比度降低到部分或全部看不清物体的细部。博物馆照明领域的光幕反射现象可能会出现在展柜上，由于展柜玻璃自身对物体的反射导致展柜内的展品视觉观看效果降低。

2.15　灯具遮光角

灯具遮光角（shielding angle of luminaire）是光源最边缘一点和灯具出口的连线与水平线之间的夹角。灯具的遮光角主要用于减少直视光源所引起的直接眩光。通过遮光角的设置，可以减少暴露在人们主视野范围内的高亮度表面。遮光角的评价适用于开敞式或格栅式灯具。灯具遮光角示意图如图 2-1 所示，其中 γ 为遮光角。

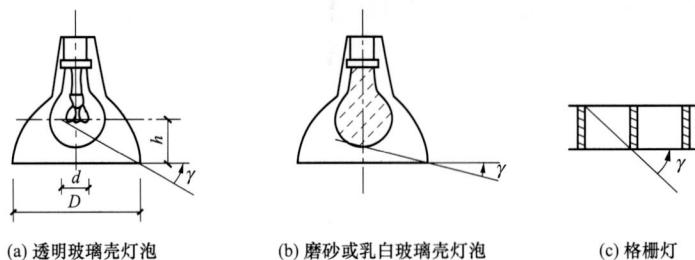

(a) 透明玻璃壳灯泡　　　(b) 磨砂或乳白玻璃壳灯泡　　　(c) 格栅灯

图 2-1　灯具遮光角示意图

2.16　（光）闪变指数

（光）闪变指数［short-term flicker indicator (of illuminance)］是短期内低频（80Hz 以内）

光输出闪烁影响程度的度量。其用于评价可见闪烁对人的影响，符号为 P_{st}^{LM}。人眼可直接观察到的光的明暗波动可能导致视觉性能的下降，会引起视觉疲劳，甚至出现如癫痫、偏头痛等严重的健康问题。随着 LED 照明应用的广泛普及，与之相关的闪烁问题也备受关注。

2.17　频闪效应可视度

频闪效应可视度（stroboscopic effect visibility measure，SVM）是光输出频率范围为 80～2000Hz 时，短期内频闪效应影响程度的度量。频闪效应是除短时可见闪烁外的另一类非可见频闪，频率范围在 80Hz 以上，可能引起身体不适及头痛，对人体健康有潜在的不良影响。以频闪效应可视度值判断频闪效应的可见性：SVM＝1 时刚好可见；SVM＜1 时不可见；SVM＞1 时可见。

2.18　色温

当光源的色品与某一温度下黑体的色品相同时，该黑体的绝对温度为此光源的色温（colour temperature），符号为 T_c，单位为 K。在辐射作用下既不反射也不透射，而能把落在它上面的辐射全部吸收的物体称为黑体。一个黑体被加热，其表面按单位面积辐射的光谱功率大小及分布完全取决于它的温度。当黑体连续加热时，它的相对光谱功率分布的最大值将向短波方向移动，即表观颜色从红向蓝变化。由于不同温度的黑体辐射对应着一定的光色，所以人们就用黑体加热到不同温度时所发出的不同光色来表示光源的颜色。

2.19　相关色温（度）

当光源的色品点不在黑体轨迹上，光源的色品与某一温度下的黑体的色品最接近时，该黑体的热力学温度为此光源的相关色温（度）（correlated colour temperature，CCT），符号为 T_{cp}，单位为 K。光源的相关色温不同，产生的冷暖感也不同。当光源的相关色温大于 5300K 时，人们会产生冷的感觉；当光源的相关色温小于 3300K 时，人们会产生暖的感觉。

2.20　色容差

色容差（chromaticity tolerances）是表征一批光源中各光源与光源额定色品的偏离，用颜色匹配标准偏差 SDCM（standard deviation of color matching）表示。色容差主要用于考核同类光源之间的颜色偏差，同类灯或灯具的颜色偏差应尽量小，以达到最佳照明效果。

2.21　一般显色指数

国际照明委员会（CIE）规定的第 1～8 种标准颜色样品显色指数的平均值，通称显色指数，符号为 R_a。这 8 种颜色样品包括孟塞尔颜色系统中各种有代表性的色调，具有中等的彩度和明度。因此，经常用一般显色指数（general colour rendering index）作为评定光源显色性的定量指标。

2.22 特殊显色指数

国际照明委员会（CIE）规定的某一标准颜色样品的显色指数，符号为 R_i，目前最常用的是表征红色的 R_9。参照光源和标准颜色构成了 CIE 特殊显色指数（general colour rendering index）评价的基础要素。CIE 规定当待测光源相关色温低于 5000K 时，以色温最接近的黑体作为参照光源；当待测光源相关色温大于或等于 5000K 时，以色温最接近的日光光源（D 光源，如 D65 表示色温为 6500K 的日光光源）作为参照光源。CIE 标准颜色样品依据 164 种典型荧光灯光谱的测试得出，不仅规定了计算一般显色指数的 8 种具有中等饱和度色调的颜色样品，另外，还补充规定了 6 种计算特殊颜色显色指数的标准颜色样品，供检验光源的特殊显色性能选用，分别是彩度较高的红、黄、绿、蓝及叶绿色和欧美人的肤色。

2.23 色域指数

色域指数（gamut area index）是用来衡量物体颜色的鲜艳、生动、明亮、耀眼等程度的指标。它反映了光源导致颜色样品色差引起的饱和度增加等因素对人的感受的影响，用于光源颜色的饱和度评价。色域指数评价方法可以作为照明设计工具，帮助设计师们选择与室内颜色更为匹配的光源。以博物馆照明为例，博物馆展品对于光源显色性能的要求极高，可采用色域指数作为评价展品照明显色效果的一个重要指标。对于特定的展陈空间，可以通过调整饱和度来实现预期的观看效果，当采用光源的一般显色指数达不到要求时，可以通过提高饱和度来实现与高显色指数的光源类似的照明效果。此外，对于一些随着时间推移而褪色的展品，也可以通过提高光源颜色饱和度的方式来进行效果还原，从而达到类似于文物修复的效果。

2.24 漫射照明

漫射照明（diffused lighting）是指光无显著特定方向投射到工作面或目标上的照明。其主要特点是无定向、均衡、柔和地洒在四周，给人温暖、恬静、舒适的感觉。主要方法有：① 采用半透明磨砂玻璃灯罩的明装灯具；② 采用发光天棚；③ 暗藏灯具利用建筑表面形成间接照明，通常适用于不需要长时间精细视觉活动的场所。漫射照明有助于提升场所的空间感，但会明显削弱被照物的立体感。

2.25 定向照明

定向照明（directional lighting）是指光主要从某一特定方向投射到工作面或目标上的照

明。"定向照明"一词源于某些灯具的配光类型，后来衍生为特定的照明方式，指的是为加强立体感，显现出被照物体清晰的轮廓和较强烈的阴影效果，在特定的方向上将光线投射到作业面和物体上的照明方式。这种照明主要用在需要表现物体的造型（立体感）和材质感的场所，如检验照明、建筑物或雕塑的立面照明、商店橱窗的照明等。但应注意的是，若定向照明过强，阴影过分显著，则会造成生硬感，同时受光面在较大阴影的衬托下会产生眩光。

2.26 暗适应

暗适应（dark adaption）是指从强光下进入暗处或照明忽然停止时，视觉光敏度逐渐增强，得以分辨周围物体的过程。视觉系统适应低于百分之几坎德拉每平方米刺激亮度的变化过程及最终状态。在这个过程中，视觉系统需要做综合的调节，包括瞳孔直径的扩大，以增加采光量；从适于高照明的视锥细胞工作状态，转为适于低照明的视杆细胞活动；视杆细胞外段所含的正被漂白的视紫红质复原；视觉神经中枢的相应调节功能的变化。

2.27 标识照明

标识带有照明装置，并利用光电信号来显示和传递信息（如文字、符号、图形等），称为标识照明（signage lighting）。

2.28 电光源标识

在本体内装有照明装置，采用透光方式使得标识体发光的标识，称为电光源标识（electric optic source signage）。

2.29 应急照明

应急照明（emergency lighting）是指因正常照明的供电电源失效而启用的照明，包括疏散照明、安全照明和备用照明。应急照明是现代建筑中的一项重要的安全设施。在建筑发生火灾、电源故障断电或其他灾害时，应急照明对人员疏散、消防和救援工作，保障人身、设备安全，进行必要的操作和处置或继续维持生产、工作都有重要作用。

2.30 采光系数

采光系数（daylight factor）是指在室内给定平面的一点上，由直接或间接地接收来自假定和已知天空亮度分布的天空漫射光而产生的照度与同一时刻该天空半球在室外无遮挡水平面上产生的天空漫射光照度之比。采光系数是用室内照度与室外照度的比值这一相对值来评价采光效果。采光系数是当前最广为接受且广泛使用的用于衡量建筑采光表现的指标。采光系数是在 CIE 标准全阴天空条件下进行定义的，由于直射阳光变化大，不能利用它作为稳定的光源，因此采光系数只考虑将天空光及其反射光作为天然采光的光源。但是天空光也有相当大的变化，室内天然光照度也会随之变化，所以像人工照明那样使用照度标准来定义采光是困难的。因此采光系数使用了相对值，采光系数评价的是室内最不利条件下的天然光情况。

2.31　年曝光量

年曝光量（annual lighting exposure）是度量物体年累积接受光照度的值，用物体接受的照度与年累积小时的乘积表示，单位为 lx·h/a。它是博物馆照明设计中的重要指标，主要用于展品或藏品的保护。为充分保护展品或藏品，其对光敏感性越高，则对该展品或藏品的曝光量限值也就应当越严格，越是要减少非必要的光暴露。

2.32　相对损伤系数

相对损伤系数（damage factor）是用于衡量不同光谱在相同辐射强度下对于展品或藏品损伤严重程度的相关系数。不同波长的光对于材料的损伤程度不同，而不同光源的光谱分布也不相同，因此对不同光源进行光损伤评价时，需要考虑对其进行修正。

2.33　照明功率密度

照明功率密度（lighting power density，LPD）是指在正常照明条件下，单位面积上一般照明的额定功率（包括光源、镇流器、驱动电源或变压器等附属用电器件），单位为 W/m^2。照明功率密度是照明节能的重要评价指标，目前该指标已用于我国建筑照明、城市道路照明、体育照明、夜景照明等领域的照明节能评价。影响照明功率密度的因素主要包括：① 产品能效，在相同光输出的条件下，高效照明产品的总功率更低；② 光的利用率，影响因素包括场所尺寸、灯具安装位置及高度、灯具配光等；③ 现场照度水平，平均照度值越高，需要的照明功率也就越大。

2.34　照明碳排放

照明碳排放（carbon emission of lighting）是指照明工程在与其有关的产品生产及运输、建造及拆除、运行阶段产生的温室气体的总和，以二氧化碳当量表示。温室气体是指大气层中自然存在的和由于人类活动产生的能够吸收和散发由地球表面、大气层和云层所产生的、波长在红外光谱内的辐射波的气态成分。温室气体包括二氧化碳、甲烷、氧化亚氮、氢氟碳化物、全氟碳化物、六氟化硫等。二氧化碳为人类活动最常产生的温室效应气体，为了统一度量整体温室效应的结果，规定以二氧化碳当量作为度量温室效应的基本单位。

2.35　碳排放因子

碳排放因子（carbon emission factor）是指能源或材料消耗量与二氧化碳排放相对应的系数，用于量化建筑物不同阶段相关活动的碳排放。不同能源消耗及过程所产生的温室气体的数量不同，为了统一度量，对于不同的能源活动给出相应的碳排放因子，用活动数据乘以碳排放因子得出排放的二氧化碳当量。

2.36　照明系统调适

照明系统调适（commissioning of lighting system）是指对照明系统进行调节，使之满足照明质量和节能要求的过程。调适的目的包括：确认照明系统的所有部件均须经验证已正确安装、连接及运行；可调灯具的瞄准角进行验证；对照明系统或照明系统的任何部分进行局部控制时，验证局部控制的正确运行；照明系统的整体功能符合设计要求等。

博物馆需要多少光？需要什么样的光？需要符合什么样的标准？这是博物馆照明设计时首先应考虑的问题。

博物馆光环境品质包括以下要素：

1. 光的强度

照度或亮度的要求。照度不能太高，需要考虑对展品的保护，控制曝光量；照度也不能太低，观众无法看清展品，展陈照明也就失去了意义。

2. 光的分布

每个光源光束的大小和形状是什么？这些独立的光束在整个博物馆里是如何分布的？设计师需要选择什么样的灯具，什么样的光束分布来营造适宜的光环境。

3. 光的颜色

展陈照明需要良好的显色性，以凸显展品丰富的颜色信息。同时，不同类型和材质的展品也需要合理的光色，并与背景相协调。

4. 光的方向

光的投射方向不同，呈现的效果也不同，如图3-1所示。灯具与展品的位置关系如何？在哪里设置光？这是由照明设计决定的，而不是由光源或灯具的固有属性决定的。

图3-1 光从不同方向投射的展陈效果

（该图引自 ANSI IESRP-30-17 Recommended Practice for Museum Lighting）

5. 光的变化

有时候需要采用动态的光来呈现特殊的效果，变化程度如何控制？在无人时，降低展品表面的照度，可以更好地保护展品。天然光引入室内，随时间而发生变化，这种变化有时是不利的，需要加以调节和控制。

为了解博物馆照明设计标准，本章将从照度、颜色质量、天然光利用、展品保护四个方面介绍照明设计的相关要求。

3.1　照度

照度是博物馆照明应用中最为基础的指标之一，在光环境品质中主要反映光的强度和分布情况。国际照明委员会（CIE）、美国照明工程学会（IES）、日本工业标准等国际标准，以及我国相关标准均对博物馆照明的照度进行了规定。其中 IES 博物馆照明照度标准值主要依据相应场所的不同年龄人群视觉活动特点制定了照度分级表，见表 3-1。

表 3-1　　　　　　　　　　　　照 度 分 级 表

分级	不同年龄对应照度值/lx			典型应用	视觉活动描述
	<25	25~65	>65		
A	0.5	1	2	暗适应状态； 基本的房间情景； 视觉要求很低的情景	定向、相对较大尺寸的、物理（较少认知）的活动：一般与工作无关，但可能与暗环境下久坐不动的社交活动、安全感以及基于风景、人造景观、建筑和人的视觉活动有关
B	1	2	4		
C	2	4	8	低速情景； 低密度情景	
D	3	6	12	低中速情景； 中高密度情景	
E	4	8	16		
F	5	10	20	中高速情景； 高密度情景； 一些室内很慢的移动情景； 一些室内交流情景	
G	7.5	15	30		
H	10	20	40		
I	15	30	60	室外拥堵的交叉路口；重要节点； 聚集场所；兴趣点。 一些室内社交活动； 一些室内商业活动	
J	20	40	80	一些室外商业活动； 一些室内社交活动； 一些室内商业活动	一般社交活动和大尺寸或高对比度活动：高水平评估风景、人造景观、建筑和人的视觉活动；可与工作有关
K	25	50	100		
L	37.5	75	150		
M	50	100	200		
N	75	150	300		
O	100	200	400		
P	150	300	600	一些室内社交活动； 一些室内教育活动； 一些室内商业活动； 一些室内体育活动	一般性的、小尺寸的、更需要认知的或高速视觉作业：日常生活和工作相关，包括读写和电子设备使用等
Q	200	400	800	一些室内教育活动； 一些室内商业活动； 一些室内体育活动； 一些室内工业活动	
R	250	500	1000		
S	375	750	1500		

分级	不同年龄对应照度值/lx			典型应用	视觉活动描述
	<25	25~65	>65		
T	500	1000	2000	一些体育活动；一些室内商业活动；一些室内工业活动	小尺寸、视觉认知活动：工作或体育相关，需要精准识别细节，高速活动和反应
U	750	1500	3000		
V	1000	2000	4000		
W	1500	3000	6000	一些体育活动；一些室内工业活动；一些医疗活动	很少出现的持续视觉认知活动：医疗、体育和工业领域的高要求活动
X	2500	5000	10 000	一些医疗活动	
Y	5000	10 000	20 000		

注：XY 分级适用于室内。

3.1.1 陈列展览区

对于博物馆照明，国际照明委员会（CIE）建议对于展览区照度根据实际展陈需求确定。对于光敏感区域，需要考虑最大曝光量。

对于对光敏感的陈列展览区，美国照明工程学会《博物馆照明指南》（ANSI/IES RP 30—2017）给出了交通区域或一般照明照度与展品照度的关系，见表 3-2。

表 3-2　　　　　光敏感展品陈列展览区的交通区域或一般照明照度标准值

（ANSI/IES RP30—2017）

展品反射比	交通区域或一般照明照度
≥50%	展品照度的 10%且不低于 10lx
<50%	展品照度的 5%且不低于 10lx

这与我国标准存在一定的差异，我国标准规定，一般照明的照度为展品照度的 20%～30%，这是根据博物馆照明实践得出的适合我国的照度比例。博物馆其他陈列展览区照度标准值见表 3-3。

表 3-3　　　　　　　　博物馆其他陈列展览区照度标准值

房间或场所	参考平面	照度标准值/lx	
		JISZ 9110：2010①	中国
综合大厅	地面	500	200
绘画展厅	地面	200～500	100
雕塑展厅	地面	雕塑、雕刻：1000	150

续表

房间或场所	参考平面	照度标准值/lx	
		JISZ 9110：2010[1]	中国
科技馆展厅	地面	—	200
临时展厅	地面	200	200
标本	地面	100	—
工艺品	地面	200	—
视频图片	地面	20	—
光影艺术	地面	20	—
设备间	地面	—	200
展具储藏室	地面	—	100
讲解员室	0.75m 水平面	—	300
管理员室	0.75m 水平面	—	300

[1]《照明基准总则》（JISZ 9110: 2010）。

3.1.2　藏品技术区

博物馆藏品技术区的照度标准值见表 3－4 和表 3－5。

表 3－4　　　　历史类、艺术类、综合类博物馆藏品技术区照度标准值

房间或场所			参考平面高度	照度标准值/lx
				中国
清洁间			0.75m 水平面	300
晾晒间			0.75m 水平面	300
干燥间			0.75m 水平面	300
消毒（熏蒸、冷冻、低氧）室			地面	150
书画装裱及修复用房			实际工作面	500
油画修复室			实际工作面	750
实物修复用房	金石器	翻模翻砂浇铸室	实际工作面	750
		烘烤间	0.75m 水平面	300
		操作室	实际工作面	750
	漆木器	家具、漆器修复室	实际工作面	750
		阴干间	0.75m 水平面	300
	陶瓷	陶瓷烧造室	地面	100
		操作室	实际工作面	750

房间或场所	参考平面高度	照度标准值/lx
		中国
鉴定实验室	0.75m 水平面	500
修复工艺实验室	实际工作面	750
仪器室	0.75m 水平面	100
材料库	地面	100
药品库	地面	100
临时库	地面	50

表 3-5　　　　　　　　　　　自然博物馆藏品技术区照度标准值

房间或场所	参考平面	照度标准值/lx
		中国
清洗间	0.75m 水平面	300
晾置间	0.75m 水平面	300
消杀间	实际工作面	150
动物标本制作与修复用房	实际工作面	750①
植物标本制作与修复用房	实际工作面	750①
化石修复室、标本修复室	实际工作面	750①
模型制作室	实际工作面	750①
实验室	0.75m 水平面	500
药品库	1.0m 水平面	100
临时库	地面	50

① 指混合照明的照度标准值，其一般照明的照度值应按混合照明照度的 20%～30% 选取。

3.1.3　业务与研究用房

博物馆业务与研究用房的照度标准值见表 3-6。

表 3-6　　　　　　　　　　博物馆业务与研究用房的照度标准值

房间或场所	参考平面	照度标准值/lx	
		JIS Z 9110：2010	中国
摄影室	0.75m 水平面	—	100
研究室	0.75m 工作面	750	500

房间或场所	参考平面	照度标准值/lx	
		JISZ 9110：2010	中国
展陈设计室	0.75m 工作面	—	500
阅览室	0.75m 工作面	—	300
资料室	0.75m 工作面	—	200
信息中心	0.75m 工作面	—	500
美工室	0.75m 工作面	—	500
展品展具制作与维修用房	0.75m 工作面	—	300
材料库	1.0m 水平面	—	100

3.1.4 藏品库区

博物馆库房区的照度标准值见表 3−7 和表 3−8。

表 3−7　　　　　　历史类、艺术类、综合类博物馆藏品库房区照度标准值

房间或场所	参考平面	照度标准值/lx	
		JISZ 9110：2010	中国
库房	地面	100（一般）	75（一般）
	0.75m 水平面	—	200（音像资料库）
	0.25m 垂直面	—	30
库房通道	地面	—	50

表 3−8　　　　　　　　　　藏品库前区照度标准值

房间或场所		参考平面	照度标准值/lx
			中国
拆箱间		0.75m 水平面	300
鉴选室、鉴赏室		0.75m 水平面	150
暂存库		地面	50
保管员工作用房	测量	0.75m 水平面	500
	摄影	0.75m 水平面	100
	编目、藏品检索	0.75m 水平面	300
	影像库	1.0m 水平面	100
	更衣间、风淋间	地面	150

续表

房间或场所	参考平面	照度标准值/lx
		中国
包装材料室	0.75m 工作面	200
保管设备库	1.0m 水平面	100
周转库	地面	50

3.1.5 教育与服务设施

博物馆教育场所和服务设施的照度标准值见表 3-9 和表 3-10。

表 3-9 博物馆教育场所照度标准值

房间或场所	参考平面	照度标准值/lx	
		JISZ 9110：2010	中国
影视厅	0.75m 水平面	—	100
报告厅、教室	0.75m 工作面	300	300
实验室	实际工作面	—	300
阅览室	0.75m 工作面	—	300
博物馆之友活动室	地面	—	300
青少年活动室	地面	—	300

表 3-10 博物馆服务设施照度标准值

房间或场所	参考平面	照度标准值/lx	
		JISZ 9110：2010	中国
售票室	台面	—	500
	一般区域	—	200
门廊（厅）	地面	200	200
走廊	地面	100	—
楼梯	地面	150	—
休息室（廊）	地面	200	100
饮水	地面	—	75
卫生间	地面	200	75
贵宾室	0.75m 水平面	—	200
广播室	0.75m 水平面	—	300

房间或场所	参考平面	照度标准值/lx	
		JISZ 9110：2010	中国
医务室	0.75m 水平面	—	300
茶座	0.75m 水平面	—	200
咖啡厅	0.75m 水平面	100	—
餐厅	0.75m 水平面	300	200
商店	0.75m 水平面	300	300
寄物区	地面	—	150

3.1.6　其他房间或场所

博物馆其他房间或场所照度标准值见表 3－11。

表 3－11　　　　　　　　　博物馆其他房间或场所照度标准值

房间或场所		照度标准值/lx		
	参考平面	JISZ 9110：2010	中国
入口大厅	地面	200	200
行政办公室	0.75m 水平面	—	300
接待室	0.75m 工作面	—	300
会议室	0.75m 水平面	500（小型）	300
物业管理用房	0.75m 水平面	—	300
安全保卫用房	0.75m 水平面	—	200
消防控制室	0.75m 水平面	—	300
建筑设备监控室	0.75m 水平面	—	300
职工更衣室	地面	—	150
职工餐厅	地面	—	200
设备机房	地面	—	100
行政库房	地面	—	100
公共机动车库	车道	地面		50
	车位	地面		30

3.2　颜色质量

博物馆照明常用颜色质量评价指标见表 3–12。

表 3–12　　　　　　　　　博物馆照明常用颜色质量评价指标

色度	（1）相关色温 CCT。 （2）色偏差 D_{uv}（在 CIE $u–v$ 空间中，与黑体轨迹的距离）。 （3）CIE 色度空间的色坐标（x，y；u，v 或 u，v）
颜色保真度	（1）显色指数 R_a。 （2）红色的显色指数 R_9（$R_9<0$，差；$R_9>0$，好；$R_9>50$，很好；$R_9>75$，非常好）。 （3）IES TM–30–15：R_f
色彩饱和度	色域指数 R_g
光束内颜色均匀度 光束之间的颜色均匀度	相关色温 CCT 与色偏差 D_{uv}
颜色随时间的稳定性	$\Delta u'–v'$，相关色温 CCT 与色偏差 D_{uv}

光的颜色是许多独立变量的结果。照明设计师在与展陈团队协商后，应利用对光的颜色质量的理解来平衡美学、保护要求、维护和能效，为每个应用选择最适合的光源。

美国照明工程学会《博物馆照明指南》（IES RP 30—2017）给出了 R_a 在 80 以上的 LED 灯具的 R_9 评价供设计师选择，见表 3–13。

表 3–13　　　　　　　　R_a 在 80 以上的 LED 灯具的 R_9 评价

R_9	评价
≥0	可接受
≥25	好
≥75	优

我国标准对于颜色质量的规定更为具体，包括色温、显色性、色容差、不同方向的色差和灯具寿命期内的色差等，具体内容是：

（1）色温。一般陈列室直接照明光源的色温应小于 5300K。文物陈列室直接照明光源的色温应小于 3300K；同一展品照明光源的色温宜保持一致。

（2）显色性。对辨色要求一般的场所，光源一般显色指数（R_a）不应低于 80；对陈列绘画、彩色织物以及其他多色展品等展品辨色要求高的场所，光源一般显色指数（R_a）不应低于 90，R_9 不应低于 50；按《光源显色性评价方法》（GB/T 5702—2019）确定的色域指数不宜小于 90。

（3）色容差。陈列展览区选用同类光源的色容差不应大于 3 SDCM。

（4）色差。在寿命期内 LED 灯的色品坐标与初始值的偏差在《均匀色空间和色差公式》（GB/T 7921—2008）规定的 CIE 1976 均匀色度标尺图中，不应超过 0.007；LED 灯具在不同方向上的色品坐标与其加权平均值偏差在 GB/T 7921—2008 规定的 CIE 1976 均匀色度标尺图中，不应超过 0.004。

3.3 天然光利用

1. 美国照明工程学会相关要求

美国照明工程学会《博物馆照明指南》（IES RP 30—2017）对于博物馆采光给出了一些要求，具体包括：

（1）与其他建筑类型相比，博物馆天然光照度应降低到相对较低的目标照度水平，即 200～400lx（20～40fc）。

（2）随着天然光的引入，控制房间表面和物体的亮度是防止眩光的关键，同时应避免窗户进入视野。

（3）天然光控制策略，通过定时开关或光感自动控制天然光，可尽量减少曝光量。例如，通过绘制太阳一年在空间中的运动轨迹，以"安全区"为基础进行空间规划，可以帮助选择放置光敏艺术品最佳的地点。

（4）天然光可以用来照亮展品，既可以只用天然光照射，也可以与电光源结合使用。

（5）照明设计人员应咨询博物馆管理员、策展人员及照明人员，以了解为整个馆藏所制定的照明标准的目标，以及确认个别展品的特殊要求。

（6）天然光可以直接照射建筑室内表面或非展陈区域，但不能直接照射展品。

（7）对于照度水平较低的房间，需要慎重使用天然光。

（8）需要注意的是，对于临时展厅的安排往往会随着时间的推移而改变，而且在建筑完成后，再消减天然光往往是困难和昂贵的。

2. 博物馆的特殊要求

由于博物馆涉及光敏感展品和艺术效果，对天然光的利用需要十分慎重，需注意以下原则：

（1）对光不敏感的展品和场所推荐使用天然光。

（2）采光推荐采用侧窗或顶部采光的方式，可采用采光井、导光管和反光板等形式。

（3）各场所采光系数按照视觉作业需要确定。

（4）提高采光质量，包括采光均匀度、眩光控制措施、颜色透射、光谱选择、视觉过渡等。

3. 我国相关标准要求

我国国家标准《建筑采光设计标准》（GB 50033—2013）对博物馆建筑的采光提出了如下要求：

（1）采光标准值。博物馆建筑各类空间的采光标准值见表 3-14。

表 3-14 博物馆建筑各类空间的采光标准值

采光等级	场所名称	侧面采光		顶部采光	
		采光系数标准值（%）	室内天然光照度标准值/lx	采光系数标准值（%）	室内天然光照度标准值/lx
III	文物修复室①、标本制作室①、书画装裱室	3.0	450	2.0	300
IV	陈列室、展厅、门厅	2.0	300	1.0	150
V	库房、走道、楼梯间、卫生间	1.0	150	0.5	75

注：1. 表中的陈列室、展厅是指对光不敏感的陈列室、展厅，如无特殊要求应根据展品的特征和使用要求优先采用天然光。

2. 书画装裱室设置在建筑北侧，工作时一般仅用天然光照明。

① 表示采光不足部分应补充人工照明，照度标准值为 750lx。

（2）采光措施。博物馆建筑的天然采光设计，对光有特殊要求的场所，宜消除紫外辐射、限制天然光照度值和减少曝光时间。陈列室不应有直射阳光进入。

《博物馆照明设计规范》（GB/T 23863—2024）也对博物馆采光提出了相关要求，除上述要求外，还包括以下要求：① 顶部采光的均匀度不宜小于 0.6，侧面采光的均匀度不宜小于 0.3；② 采光材料颜色透射指数不应小于 90，修复室宜采用超白玻璃，400nm 以下光谱透射比不应大于 0.01，材料的光热比不应小于 2；③ 对于采光区域的邻近低照度场所，其出入口应设置暗适应过渡区域。

3.4 展品保护

3.4.1 光谱损伤函数的概念

1985 年，柏林的一个研究小组（Krochmann et al.）开发了一种计算光源光谱损伤函数（spectral damage function，SDF）的方法，该方法是通过研究不同波长的光（使用氙源和过滤器）如何影响 54 个典型博物馆材料样品而得到的。

2004 年，国际委员会发表了 CIE 报告《控制博物馆文物受光辐射损害的报告》（CIE 157：2004），将 SDF 的使用纳入其建议中，光谱损伤函数如图 3-2 所示。

3.4.2 国内外相关标准对于展品保护的规定

1. 国际博物馆协会

国际博物馆协会对博物馆照明的相关规定见表 3-15。

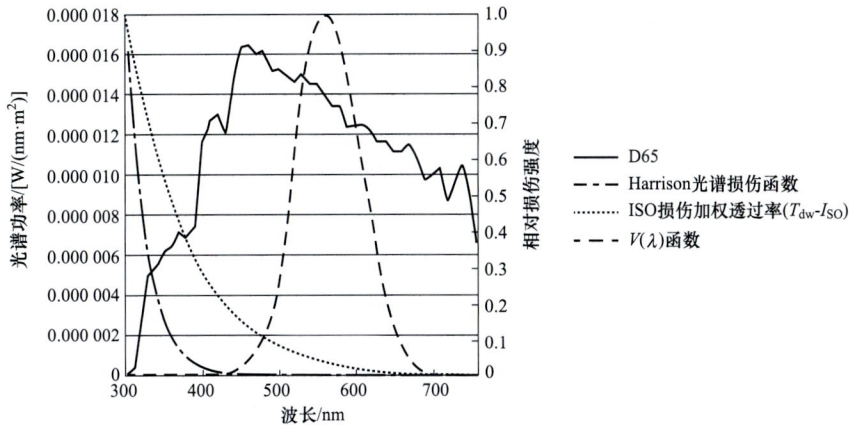

图 3-2 光谱损伤函数

表 3-15   国际博物馆协会对博物馆照明的相关规定

展览物体类型	推荐光源	可接受照度
对光实际上很不敏感的物体（金属、陶瓷、矿物、首饰、玻璃、搪瓷）	色温 4000～6000K 的荧光灯、普通白炽灯、经过控制的天然光	不超过 300lx，除非为了强调某一位置，高照度会出现危险的过热，除非用荧光灯
对光比较敏感的物体（油画、胶画、未加工的皮革、漆器、木制品、角制品、象牙制品）	双涂层荧光灯，色温大约 4000K，如 37 号灯或同样光谱的荧光灯，经过严格过滤的天然光	使用照度为 150～180lx，绝不能超过 300lx
对光特别敏感的物体（水彩画、纺织品、挂毯、服装、印刷品、图画、邮票、版画、原稿、微缩画、糊墙纸、染色皮革、自然历史标本）	双涂层荧光灯，色温大约 2900K，例如 27 号灯或同样发射光谱的荧光灯	不大于 50lx，尽可能更小，同时严格减少展览时间

2. 国际照明委员会

国际照明委员会技术文件《博物馆展品光辐射损伤的控制》（CIE157：2004）的相关规定见表 3-16。

显著褪色变化被定义为四个灰阶的变化，这种定义应用于大部分耐光性检测。这大约相当于 1.6 个单位的 CIELAB 差异。

3. 国际标准化组织

国际标准化组织（ISO）标准《信息与文件　档案和图书馆材料的文档存储要求》（ISO 11799：2024）对光敏感材料做出了一些规定，对于博物馆展品保护具有参考价值。相关要求为：由于光所产生的损坏具有累积性，它取决于光照射强度和照射时间。因此应该合理地控制库房中的照射强度、时间以及光谱分布，从而尽量减小因此而产生的损坏。

表 3－16　　　　CIE157：2004 关于展品保护的相关规定

<table>
<tr><th colspan="2">光敏感性</th><th colspan="3">高敏感</th><th colspan="3">中等敏感</th><th colspan="3">低敏感</th><th>不敏感</th></tr>
<tr><td colspan="2">常用材料</td><td colspan="3">大部分植物提取物，如各种媒介上的古代大部分亮丽的颜色和色淀颜料，如黄、橙黄、绿色，紫色，很多红色、蓝色。
昆虫提取物，如各种媒介上的紫胶、胭脂虫洋红。
各种媒介上的早期的大部分合成颜料，如苯胺。
各种媒介上造价低廉的合成颜料。
大部分毡尖笔作品，包括黑色。
21 世纪染色纸上使用的大部分染料</td><td colspan="3">一些古代植物提取物，特别是在羊毛上作为颜料使用或在各种媒介上作为色淀颜料使用的茜素（深红）。它随着媒介的不同敏感度也有所差别，某些甚至可以归入低敏感物品。
皮毛上使用的大部分颜料。
含铬的彩色照片</td><td colspan="3">昆虫的结构色（不含紫外辐射影响）。
一些古代植物提取物，特别是羊毛上使用的靛青。
非涂塑纸基的黑白银版片，不含紫外辐射影响。
现代很多用于室外或者汽车上的高质量的涂料。
朱砂（因为光照已经变黑）</td><td>大部分但不是全部矿物颜料。
符合碱性条件下稳定性的壁画颜料。
各种透明釉的颜料（不要与瓷漆混淆）。
许多纸质单色画，如碳素墨水，但是纸张上的染料以及加入碳素墨水的颜料都对光有高敏感度，必须考虑纸张的敏感性。
现代很多用于室外或者汽车上的高质量的涂料</td></tr>
<tr><td rowspan="3">蓝色羊毛分级及曝光量/（Mlx·h）</td><td>级别</td><td>1</td><td>2</td><td>3</td><td>4</td><td>5</td><td>6</td><td>7</td><td>8</td><td>8 以上</td><td>—</td></tr>
<tr><td>富含紫外线的条件下产生变色的</td><td>0.22</td><td>0.6</td><td>1.5</td><td>3.5</td><td>8</td><td>20</td><td>50</td><td>120</td><td></td><td></td></tr>
<tr><td>不存在紫外线的条件下产生变色的</td><td>0.3</td><td>1</td><td>3</td><td>10</td><td>30</td><td>100</td><td>300</td><td>1000</td><td></td><td></td></tr>
</table>

（1）库房中照明不应超过用于文档检索和移动，以及房间的清洁、巡视等必要照度水平。对于后两项工作而言，地面照度推荐为 200lx，应该防止天然光直接照射。对于由其他建筑改建为库房的情况，应封住窗户，至少应使用窗帘或百叶对窗户进行适当的遮蔽，并在玻璃上安装紫外线过滤装置。

在其他档案使用的空间都应该采用上述推荐遮蔽措施。

（2）应该选择以下照明方式：

1）安装漫射器的荧光灯，当荧光灯光谱中紫外线含量（波长低于 400nm 的辐射）超过 75μW/lm，则应使用紫外过滤器，从而使该波段辐射低于要求值。

2）安装热吸收装置的白炽灯，灯具距书架上物品的距离不得小于 500mm。

3）光导纤维照明系统，发光体可以布置在远离被照射物品的地方。

从文档的保护角度来说，低于 400nm 的短波辐射通量与总光通量的比值用μW/lm 来表示，紫外辐射的最高限值为 75μW/lm。

最好使用安装漫射器的荧光灯和光导纤维，当前光导纤维多用于展览照明。

（3）应在库房内按照其各自分区，进行单独控制。应在库房外部易接近的区域设置能够显示库房所有照明或其他照明电路是否关闭的集中控制开关。

4. 北美照明工程学会

北美照明工程学会标准《博物馆照明指南》（ANSI/IES RP 30—2017）关于展品保护相关的要求见表 3 – 17。

表 3 – 17　　　　　ANSI/IES RP 30—2017 对光敏感展品的照明标准值要求

材料类别	最大照度值/lx	每年曝光量允许值[①]/（lx·h）
高敏感材料：纺织品、棉布、自然纤维、皮毛、丝绸、墨水、纸质文档、编织物、易变的颜料、水彩画、毛织品以及某些矿物质	50	50 000
中度敏感材料：染有稳定的颜料的纺织品、油画、木材涂装、皮革制品、某些塑料	200	480 000
低敏感材料：金属、石材、玻璃、陶瓷以及大部分矿物材料	根据展览条件确定	

注：1. 应该排除所有紫外辐射（波长小于 400nm 的辐射）。可见光谱介于 380～760nm 之间。但是博物馆中多把小于 400nm 的辐射作为紫外线，小于这个波长的辐射对于展品的危害很大，但是对于视觉影响却很小。

① 这些值满足互易定律，因此最大照度值可以根据不同的年曝光时间而做相应的改变。

5. 英国标准学会

英国标准学会标准《档案文件保存与展示的推荐标准》（BS 5454—2000）中对于档案文件光暴露的相关要求，可供博物馆展品保护提供参考。相关要求如下：

光的照射对于文件具有损坏性。由于光所产生的损坏具有累积性，它取决于光照射强度和照射时间。因此应该合理地控制库房中的照射强度、时间以及光谱分布，从而尽量减小因此产生的损坏。正是基于以上原因，并考虑到节能要求，应该在不必要的时候手动或自动关闭照明（比如利用时钟控制或感应控制），对于大的存储区域，必要的时候应该对其进行分区控制。

为了满足储藏和查找的需要，库房一般照明提供的地面照度不应低于 100lx，但也不能高于 300lx。楼面板材料，推荐使用浅色材料，孟塞尔亮度值不低于 7。

推荐在库房中使用管型荧光灯。应使用高频镇流器，推荐使用可调光，并安装漫射器，应该沿走廊和过道平行布置。走廊中应该合理布灯，以保证在工作人员工作时不会出现阴影。根据厂家的说明，当紫外辐射含量超过 10μW/lm 时，应该使用紫外线滤镜，截止波长不应该低于 400nm。灯具与其最近的文档间距离不应小于 500mm，从而避免对工作人员在书架上工作时产生不必要的影响。

6. 法国标准化协会

法国标准化协会标准《绘图和照相器材展示的保存要求》（NF Z40 – 010—2002）相关要求如下：

（1）通则。采取足够的措施限制光的影响，包括消除紫外线、控制可见光的照射和较少红外线辐射。根据展品的材料组成及其保存状态，按照其对光的敏感程度，光敏感性分类见表 3-18。

表 3-18　　　　　　　　　NF Z40-010—2002 光敏感性分类

对光敏感程度	媒介	墨水、感光层
十分敏感	化学纸浆纸 碎布纸浆纸	黑墨印刷品 黑墨手抄本 石墨 硫酸钡片基的黑白照片
特别敏感	羊皮纸	涂塑片基黑白照片
极其敏感	机械纸浆纸 描图纸 摹拓纸	彩色墨水 彩色插图 水彩画 彩色蜡笔画 水粉画 胶画 彩色冲洗照片 19 世纪的照片

所有损坏比较严重的文件均被视作极其敏感一类。当文件由几种材料组成时，按照对光最敏感的材料分类。当对材料的敏感程度存在疑问时，先归到要求最高的一类中。

（2）消除紫外线。在不同光源中紫外辐射所占比重也各不相同。白炽灯等传统光源几乎不发出紫外辐射（小于 1%），卤钨灯中紫外含量更大，而对于荧光灯而言则根据色温不同有所差别（1%～2%），天然光中紫外含量最高（甚至高达 6%）。NF Z40-010—2002 对不同光源的保护途径见表 3-19。

表 3-19　　　　NF Z40-010—2002 对不同光源消除紫外线的保护途径

光源类型	可采取的防护措施
卤钨灯	使用除 UV 封装的灯具 或在射灯玻璃外安装 UV 过滤器
荧光灯	在灯管上贴抗紫外线膜
其他人工光源（金卤灯、钠灯、氙灯等）	在射灯玻璃外安装 UV 过滤器
自然光	在玻璃上贴抗紫外线膜 或考虑到光线的反射时候，还要在墙壁上涂 UV 吸收材料

（3）控制可见光。可见光，特别是其中的短波部分，会对文件产生损伤。展品对光的敏感性不同，其能够承受的光的照射量也不同，NF Z40－010—2002 对可见光的曝光量限值见表 3－20。

表 3－20　　　　　　　　NF Z40－010—2002 对可见光的曝光量限值

对光敏感程度	允许最大曝光总量/（lx·h/a）
不敏感	—
敏感	600 000
非常敏感	150 000
十分敏感	84 000
特别敏感	42 000
极其敏感	12 500

1）人工照明采取如下措施降低展品曝光量：① 尽量使用小功率光源。② 可以利用调光装置调节光源输入功率。③ 可以使用中色滤光器（不影响光源显色性）。④ 减少展出时间。⑤ 通过使用窗帘等可调节装置。⑥ 只有当参观者接近时才打开照明，可以通过感应或时钟控制等自动控制，也可以使用手动控制。⑦ 合理设计环境的照明。

2）天然采光采取如下措施降低展品曝光量：① 减少围护结构上的开窗面积。② 通过使用百叶、彩色玻璃以及抗紫外线膜等措施。

（4）消除红外线。

对于人工照明，可采用超低电压供电的卤化物灯，合理使用荧光灯，或采用光导纤维照明系统，使发光体远离展品。

对于天然采光，对所有北向的窗户进行天然光防护。新建建筑窗的太阳辐射系数不能超过 40%。日光照射很强的建筑立面（西、南立面）应安装外遮阳或一体化遮阳构件。对于既有建筑，可在立面玻璃上贴太阳防护膜，或者在天窗上刷防护涂料来改善室内条件。

7. 史密斯学会

史密斯学会（Arthur M.Sackler Gallery & Freer Gallery of Art）对光敏感展品保护的要求见表 3－21。

表 3－21　　　　　　　　史密斯学会对光敏感展品保护的要求

分类	材料	照射时间限值	照度水平/lx
A	极易变的颜料 极易损坏的纸张、丝绸 19 世纪前的日本彩色印刷品	3 个月/5 年	50

分类	材料	照射时间限值	照度水平/lx
B	水彩 采用有机颜料的绘画 彩色纸 其他日本木版印刷	6个月/5年	50
C	采用矿物颜料的绘画 染色的皮毛 照片 炭黑绘画 铅笔画 蛋彩画 大部分日本纸上的作品	12个月/5年	50～100
D	木头 漆器 油画 未染色的皮毛 珐琅	24个月/5年	50～150
E	石质展品 金属 玻璃 陶器 宝石	—	—

8. 美国国家信息标准协会

美国国家信息标准协会标准《图书馆和档案材料展示的环境条件》（ANSI/NISO Z39.79—2001）对于光敏感展品的相关保护要求如下：

（1）展出时间。应该根据展品的敏感性、预期照度水平、过去累积曝光量以及预计总曝光量为每个展品确定最长展出时间。一般对光敏感的展品每两年中展出时间不能超过12周。中度敏感的展品或展出频率较低的（10年一次）可以展出时间更长一些。本标准涉及的展览最长一般不应超过52周。

（2）照射强度。可见光的强度应该在维持足够视看水平的条件下，尽量减少照度水平，以避免不必要的损坏。一般很敏感的材料的照度值不应超过50lx，中度敏感的材料则不应超过100lx。当展品由光稳定性不同的材料组成或者其光稳定性未知时，应假设其为对光很敏感的物品。

（3）监控。应测试照射在展品上的光强。在展览开始，以及在展览过程中出现更换光源灯可能导致照明条件发生变化的时候，需对照明水平进行测量。

（4）光源。在展览照明中应该使用人工光源，任何时候都应该防止太阳直射光照射在展品上，也应去除天然光。

（5）辐射。应防止红外、紫外等不可见辐射照射在展品上。一般来说，当照度水平为10～100lx时，紫外辐射含量限值为75W/lm。应该使展品免受光源及其附件所产生的热造成的损坏。

（6）记录。每件展品的展览历史记录应该包括展品所参加的展览、展览举办时间以及展出时的照明水平。对于多页文件或书籍，还应该标明具体展示的页码。

（7）检查。应就由于光引起的展品变化进行定期检查。

9. 美国国家档案馆

为了使后人能够看到这些档案材料，美国国家档案馆规定在 50lx 照度水平下，10 年内展出时间不应超过 12 个月。作为限制光的累积破坏的方法，对光十分敏感的物品每年展出的曝光量不能超过 50 000lx·h/a，而比较敏感的物品每年展出的曝光量则不应超过 200 000lx·h/a，见表 3–22。

表 3–22 美国国家档案馆对光敏感展品保护的要求

类别	曝光量限值/（lx·h/a）	照明方案
十分敏感	不超过 50 000	50lx 的照度水平下展出 90d 100lx 的照度水平下展出 45d 每天展出 10h
中度敏感	不超过 200 000	50lx 的照度水平下展出 365d 100lx 的照度水平下展出 182d 每天展出 10h

美国国家档案馆保存指南对于曝光量的规定由 Catherine Nicholson 根据 Robert Feller 关于 ISO Blue Wool 褪色标准的研究制定的。指南关于十分敏感材料的规定直接参照 Feller 的 C 类物品，也就是不稳定或易损品——其光化学稳定性低于 BS1006（Blue Wool Standard）3 相关规定。指南建议在较低的照度水平下和最优的环境条件下进行固定时间的展出后，须对展品进行 9～10 年的黑暗保存。对每件展品展出的长度、日期的完整记录是监控工作的重要内容。

中度敏感大概相当于 BS10063～6 的光化学稳定性，相当于 Feller 的 B 类物品。最好假设所有纸质材料敏感程度都不低于中度敏感等级，当对材料光稳定性存在疑问时，应将其假设为敏感程度较高。

10. 摄影材料展览照明指南

摄影材料展览照明指南对光敏感展品保护的要求见表 3–23。

表 3–23 摄影材料展览照明指南对光敏感展品保护的要求

类别	材料	曝光量
极其敏感	奥托克罗姆微粒彩屏干版法及其他早期彩色制版法 实验性照相工艺 稳定的银版片	只能展出复制品

类别	材料	曝光量
很敏感	建筑规划图 碳粉照片 彩色照片 计算机生成图片 胶彩板 塑胶纸基 伍德佰里照相印刷 彩纸	50 000lx·h/a，且展览周期为3年
比较敏感	玻璃板蛋白片 盐纸照片 各种使用墨水书写的手稿	100 000lx·h/a
较不敏感	碳灰样片 银版照相法 玻璃板照相 纤维片基的黑白银版片 照相制版	300 000lx·h/a

11. 中国

根据国内外各相关标准可以得出，对展品保护主要指标为照度值、曝光量和光谱限制。而对于展品分类差异较大，大体分为高敏感、中敏感、低敏感和不敏感展品。根据该原则，确定我国《博物馆照明设计规范》（GB/T 23863—2024）对于展品的敏感等级划分及曝光量、照度的要求，见表3-24。

表3-24　　　　　　　《博物馆照明设计规范》对于展品保护的规定

类　别	参考平面及其高度	年曝光量/ （lx·h/a）	照度标准值/ lx
对光特别敏感的展品：织绣品、具有很高易变性的着色剂、国画、水彩画、水墨画、铅笔画、钢笔画、帛画、蜡画、水粉画、纸质物品、彩绘、陶（石）器、易褪色着色剂作品纺织品、染色皮革、动物标本等	展品面	50 000	≤50
对光敏感的展品：油画、蛋清画、丙烯画、不染色皮革、银制品、牙骨角器、象牙制品、竹木制品和漆器等	展品面	360 000	≤150
对光不敏感的展品：铜铁等金属制品、石质器物、宝石玉器、陶瓷器、岩矿标本、玻璃制品、搪瓷制品、珐琅器等	展品面	不限制	≤300

此外，《博物馆照明设计规范》（GB/T 23863—2024）对于展品或藏品的保护还做出如下规定：

（1）灯具的控光部件应采用红外辐射和紫外辐射透射比低的光谱选择性透射材料。

（2）光源或灯具的紫外辐射相对含量应小于 10μW/lm；对光特别敏感和对光敏感的展品或藏品，表面紫外辐射相对含量应小于 10μW/lm。

（3）对光特别敏感的重要展品或藏品，光源色温不应超过 3000K，年曝光量不宜超过 15 000lx·h/a。

（4）应定期测量每组文物的照度、表面辐射热效应，核查展示时间并评估年曝光量，并应定期测量文物照明光源的紫外辐射。

（5）有文物保护要求的场所，不应使用紫外消毒杀菌灯。

第4章 展品或藏品的保护

对展品或藏品的保护是一个系统工程，主要针对展品或藏品的外观、材料及结构。国际博物馆理事会（ICOM）将文物保护分为三种方式：预防性保护、补救性保护和修复性保护，分别对应将来、现在和过去三个时间段对文物的三种保护方式。其中，补救性保护与修复性保护主要采用新技术、新材料来还原文物原貌，但在修复过程中存在着诸多不可控因素，使得最终的文物修复效果差强人意。因此，文物保护领域本着预防为主，抢救为辅的理念，力争最大限度地降低文物损伤。将文物保护工作前置的预防性保护显得尤为重要。

为更好地实现对文物的预防性保护，需要对文物的存储环境与展陈环境进行严格的限制。在博物馆环境中，空气质量、温度、湿度、光照是展品或藏品受损的四类基本物理因素。为降低物理环境对展品或藏品的损伤，博物馆馆方应根据各个影响因素对文物的损伤，对不同物理环境参数进行严格控制，并制定相应措施。博物馆不同环境因素对文物的损伤影响及应对措施见表 4－1。

表 4－1　　　　　　博物馆不同环境因素对文物的损伤影响及应对措施

环境因素		损伤特征	应对措施
温度与湿度	温度	（1）因不同材料之间的膨胀系数存在差异而造成机械损伤； （2）温度过高，加快化学反应的速率； （3）温度过低，文物表面易生成露珠，使文物产生霉变	严格控制展陈环境中的温湿度条件，温度应该控制在20℃左右，相对湿度控制在 50%～60%
	湿度	（1）湿度较高会产生霉变，加快文物中有机成分的降解； （2）湿度过低，脆弱文物迅速失去柔韧性，易产生机械损伤； （3）干湿交替会引起文物变形	
空气质量	SO_2	（1）加速纤维素的水解； （2）使脆弱文物基材变黄、变脆	做好博物馆展陈环境中的空气净化，防止有害气体浓度超标
	NO_2	（1）使多数有机颜料与部分无机颜料褪色； （2）使脆弱文物基材变黄、变脆	
	O_3	（1）大多数颜料都表现出不同程度的褪色现象； （2）破坏蛋白质、纤维素结构，使基材褪色与造成机械损伤	
微生物		引起文物藏品的生物腐蚀，使文物发生化学反应并造成文物的机械损伤	从传播途径和破坏生存环境方面进行控制，对展陈环境中容易遭霉菌腐蚀的有机质地藏品定时检查
颗粒物		（1）污染文物，使文物颜色变化； （2）引起文物发生化学反应，加速材料损伤	展陈环境中安装空气调节和过滤设备，以降低室内的空气颗粒物
光照		（1）褪色、变色甚至消失等色彩损伤； （2）脆化、开裂、粉化等机械损伤	对光照数量与光照质量进行严格控制

随着博物馆展陈技术的快速发展，可以通过采取有效措施使温湿度、污染物浓度、微生物以及颗粒物产生的损伤得到良好的控制。在博物馆实现文物保护及提供展陈基本环境的过程中，光扮演着不可或缺的角色。光照会在整个展陈期间对光敏感性文物造成持续性辐射损伤，使其产生褪色、变色甚至消失等色彩损伤和脆化、开裂、粉化等机械损伤现象，因此，照明成为博物馆展陈过程中对展品或藏品造成损伤最主要的影响因素，如何对展品或藏品进行科学的照明保护，减小光学辐射造成的损伤，是保留文物原真性、传承中华文化的关键问题。典型文物光受损情况如图 4-1 所示。光照形式分为天然采光和人工照明，天然采光由于强度大且可控性差，在博物馆的光敏感性文物展厅中对其有严格限制，目前绝大部分该类展厅均采用隔绝天然光的全人工照明环境。

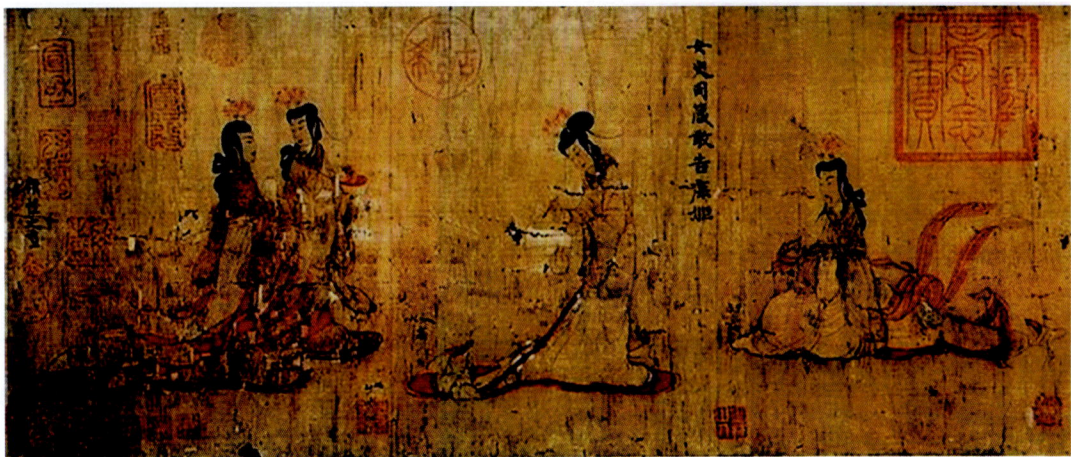

图 4-1　女史箴图（局部）（唐摹本）光损伤情况
（图片来源：大英博物馆官网）

综上所述，本章将结合当前最新科研成果，介绍展品或藏品的照明保护问题，具体包括四部分的内容：一是展品或藏品按照光敏感度的分类以及不同材料的光损伤机理；二是针对不同材料、不同损伤形式所采用的照明损伤检测诊断方法；三是在兼顾展陈和保护两方面效果的前提下，在实践中建议采用的照明数量指标及光源参数指标；四是上述指标的检测方法。

4.1　展品或藏品照明保护概述

为了对展品或藏品进行科学的照明保护，首先需要明确各类展品或藏品的光敏感特性并据此进行分类。对光敏感的展品或藏品，应了解其材料特性，并进一步明确材料的光损伤机理，即材料在光照下会发生怎样的光化学反应，包括在宏观尺度下的外在表现及在微观尺度下的结构变化。

4.1.1　展品或藏品分类

博物馆展品或藏品的种类多样，对光的敏感度也有所不同。因此，国内外相关标准及规范对光敏感文物的范围进行了界定，主要包括国内的《博物馆照明设计规范》（GB/T 23863）以及国际照明委员会技术报告《控制博物馆文物受光辐射损害》（CIE 157：2004）。国内外标准对光敏感文物的规定见表4-2。

表4-2　　　　　　　　　　　　国内外标准对光敏感文物的规定

标准	类别	文物
GB/T 23863《博物馆照明设计规范》	特别敏感	织绣品、绘画、纸质物品、彩绘陶（石）器、染色皮革、动物标本等
	敏感	油画、蛋清画、不染色皮革、银制品、牙骨角器、象牙制品、宝玉石器、竹木制品和漆器等
	不敏感	其他金属制品、石质器物、陶瓷器、岩矿标本、玻璃制品、搪瓷制品、珐琅器等
CIE 157：2004《Control of damage to museum objects by optical radiation》	高敏感度	丝绸，高易变性的染色剂，具有历史意义的染料颜料等
	中等敏感度	服装、水彩、粉彩、挂毯、印花和绘画、手稿、缩影、烙印、壁纸、水粉等
	低敏感度	壁画、未染色皮革和木材、角、骨、象牙、漆、一些塑料等
	不敏感	大多数金属、石头、大多数玻璃、纯陶瓷、搪瓷、大多数矿物质等

可以发现，不同博物馆照明相关标准一致表明，最高光敏感级别展品或藏品主要包括以下三类文物：经颜料染色过的彩绘文物，如彩绘陶（石）器、彩塑、染色皮革等，如图4-2所示；使用有机材料作为基材的文物，如纸质物品、织绣品等，如图4-3所示；上述二者特征兼具的文物，如书法、绘画等，如图4-4所示。由于最高光敏感级别的展品或藏品极易发生光化学损伤，是照明保护的重点对象，因此将该类文物作为本章节的主要介绍对象。

(a) 陶彩绘女俑（唐）　　　　　　　(b) 莫高窟第112窟主室南壁（中唐）

图4-2　经颜料染色过的彩绘文物
（图片来源：故宫博物院官网和数字敦煌官网）

(a) 绸绣蔬果挂屏芯（清）　　　　　　　　　　(b) 黄色写经纸（元）

图 4-3　以纸绢为基材的文物

（图片来源：故宫博物院官网）

(a) 王羲之行草书雨后帖页（宋摹本）　　(b) 陡壑奔泉图（清）　　(c) 芙蓉锦鸡图（北宋）

图 4-4　以纸绢为基材的染色文物

（图片来源：故宫博物院官网）

4.1.1.1　颜料

文物所使用的颜料大多取自天然材料，根据颜料组成物质可分为有机颜料和无机颜料。

有机颜料主要是指植物性颜料，主要采用煎煮的榨取方式从植物的茎、叶、果实、根等不同部分的汁液来提取色素。在染色时，有机颜料的色素渗透入织物纤维，从而改变纤维的色彩。利用植物性颜料进行染色往往明快纯净，具有可调色、透明度好、渗水性佳等特点，多用于淡彩画。

无机颜料主要是从自然界中存在的天然矿物材料、岩石、土壤中提取或提纯的着色物质，主要包括少数含碳的化合物，以及铁、钛、锌、锅、铝等金属氧化物或盐。一般来说，无机颜料不易溶于水，熔点较高，不易分解，耐热不易燃烧，性质稳定，变化少，无机颜料经过选矿、粉碎、研磨等过程精制而成，具有颜色饱和度高、覆盖能力强、色相相对稳定、千年不易变色的特点，比较适合壁画、工笔重彩、文物修复和中国画的当代艺术表现。常用中国传统颜料的材质组成和颜色特点见表4-3。

典型的文物如《千里江山图》，主要采用了石青、石绿、赭石等无机颜料，辅以花青等有机颜料，堪称我国宋代青绿山水中的巨制杰作，如图4-5所示。

图4-5　千里江山图（局部）（北宋，王希孟）
（图片来源：故宫博物院官网）

表4-3　　　　　　　　　　常见中国传统颜料的材质组成和颜色特点

颜料	名称	材质	颜色
有机颜料	花青	将蓝靛植物发酵后滤除杂质制成	透明的深蓝色
	藤黄	一种取自海藤树的黄色树脂	透明的亮黄色
	胭脂	茜草根部流出的红色汁液制成	透明的深红色
	松墨	松木燃烧后所产生的烟灰制成	浓黑无光
	栀子	捣碎去皮煎水兑胶制成	透明的黄色
	黄柏	又称黄檗，煎熬成水兑胶收膏制成	深黄色
	紫草	一种自然的树脂虫胶	紫红色
	苏木	又称檀木，苏木植物的干燥心材	深紫色
	槐米	又称槐花，用槐花蕊制成	嫩绿色
	通草灰	把通草放在铁筒内，烧成灰兑胶制成	画蛾蝶一类的玄色
	西洋红	胭脂蚧或贝壳虫的分泌物及尸体制成	透明的鲜红色
无机颜料	石青	由石青矿石研磨制成，化学成分为 $2CuCO_3 \cdot Cu(OH)_2$	有玻璃光泽的深蓝色
	雌黄	由雌黄矿石研磨制成，化学成分为 As_2S_3	光亮的金黄色
	朱砂	由朱砂矿石研磨制成，化学成分为 HgS	带有光泽的鲜明红色
	蛤粉	由蛤贝壳研磨而成，化学成分为 $CaCO_3$ 和 $Ca_3(PO_4)_2$	白色
	石墨	由碳质元素的结晶矿物研磨制成，化学成分为 C	黑色
	赭石	来自赤铁矿或酸化铁，化学成分为 Fe_2O_3	红褐色

续表

颜料	名称	材质	颜色
无机颜料	青金石	次等的蓝宝石，化学成分为 Al_2O_3	带有光泽的蓝色
	石绿	又称孔雀石，化学成分为 $Cu_2(OH)_2CO_3$	有玻璃光泽的绿色
	雄黄	与雌黄是同一性质矿石，化学成分为 As_2S_3	橙黄色
	鸡冠石	与雄黄共生，化学成分为 As_2O_3	橙红色
	土黄	来自天然的黄土，化学成分为 Fe_2O_3	深黄色
	白土	来自高岭土，化学成分为 Al_2SiO_5	白色
	金	贵金属，化学成分为 Au	金黄色
	银	贵金属，化学成分为 Ag	银白色
	红珊瑚	红珊瑚虫的分泌物，化学成分为 $CaCO_3$	桃红色
	铅白	将铅片溶于碳酸中提取而来，化学成分为 $PbCO_3$	洁白色
	铅黄	由铅煅烧而来，化学成分为 PbO	深黄色
	铜绿	将铜片泡在醋酸中结晶得到，化学成分为 $Cu(CH_3COO)_2$	绿色

4.1.1.2　基材

最高光敏感级别文物所使用的基材主要包括纸质基材和绢质基材。

纸质基材主要使用青檀树皮和沙田稻草两种原材料，根据不同的配比，制作的宣纸可满足不同的书画要求。纸张的老化主要是由于纤维素的降解引起的，其中包含外部因素（如温度、湿度、光线、空气污染和微生物）和内部因素（纸张的酸度、吸附在纸张上的材料，如油墨、颜料和染料、酸性杂质的存在及铁和铜等）。

绢质基材由蚕丝编织而成，蚕丝是一种天然蛋白纤维素，主要由丝素蛋白和丝胶两部分组成，其中丝素蛋白是蚕丝的主要组成部分，约占 70%，丝胶约占 25%，其余的为杂质（糖类物质、蜡类物质、色素和无机物等）。

典型的以纸、绢为基材的文物如图 4–6 所示。

4.1.2　照明损伤机理

光敏感文物所使用的颜料和基材通过吸收光源中的光子能量，极易发生照明降解，即材料内部分子结构发生键裂解或者结构重排，外在表现为色彩损伤和机械损伤两类：其中色彩损伤主要指材料吸收光源的光谱能量后发生光化学反应，导致材料分子的官能团发生变性，呈现褪色、变色等不可逆的永久性色彩损伤形式；而机械损伤主要指材料吸收光源的光谱能量后发生光化学反应，导致材料内部分子结构改变，呈现发硬、发脆、粉化、开裂以及柔韧度降低等不可逆的永久性机械损伤形式。由于不同材料背后的光损伤机理也不尽相同，以下分别介绍颜料和基材的光损伤机理。

(a)庐山白云图（清，王翚绘，纸本）

(b)步辇图（唐，阎立本作 绢本）

图4-6 典型的以纸、绢为基材的文物

（图片来源：故宫博物院官网）

4.1.2.1 颜料

下面分别以雄黄（无机颜料）和胭脂（有机颜料）为例介绍颜料的褪色机理。

无机颜料——雄黄：雄黄的主要成分为硫化砷 As_4S_4（雄黄型）。As_4S_4（雄黄型）在光的作用下，因 As-As 键弱于 As-S 键，光破坏 As-As 键，形成 As-S-As，后产生 As_4S_5（副雄黄）和 As_2O_3（砷华）。之后 S 从 As_4S_5 分子中的 As-S-As 释放，变成自由活跃的 S 原子，As_4S_5 分子变为 As_4S_4（副雄黄型）分子。自由活跃的 S 原子又进攻另外一个 As_4S_4（雄黄型）分子，继续生成 As_4S_5 分子。产生的 As_4S_5 分子又被分解成 S 原子和 As_4S_4 分子（副雄黄型）。如此循环往复，雄黄在光照促进下通过 As_4S_5 分子间接地转变成副雄黄，其宏观上的颜色也从雄黄的红色逐渐转为副雄黄的黄色，如图4-7所示。

有机颜料——胭脂：胭脂颜料中的主要成分为胭脂红酸蒽醌。在光的作用下，胭脂红酸蒽醌发生开环反应，氢键发生变化。在褪色过程的初始阶段，红色成分的破坏会产生一种或多种黄色中间产物。随着褪色的进行，黄色物质的浓度达到稳定状态，随着红色前体物质浓度的降低而降低，黄色物质的浓度达到稳定状态。随着上述的微观变化过程，胭脂颜料的颜色不断变淡，如图 4-8 所示。

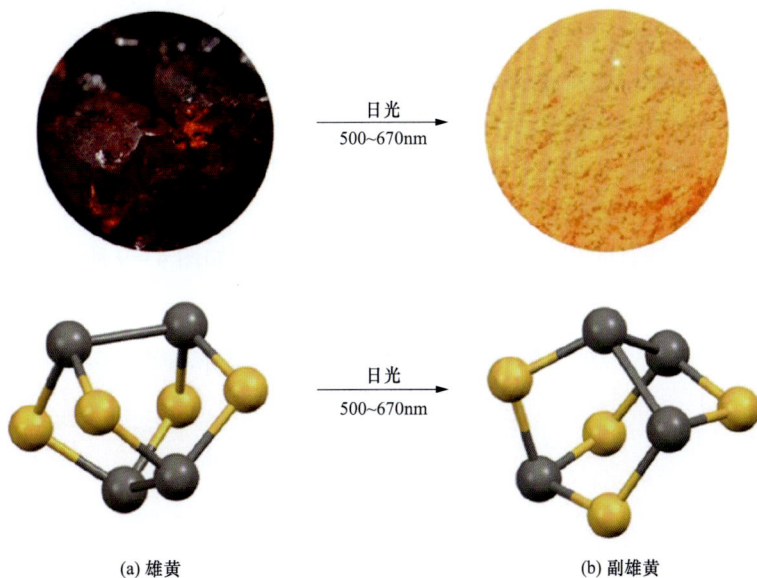

(a) 雄黄　　　　　　　　　　　　　　(b) 副雄黄

图 4-7　雄黄受到光照作用后，从雄黄的红色转化到副雄黄的黄色

（图片来源：Intriguing minerals：photoinduced solid-state transition of realgar to pararealgar——direct atomic scale observation and visualization）

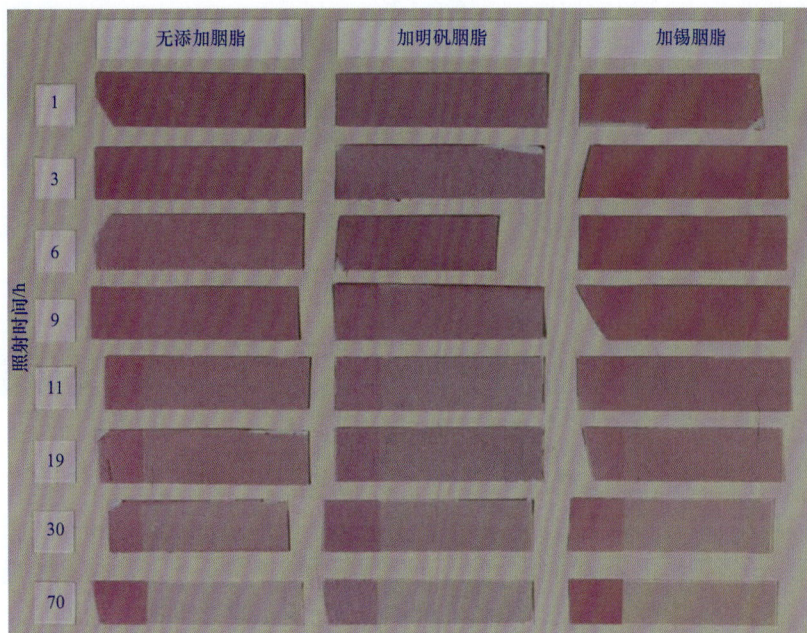

图 4-8　胭脂样品随着照射时间增加颜色不断变淡

（图片来源：Change is permanent：thoughts on the fading of cochineal-based watercolor pigments）

4.1.2.2 基材

与颜料单纯表现出色彩损伤不同，纸、绢基材在吸收光谱能量后会同时呈现色彩和机械两种损伤形式，以下分别介绍纸质基材和绢质基材的光损伤机理。

（1）纸质基材。纸张基材主要由纤维素的纤维网组成，其光降解过程可以看作是"$\beta-D-$吡喃糖单元的氧化"和"酸水解"两个过程的结合，而且氧化和水解互相催化，氧化后形成的羧基促进水解，同时水解为氧化提供新的还原端基。纸的机械损伤机理是氧化和水解的共同作用使纤维素发生解聚并最终导致纸张的机械强度下降。纸的色彩损伤机理是氧化作用所形成的羰基导致纸张变色，其中在氧化产物中导致发黄的物质被称为发色基团，如旧纸泛黄主要是由于发色基团吸收了可见光中的高能光谱（紫色和蓝色）并大量散射黄色和红色部分，从而产生了特有的黄棕色色调。泛黄的纸质文物如图4-9所示。

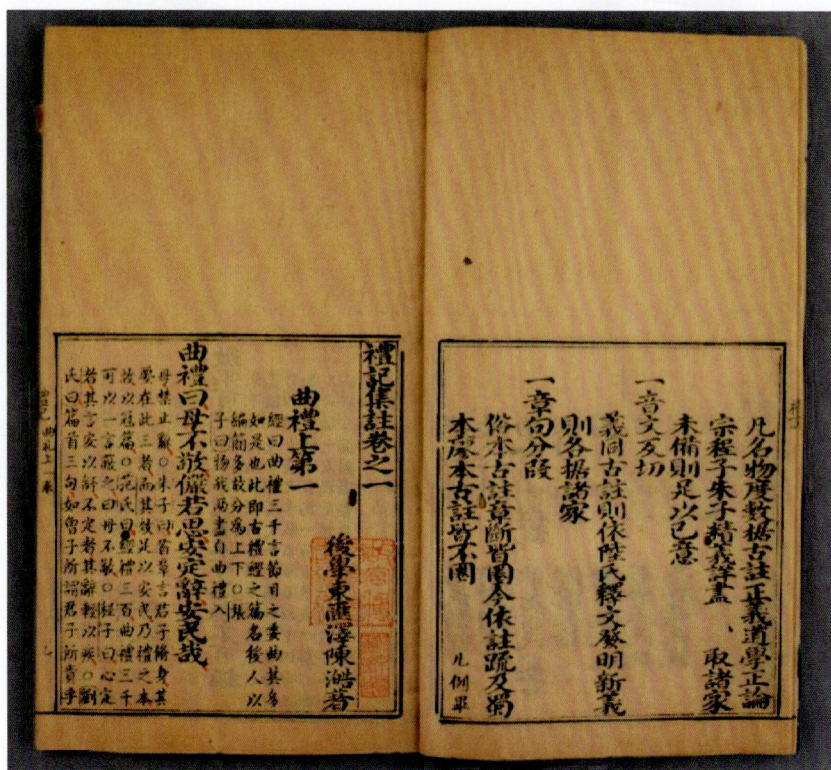

图4-9 泛黄的纸质文物 《礼记集注》（明）
（图片来源：故宫博物院官网）

（2）绢质基材。绢质基材由蚕丝组成，其主要化学成分是丝素蛋白和丝胶蛋白等大分子蛋白质。绢质基材的损伤主要是由丝素蛋白老化过程中发生降解引起的，这些反应会出现黄变和脆化，使材料的力学性能降低。绢的机械损伤机理是随着光照时间的增加，丝素蛋白发生降解，从而引起的纤维表面形态由光滑到凹凸不平，并出现了不同程度的损伤，纤维内部结构也受到损伤，最终发生解体。绢的色彩损伤机理是丝素蛋白中氨基酸在照射下发生了分解，白度值下降，表现出绢变黄。泛黄而开裂的绢质文物素纱单衣如图 4－10 所示。

图 4－10　泛黄而开裂的绢质文物素纱单衣（西汉）

（图片来源：湖南省博物馆官网）

4.2　展品或藏品照明损伤的检测

采用科学的测量方法对材料的光损伤情况进行检测，是取得良好照明保护效果的前提条件。本节分别介绍用于颜料损伤和基材损伤的检测方法。

4.2.1　颜料损伤的检测

1. 方法简介

颜料的损伤形式主要为色彩损伤，目前主要采用色差法进行测量。色差表示色彩空间中两个颜色点之间的距离，常用 CIE $L^*a^*b^*$ 色差公式进行计算。

色差法基于 CIE $L^*a^*b^*$ 色彩空间，该空间根据亮度坐标 L^* 以及两个色度坐标 a^* 和 b^* 共三个参数来定义颜色（见图 4－11）。其中，L^* 是亮度单位，指代亮度大小；a^* 是红－绿单位，其正值表示红色，负值为绿色；而 b^* 是黄－蓝单位，其正值表示黄色，负值为蓝色。

假设一种中等红色的材料曝光前的测量结果为中等的 L^* 值、相对较高的正 a^* 值和低 b^* 值（或正或负），则其曝光后的测量结果为：L^* 减少则表示材料的亮度损失或变暗；a^* 减少表示红色减少；如果 b^* 成比例地减少，则表示材料在不改变色相的情况下颜色减少（即颜色的饱和度发生变化）。而色差值即定义为色彩空间中两个颜色点之间的直线距离，见式（4－1）。色差法十分直观，采用一个量来全面概括材料色彩的变化，便于模型的建立，该方法已在国内外被广泛地运用于评价颜料的色彩损伤。

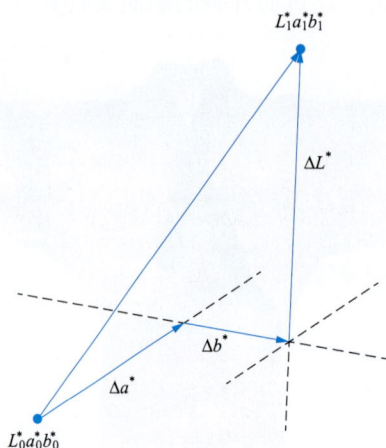

图 4-11 色差值为 CIE $L^*a^*b^*$ 颜色空间中两个颜色点之间的欧几里得距离

$$\Delta E_{ab}^* = \sqrt{(L_1^* - L_0^*)^2 + (a_1^* - a_0^*)^2 + (b_1^* - b_0^*)^2}$$ （4-1）

2. 用法举例

为了探究不同波段光谱对中国传统书画颜料的损伤规律，以在可见光范围内均匀分布的 10 种窄带光源作为实验光源，相对光谱功率分布如图 4-12 所示，以相同的强度周期性地分组照射中国传统书画颜料，实验用颜料样品如图 4-13 所示。

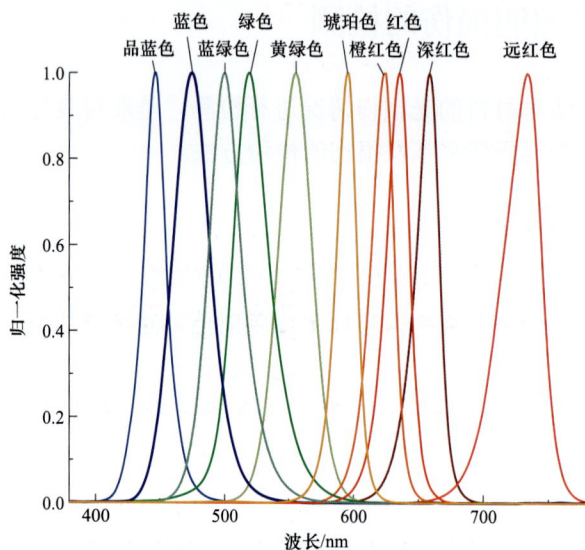

图 4-12 实验用 10 种窄带光源的相对光谱功率分布

实验在天津大学地下全暗光学实验室中进行，以排除其他光线的干扰。设置具有温湿度恒定功能的照明实验箱，使其物理环境始终保持在博物馆和美术馆中保存展品的必要条件：温度为（23±0.5）℃，相对湿度为 50%，换气率恒定值为 $0.5d^{-1}$。

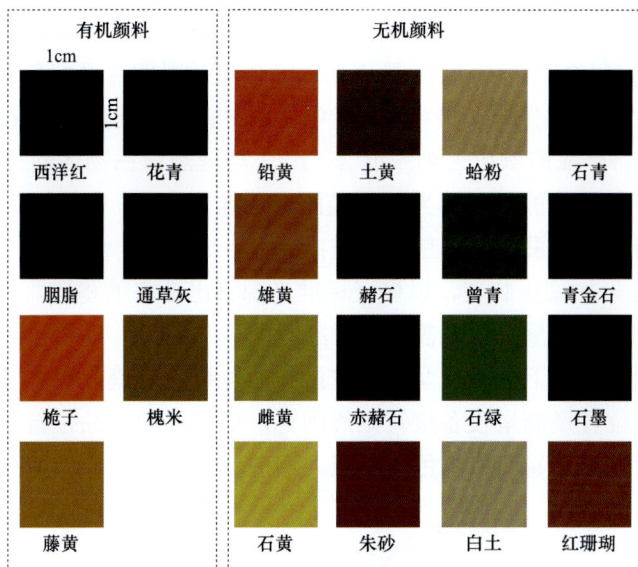

图 4-13　实验用颜料样品

用隔板将实验箱划分为 10 个独立空间，防止不同光源之间相互干扰。将 10 种窄带光源分别安装于 10 个独立空间的上部，向下垂直照射相同的颜料样品，不同空间内的光源与样品间距保持一致，并调节光源功率使每组样品的表面光照强度相同，即辐照度 = （10.000±3%）W/m²。同时，为保证同一样品表面光照强度均匀，在颜料样品下安置自动旋转转盘，转速为 0.5r/min。实验装置示意图如图 4-14 所示，实验现场图如图 4-15 所示。

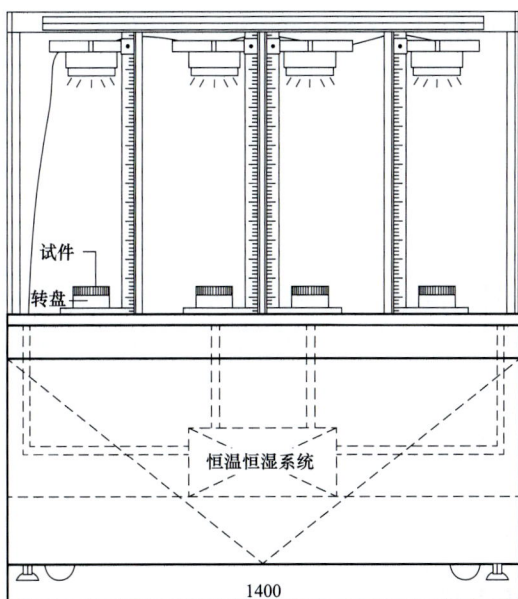

图 4-14　实验装置示意图

图 4-15　实验现场图

对样品进行周期性照射，每天照射 8h，共计照射 180 天，累计 1440h，接受的总曝光量为 14 400W·h/m²。以每 240h 为一个测量周期，每个照射周期后进行色彩参数测量，测量在由中国计量院标定的标准 A 光源下进行。测量中采用 Photo Research PR 670 按照 CIE 标准色彩测试方法，测量颜料样品的颜色三刺激值 X、Y、Z 与理想白色物体的三刺激值 X_0、Y_0、Z_0，理想白色物体采用 CIE 推荐的反射率为 98%硫酸钡标准白板。

为保证测量的精确性，采取以下三种措施：

（1）标准 A 光源附加稳压装置，以保证标准光源输出功率的稳定。

（2）使圆形测量探头尽量多地覆盖颜料样品。

（3）参数测量同样在地下全暗光学实验室进行，以排除环境光对实验的影响。为维持测量环境的稳定，光源位置及测量设备位置始终固定，通过移动样品位置采集每个样品色彩参数，操作过程中实验人员穿着专用黑色实验服。测试示意图如图 4-16 所示。

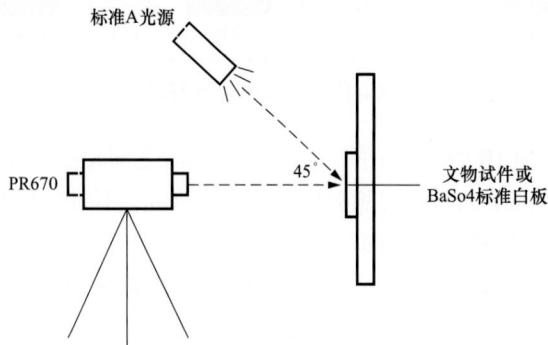

图 4-16　测试示意图

照射过程中进行周期性测量得到了样品三刺激值 X、Y、Z 和标准白板三刺激值 X_0、Y_0、Z_0。将三刺激值转换为 CIE L^* a^* b^* 色度学系统，计算每个样品的 CIE L^* a^* b^* 色坐标（a^*，b^*）和米制亮度值 L^*，计算方法为

$$L^* = 116\,(Y/Y_0)^{1/3} - 16 \quad Y/Y_0 > 0.01$$
$$a^* = 500\,[(X/X_0)^{1/3} - (Y/Y_0)^{1/3}]$$
$$b^* = 200\,[(Y/Y_0)^{1/3} - (Z/Z_0)^{1/3}] \quad\quad (4-2)$$

使用上述公式计算得到 23 种颜料样品在 10 个照射周期下的 CIE $L^*a^*b^*$ 色坐标 $L_0^*a_0^*b_0^* \sim L_{10}^*a_{10}^*b_{10}^*$，其中，$L_0^*a_0^*b_0^*$ 为初始未照射状态颜料的色坐标，$L_1^*a_1^*b_1^* \sim L_{10}^*a_{10}^*b_{10}^*$ 为随着曝光量累加 1~10 个实验测试周期的颜料色坐标。利用式（4-3）计算颜料在 1~10 个照射周期相对于初始未照射状态的色差值 $\Delta E_{ab1}^* \sim \Delta E_{ab10}^*$ 如下：

$$\Delta E_{ab1}^* = \sqrt{(L_1^* - L_0^*)^2 + (a_1 - a_0)^2 + (b_1 - b_0)^2}$$
$$\Delta E_{ab2}^* = \sqrt{(L_2^* - L_0^*)^2 + (a_2 - a_0)^2 + (b_2 - b_0)^2}$$
$$\vdots$$
$$\Delta E_{ab10}^* = \sqrt{(L_{10}^* - L_0^*)^2 + (a_{10} - a_0)^2 + (b_{10} - b_0)^2} \quad\quad (4-3)$$

数据分析过程均以石墨颜料为例，其余颜料与石墨的方法相同。

通过周期性照射实验，结合色差计算方法，得到 447nm、475nm、500nm、519nm、555nm、595nm、624nm、635nm、658nm、733nm 10 种可见窄带光源对石墨颜料样品的色差值随曝光量变化规律，见图 4-17 及表 4-4。可以看出，石墨颜料的色差值随着曝光量的增加而增加，而不同窄带光源下的变化速率有所差异。

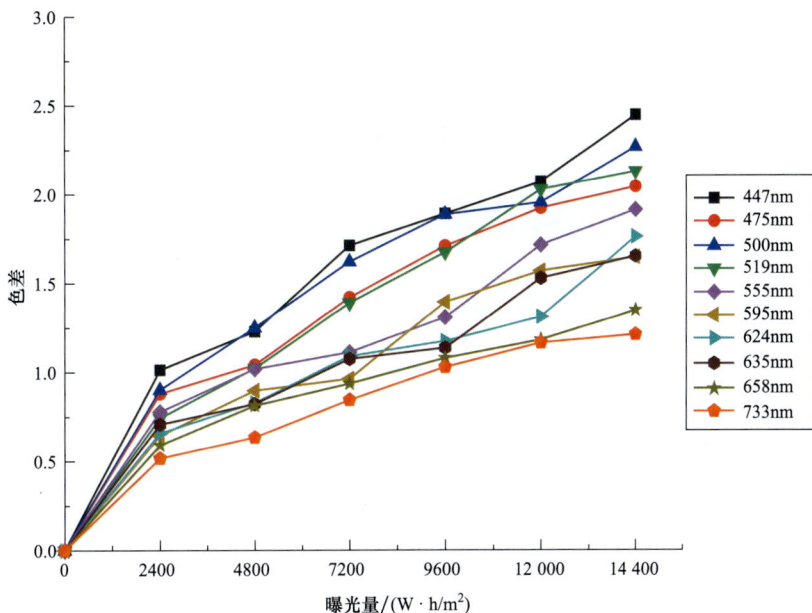

图 4-17　石墨颜料在不同波长窄带光下随曝光量变化的规律曲线

表 4-4　　　　　　　　　石墨颜料在不同波段窄带光下各个周期的色差值

曝光量 Q /（W·h/m²）	波长 λ/nm									
	447	475	500	519	555	595	624	635	658	733
0	0.000	0.000	0.000	0.000	0.000	0.000	0.000	0.000	0.000	0.000
2400	1.014	0.880	0.901	0.744	0.779	0.645	0.659	0.708	0.591	0.517
4800	1.229	1.042	1.250	1.022	1.019	0.898	0.829	0.822	0.813	0.635
7200	1.712	1.420	1.621	1.390	1.112	0.963	1.090	1.075	0.936	0.845
9600	1.891	1.710	1.886	1.674	1.308	1.394	1.174	1.136	1.080	1.029
12 000	2.071	1.923	1.954	2.027	1.715	1.571	1.311	1.529	1.182	1.166
14 400	2.447	2.043	2.267	2.129	1.914	1.648	1.762	1.652	1.349	1.212

根据实验所采用的窄带光峰值波长和曝光量指标，并结合色差计算结果，以波长（λ）为 X 轴、以曝光量（Q）为 Y 轴、以色差（ΔE^*）为 Z 轴得到 23 种颜料的色差（ΔE^*）随波长（λ）和曝光量（Q）的三维变化曲面，该曲面能够表征波长和曝光量对某种颜料色彩的耦合影响

　　规律。以石墨为例，其色差的三维变化曲面如图 4-18 所示，即色差随着波长减小和曝光量的增加而增大。

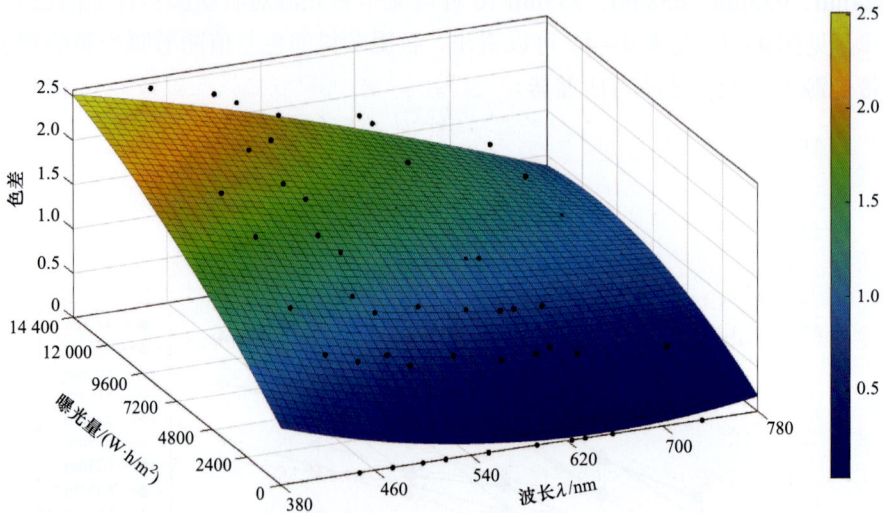

图 4-18　石墨的色差值随波长和曝光量的三维变化曲面

　　将得到的曲面拟合为二元函数，其中 $n=1\sim23$，代表 1~23 种颜料。该函数可计算任意曝光量的任意波长光源下某种颜料的色彩变化，从而实现量化计算。其对曝光量和 SPD 的相对响应率函数为

$$\Delta E^* = f(\lambda, Q) = 3.608 - 0.01101 \cdot \lambda + 8.478e-06 \cdot \lambda^2 + 7.769e-07 \cdot \lambda \cdot Q - 1.551e-09 \cdot Q^2 - 5.851e-12 \cdot \lambda \cdot Q^2 - 7.714e-10 \cdot \lambda^2 \cdot Q \tag{4-4}$$

式（4-4）的拟合优度 $R^2 = 0.9523$。

　　由于颜料的色彩损伤程度与曝光量、光源的 SPD、颜料对曝光量和 SPD 的相对响应率三项指标相关，因此在可见光范围内的颜料色彩损伤计算数学模型可定义为

$$D_n = \int_{380}^{780} S(\lambda) \cdot f_n(\lambda, Q) \mathrm{d}\lambda \tag{4-5}$$

式中：D_n 为某种颜料的色彩损伤程度；$S(\lambda)$ 为照射光源的相对光谱功率分布，可用光谱仪对光源测得；Q 为曝光数量（$W \cdot h/m^2$），可任意赋值；$f_n(\lambda, Q)$ 为某种颜料对曝光量和 SPD 的相对响应率函数；$n=1\sim23$，代表 1~23 种颜料。

　　以石墨为例，将式（4-4）代入式（4-5）中，可得到石墨的色彩损伤计算数学模型，即

$$D = \int_{380}^{780} S(\lambda) \cdot (3.608 - 0.01101 \cdot \lambda + 8.478e-06 \cdot \lambda^2 + 7.769e-07 \cdot \lambda \cdot Q - 1.551e-09 \cdot Q^2 - 5.851e-12 \cdot \lambda \cdot Q^2 - 7.714e-10 \cdot \lambda^2 \cdot Q) \mathrm{d}\lambda \tag{4-6}$$

　　该损伤模型实现了多参量耦合作用下颜料照明损伤的计算，解决了多参量耦合作用下照明损伤规律的复杂问题，通过该模型可以计算在任意光源任意曝光量下，染色文物常用颜料的色彩损伤情况。基于该损伤模型，可以实现博物馆的染色文物修复过程的颜色偏移的有用

信息，博物馆可以利用该模型来估计光源可以用多少曝光量照亮文物而不会发生明显颜色变化，以控制博物馆染色文物的展陈周期。

4.2.2　基材损伤的检测

正如 4.1.2 所介绍的，基材的损伤形式包括色彩损伤和机械损伤。前面已经介绍了中国传统颜料色彩损伤的检测方法，它们也适用于基材的色彩损伤检测。以下主要介绍基材的机械损伤检测方法。

4.2.2.1　红外光谱法

1. 原理

用红外光照射有机分子，红外光的振动频率与组成有机物分子中的官能团或化学键振动频率相当时，分子内的官能团或化学键发生振动吸收，不同的官能团或化学键的吸收频率不同，在红外光谱图上，可获得不同物质的官能团或化学键的信息。由于每种物质都有其相对应的"指纹"红外光谱图，指纹区就像每个人都有不一样的指纹一样，利用其特点可进行定性或定量研究，定性分析中对红外光谱图做比较来鉴定物质；定量分析法的依据是朗伯－比尔定律［Beer－Lambert，见式（4−7）］，利用透光率法和内标法等根据物质浓度的改变，定量地描述其物质构象的变化。此外，红外光谱还有扫描速度快、具有很高的分辨率、灵敏度高、精度高等优点，基于上述特点，红外光谱已经在有机物质领域得到了广泛应用。

$$A = a \cdot b \cdot c \tag{4−7}$$

式中：A 代表透光率；a 代表吸光系数（$M^{-1} \cdot cm^{-1}$）；b 代表光程（cm）；c 代表浓度（mol/L）。

2. 用法举例

为了探究不同照度与不同时间作用下中国传统纸绢基材的损伤规律，以卤素灯（通过滤光片消除红外辐射）作为实验光源，相对光谱功率分布如图 4−19 所示。以不同的照度周期性地分组照射中国传统书画基材的样品，如图 4−20 所示。

实验在天津大学地下全暗光学实验室中进行，以排除其他光线干扰。设置具有温湿度恒定功能的照明实验箱，使其物理环境始终保持在博物馆和美术馆中保存展品的必要条件：温度为（23±0.5）℃，相对湿度为 50%，换气率恒定值为 0.5d^{-1}。

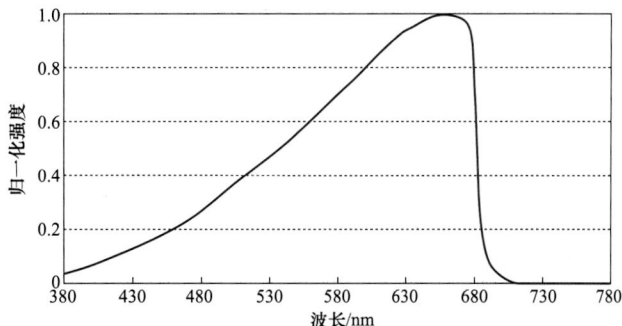

图 4−19　卤素灯的相对光谱功率分布图

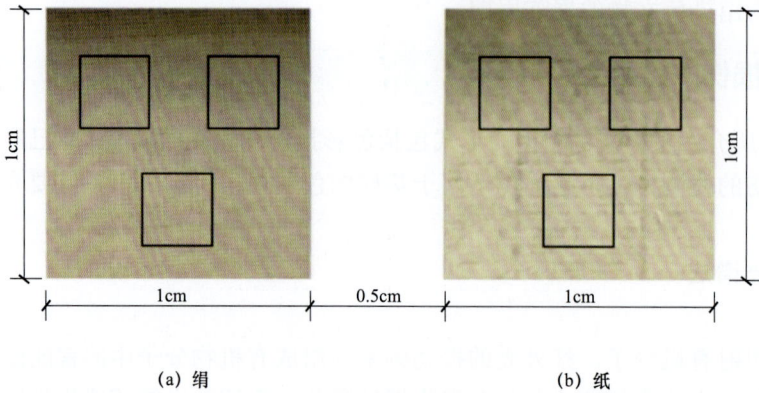

（a）绢   （b）纸

图 4-20 标准实验样品

对所有样品同时进行周期性照射，设置 4 个照度梯度：50lx、100lx、150lx、200lx，同时为排除实验样品的自然老化影响设置 0lx 的黑暗对照组。在 0lx、50lx、100lx、150lx、200lx 5 种照度值下开展对相同实验样品的光照实验，每周照射 6d，每天照射 8h，总共照射 180d，累计 1440h。每 30d 为一个测量周期，采用 NicoLet6700 红外光谱仪对纸、绢样品进行红外光谱测试。其中，波数范围为 4000～400cm^{-1}，光谱分辨率为 0.1cm^{-1}，扫描次数为 32 次。

采用氧化指数 OIFTIR 来评价宣纸中纤维素的羰基转化情况，数值越大表示宣纸的机械损伤程度越高。氧化指数定义为 1900～1500cm^{-1} 处红外光谱特征峰积分面积与 3000～2800cm^{-1} 处红外光谱特征峰积分面积的比值，即

$$OI_{FTIR} = A_{1900-1500}/A_{3000-2800} \qquad (4-8)$$

采用结晶度 C_{FTIR} 来评价丝绢中蛋白质的肽键断裂情况，数值越小表示丝绢的机械损伤程度越高。结晶度定义为 1263cm^{-1} 处红外光谱特征峰面积与 1230cm^{-1} 和 1263cm^{-1} 两处红外光谱特征峰面积加和的比值，即

$$C_{FTIR} = A_{1263}/(A_{1230} + A_{1263}) \qquad (4-9)$$

数据分析过程均以纸基材为例，绢基材与纸基材的方法相同。

根据在 7 个测试周期内测得的红外光谱，计算谱图中 1900～1500cm^{-1} 和 3000～2800cm^{-1} 两段积分面积 $A_{1900-1500}$ 和 $A_{3000-2800}$，计算宣纸在各个周期相对于初始状态 ΔD_{p0} 的氧化指数值 ΔD_{p1}～ΔD_{p6} 的公式为

$$\Delta D_{p1} = OI_{FTIR1} - OI_{FTIR0}$$
$$\Delta D_{p2} = OI_{FTIR2} - OI_{FTIR0}$$
$$\vdots$$
$$\Delta D_{p6} = OI_{FTIR6} - OI_{FTIR0} \qquad (4-10)$$

经计算，样品纸在不同照度水平和照射时间对应的氧化指数变化值见表 4-5。

表 4-5　　　　　　　　　　　　　　纸的氧化指数变化值 ΔD_p

照度 E /lx	照射时间 t /h						
	0	240	480	720	960	1200	1440
0	0	−0.080	−0.343	−0.037	0.187	0.429	0.262
50	0	0.011	−0.535	0.226	0.753	0.474	0.468
100	0	0.168	−0.310	−0.054	0.470	0.521	0.627
150	0	0.047	−0.335	0.065	0.266	0.494	0.706
200	0	0.515	−0.247	−0.123	0.632	0.696	0.950

根据表 4-5 呈现的数据，利用 Matlab 软件建立纸的三维可视化曲面图，如图 4-21 所示，以照度 E 为 x 轴，时间 t 为 y 轴，氧化指数变化 ΔD_p 为 z 轴。通过图 4-21 能够看到照度和时间变化对纸的量化损伤规律，可明显地发现纸的氧化指数随照度的增加和照射时间的延长而变大，说明纸的光损伤度与照度和时间呈正相关。

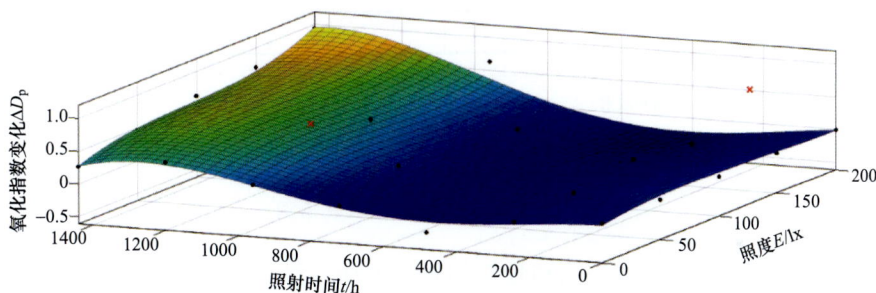

图 4-21　纸的氧化指数变化随照度和时间变化的三维曲面图

对该三维曲面进行二元多项式拟合，得到其函数表达式，即

$$\Delta D_p = f_p(E,t) = -0.035\,81 + 0.003\,327 \cdot E + (-0.000\,106\,1) \cdot t + (-3.058e-05) \cdot E^2 +$$
$$(2.492e-06) \cdot E \cdot t + (-2.009e-06) \cdot t^2 + (7.325e-08) \cdot E^3 + (-08) \cdot E^2 \cdot t +$$
$$(-3.152e-11) \cdot E \cdot t^2 + (4.236e-09) \cdot t^3 + (1.301e-10) \cdot E^3 \cdot t + (1.292e-11) \cdot E^2 \cdot t^2 +$$
$$(1.897e-13) \cdot E \cdot t^3 + (-1.867e-12) \cdot t^4; \ (R^2 = 0.890\,5)$$

$$（4-11）$$

式中：ΔD_p 为宣纸的氧化指数变化；E 为照度；t 为照射时间。该方程能够计算出在任意照度和时间的组合工况下纸基材的光损伤程度，从而实现照度和时间对纸基材光损伤规律的数学表述。

4.2.2.2　拉曼光谱法

1. 原理

如果光子与样品分子之间没有能量交换，则入射光能与散射光能相等，但光子运动轨迹会发生变化。此时，光与样品分子之间的这种弹性碰撞称为瑞利散射。当光子与样品分子发生非弹性碰撞时，入射光能和散射光能不相等，散射光的频率也随之变化。此时，光与样品分子之间的这种非弹性碰撞称为拉曼散射，其能级表示如图4-22所示。当频率为 v_0 的单色光在与分子碰撞过程中发生了能量转移，若处于低能量级的分子从入射光子获得能量 $h\Delta v$，它将跃迁到具有更高能级的受激虚态。此时，散射光子的能量降低到 $h(v_0-\Delta v)$，即散射光的频率变为 $(v_0-\Delta v)$，发生了斯托克斯拉曼散射；若处于高能级的分子在碰撞过程中失去能量 $h\Delta v$，返回到能级较低的基态。此时散射光子的能量升高到 $h(v_0+\Delta v)$，即散射光的频率变为 $(v_0+\Delta v)$，也就是说，发生了反斯托克斯拉曼散射。斯托克斯和反斯托克斯散射统称为拉曼散射，而 Δv 是拉曼散射光谱的频移。

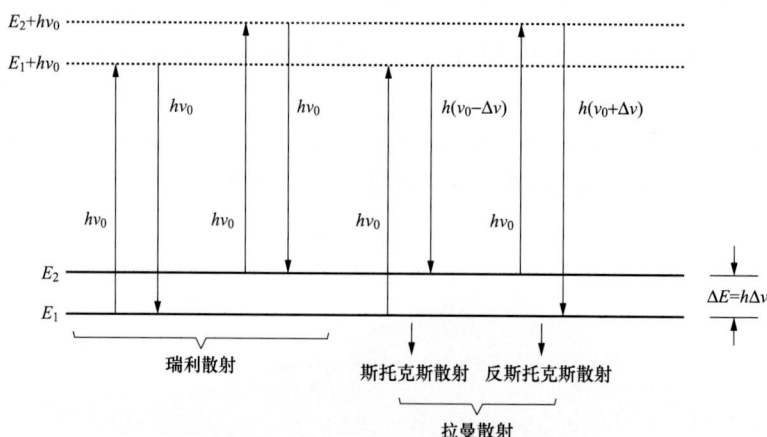

图4-22 拉曼散射的能级表示图

拉曼光谱常用于研究非极性基团和骨架的对称振动，探测范围覆盖了常见的无机物质和有机物质。拉曼光谱的频移取决于物质内部分子振动的能级变化，不同化学键具有不同的振动模式，从而决定了能级之间的能量变化。每种物质都有其相应的"指纹"拉曼光谱特征带，即具有选择性的拉曼特征峰。拉曼特征峰强度与产生该拉曼信号的样品分子浓度成正比，两者之间的线性关系是使用拉曼光谱进行定量分析的基础，从而实现对物质分子浓度等的定量分析。此外，利用拉曼光谱可以进行可重复性高、快速、灵敏性高的无损测试，这使得其在颜料分析、文物鉴定、断代和文物保护领域有着良好的应用前景。

2. 用法举例

为了明确构成LED的4种单色光对不同脆弱文物的照明损伤影响规律,利用拉曼光谱法,以构成白光LED光谱的4种主要单色光作为实验光源,光谱功率分布如图4-23所示,以相同的照射强度分组照射纸绢基材,如图4-24所示。

通过共聚焦显微拉曼光谱仪（Thermo Scientific DXR）测试照射前后样品的拉曼光谱。其中，拉曼光谱的分辨率设定为 $1.496cm^{-1}$，激发波长为785nm，激光光斑直径 $1.2\mu m$。由于激光光斑直径较小，为保证照明前后测试位置的一致性：首先，使用固定卡尺系统将被测样品固定于拉曼光谱检测台的相同位置；其次，对每个样品等间距设置100个测点（10×10），每个点的间隔为 $20\mu m$。取该100个测点的平均值作为拉曼光谱分析的依据。

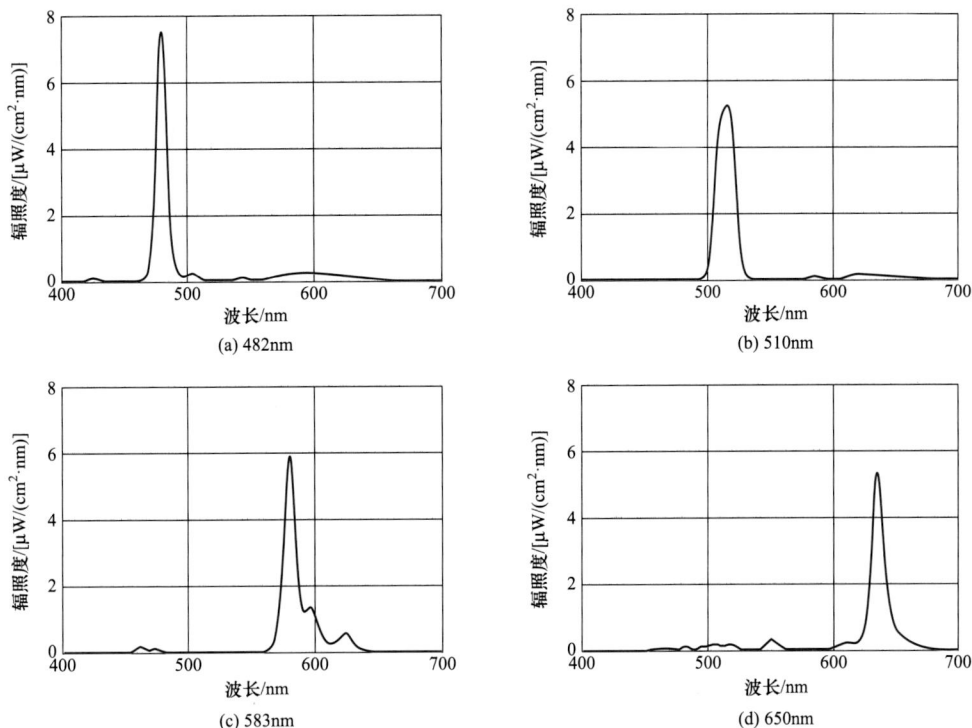

图 4-23　4 种单色实验光源的光谱功率分布

整个实验照射时间为 1152h。在进行照射实验之前，使用拉曼光谱仪测试样品的拉曼频移和散射光强。在样品经过不同典型光源照射后，再次测量样品的拉曼频移和散射光强数据。根据测量数据绘制拉曼散射光强随拉曼频移变化的拉曼谱图。通过搜索相关文献，选取样品中重要构成的分子结构及其对应的拉曼特征峰进行分析。样品在不同典型光源照射前后的特征拉曼峰强差值 ΔI 的大小为

$$\Delta I = \left| I' - I \right| \tag{4-12}$$

式中：ΔI 为光源照射前后的特征拉曼峰强差值；I、I' 为照射前、后样品的特征拉曼峰峰强。

ΔI 越小，代表实验样品的照明损伤程度越低。基于不同典型光源对样品照射前后特征拉曼峰强差值，可以计算得到不同典型光源对不同样品的相对损伤系数。

以纸基材为例，在不同光源照射前后朱砂样品的拉曼谱图如图 4-24 所示。图中横坐标表示拉曼频移，即入射光被待照样品散射后，散射光相对于入射光的频移，通常用波数来表示。在拉曼光谱中，用于表示波数的单位是厘米的倒数（cm^{-1}）；纵轴代表拉曼散射光强。图中的实线和虚线分别代表照明前后的拉曼光谱谱线。

选择 895.266cm^{-1} 的拉曼特征峰峰强的变化来表征不同单色光对纸质基材样品的微观分子结构的变化。对四种单色光照射下纸质基材样品拉曼特征峰峰强的变化进行分析。通过 Origin 软件，目标拉曼特征峰峰强分别读取为 $I_{895.266}$ 和 $I'_{895.266}$；通过使用式（4-12），可以获得纸质基材样品在光源照射前后的拉曼峰特征峰峰强差值 ΔI。将 450nm 单色光照射下得到的拉曼峰强差值定义为 1.0000，4 种单色光对纸质基材样品的相对损伤系数为

450nm:510nm:583nm:650nm = 1.0000:0.9093:0.3714:1.9780,见表 4-6。

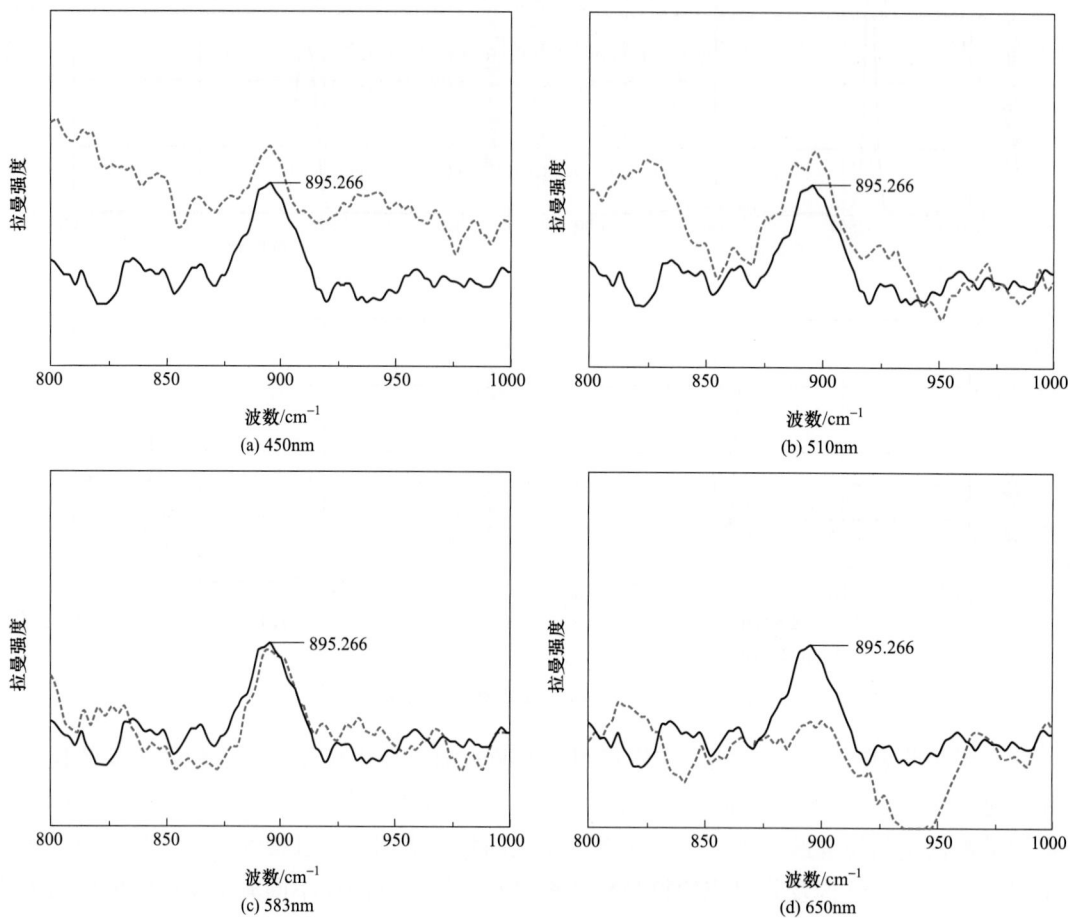

图 4-24 单色光照射前后纸质基材样品的拉曼光谱图

表 4-6　　　　　　纸质基材样品在 4 种单色光照射前后的相对损伤系数

单色光/nm	照射前 $I_{895.266}$/cps	照射后 $I'_{895.266}$/cps	峰强差值 Δ/cps	相对损伤系数
450	−0.9361	−0.5083	0.4278	1.0000
510	−0.9361	−0.5471	0.3890	0.9093
583	−0.9361	−1.0950	0.1589	0.3714
650	−0.9361	−1.7823	0.8462	1.9780

注：cps 是拉曼光谱的强度单位，counts per second（每秒接收的光子数量）。

4.3　照明参数的测量

第 4.2 节通过各类检测方法检测出了展品或藏品的照明损伤，同样地，需要对展品或藏品的各项照明参数进行精确的测量，从而研究引起照明损伤的关键照明参数。国际照明委员会（CIE）提出照明损伤与照射强度、照射时间、光源光谱功率分布以及材料的响应特性这 4 个参数相关。其中，材料的响应特性由展品的材料决定，现有标准主要对其他三个参数进行规定：通过限制文物表面的照度（lx）来控制照射强度；通过限制曝光量（定义为时间乘以照度，lx·h）来控制照射时间；通过红紫外辐射以及（相关）色温指标来控制光源的光谱功率分布。这三个参数中，照度和曝光量属于照明数量参数的范畴，而红紫外辐射以及（相关）色温指标属于光源光谱参数的范畴，下面分别介绍如何检测照明数量参数和光源光谱参数。

4.3.1　照明数量参数的测量

照明数量参数主要包括照度和年曝光量，其测量通常采用（光）照度计。照度计是利用光电探测器的物理光电现象制成的。当外来光线入射于光电探测器表面后，光电探测器将光能转变为电压、电流或频率，通过后继电路显示出光的照度值。光电探测器的光谱响应被修整为人眼光谱光视效率曲线。

1. 测量仪器的选择

（光）照度计设备根据《馆藏文物保存环境监测　监测终端　光照度》（WW/T 0105—2020）进行选择，该规范所规定的具体参数如下：

（1）测量范围：0.1～2000lx。

（2）测量准确度：相对示值误差不超过±4%。

（3）正常工作条件。

1）环境温度：−5℃～50℃。

2）湿度：10%～85%RH（无凝露）。

3）大气压力：80～106kPa。

4）工作环境：无显著振动和冲击的场合。

5）校准周期：1 年。

2. 测量方法

照度和年曝光量的测量方法参照《馆藏文物保存环境质量检测技术规范》（WW/T 0016—2008）的附录 A（馆藏文物保存环境照度的测定方法）进行，具体包括：

（1）测定点的确定。馆藏文物保存环境中照度的测量应选择其中有代表性的测量点，测量面与文物主要受光面平行，距离文物不超过 10cm，应在测量结果中详细注明测量点的位置。

（2）照度的测定。

1）测定开始前，白炽灯和卤钨灯应燃点 15min，气体放电灯类光源应燃点 40min。

2）受光器上必须洁净无尘。

3）测定时受光器稳定平行放置于接近文物的主要受光面。

4）应防止各类人员和物体对光接受器造成遮挡。

（3）年曝光量的测定。

1）将受光器固定于测定位置，定期（通常为 1h）记录照度值和间隔时间。

2）累积各时段的曝光量值（照度×间隔时间）。

3）年曝光量的计算必须连续累积计算三个工作日后按比例换算成年曝光量。

4）闭馆后若检测环境无光照射，则仅需累积开馆时的曝光量。

5）对于感应灯光年曝光量的测量推荐采用具有自动累积计算的照度计检测，并至少连续累积测量一周。

3. 结果计算

测定结果可直接记录，也可以记录最大值、最小值及平均值，必须记录详细的检测位置和受光面的朝向。

（1）曝光量计算公式为

$$C_k = \sum_{i=1}^{k} E_i \cdot t_i \qquad (4-13)$$

式中：C_k 为 k 时段曝光量（lx·h）；E_i 为 i 时段平均照度（lx）；t_i 为 i 时段时间间隔（h）。

（2）年曝光量计算公式为

$$C_a = C_k \cdot \frac{365}{t_k} \qquad (4-14)$$

式中：C_a 为年曝光量（lx·h/a）；C_k 为 k 时段曝光量（lx·h）；t_k 为检测时间（d）。

注：365 是 1a 的统计计算天数。

4.3.2　光源光谱参数的测量

光源光谱参数主要分为不可见光和可见光部分。

4.3.2.1　不可见光

不可见光包括紫外线和红外线，由于红外线的测定方法存在局限，且红外线带来的负面热效应可以通过空调机组调控，现有标准主要对紫外辐射进行控制。国内外标准通过规定紫外辐射相对含量限值（光线中紫外辐射能量与光通量的比值，单位为 μW/lm）对光源中的紫外辐射含量进行控制。

1. 测量仪器的选择

紫外线辐射的测量仪器根据《馆藏文物保存环境监测　监测终端　紫外线》（WW/T 0094—2020）进行选择，该规范所规定的具体参数如下：

（1）测量范围：紫外辐射照度在 0.02～230μW/cm²（峰值波长 365nm±3nm，峰值半高宽度 Δλ≤15nm）。

（2）准确度：相对示值误差不超过±8%。

（3）正常工作条件：

1）温度：-5℃～50℃。

2）湿度：10%～80%RH。

3）大气压力：80～106kPa。

4）机械环境：无显著振动和冲击的场合。

5）校准周期：1a。

2. 测量方法

紫外辐射相对含量的测量方法参照《馆藏文物保存环境质量　第 2 部分：检测方法》（WW/T 0016.2—2023）的附录 B 进行，具体包括：

（1）测量点的确定。馆藏文物保存环境中紫外辐照强度的测量应选择其中有代表性的测量点，测量面与文物主要受光面平行，距离文物不超过 10cm，应在测量结果中详细注明测量点的位置。

（2）紫外辐射的测定。

1）测定开始前，白炽灯和卤素灯应燃点 15min，气体放电灯类光源应燃点 40min。

2）受光器上必须洁净无尘。

3）测定时受光器稳定平行放置于接近文物的主要受光面。

4）应防止各类人员和物体对光接受器造成遮挡。

5）通常馆藏文物保存环境中紫外辐射的检测仅需测量 UV－A（波长为 315～400nm）值。

6）检测仪器应定期校准。

3. 结果计算

测定结果可直接记录，也可以记录最大值、最小值及平均值，必须记录详细的检测位置和受光面的朝向。紫外线相对含量计算公式为

$$R = I \times 10^4 / E \tag{4-15}$$

式中：R 为紫外线相对含量（μW/lm）；I 为紫外照度（μW/cm²）；E 为照度（lx）。

4.3.2.2　可见光

对于可见光部分，现有指标主要对于（相关）色温和光源的蓝光能量比进行限定。其中，蓝光能量比定义为光源（相对）光谱功率分布中波长小于 500nm 的辐射通量占整体光谱辐射通量的比例，而（相关）色温是光源（相对）光谱功率分布的导出量，所以关键在于测量光源的（相对）光谱功率分布。根据《光源显色性评价方法》（GB/T 5702—2019），照明现场测量光源（相对）光谱功率分布主要采用光谱辐射计进行测量。

1. 测量仪器的选择

（1）测量范围。波长范围为 380～780nm，测光重复性在 1% 以内。

（2）准确度。光谱辐射计的波长准确度不应低于 ±0.5nm；光谱辐射计的带宽不应大于 5nm；探测器应在线性范围内工作；光谱辐射计的测量光重复性应优于 1%。

2. 测量方法

实验室测量光源显色性时，光源（相对）光谱功率分布应符合 CIE 127 规定的光谱辐射照度、总光谱辐射通量、部分光谱辐射通量和光谱辐射亮度的测量方法。

现场测量光源显色性时，光源（相对）光谱功率分布应符合《照明测量方法》（GB/T 5700）规定的光谱辐射照度、光谱辐射亮度的测量方法。

3.（相关）色温和蓝光能量比的计算

得到光源光谱功率分布后，光源（相关）色温由仪器直接给出；而蓝光能量比可用下式计算

$$R = \frac{\int_{380}^{500} \Phi_e(\lambda)\,\mathrm{d}\lambda}{\int_{380}^{780} \Phi_e(\lambda)\,\mathrm{d}\lambda} \qquad\qquad (4-16)$$

式中：R 为蓝光能量比，即 380～500nm 蓝光波段的能量与光输出能量之比；$\Phi_e(\lambda)$ 为光源的辐射通量的光谱分布；λ 为波长。

4.4 展品或藏品照明的保护性指标

第 4.2 节和第 4.3 节分别介绍了展品和藏品照明损伤以及各项照明参数的检测方法，基于上述检测方法，结合周期性照射实验即可得到材料损伤在各类照明参数耦合下的规律，但是材料光损伤的规律无法直接应用于文物照明实践，需要进一步分析并凝练出标准指标体系，从而服务博物馆馆方进行合理的文物照明。正如第 4.3 节所介绍的，现有标准主要通过限制文物表面的照度（lx）来控制照射强度；通过限制曝光量（定义为时间乘以照度，lx·h）来控制照射时间；通过红紫外辐射以及（相关）色温指标来控制光源的光谱功率分布。这三个参量中，照度和曝光量属于照明数量参数的范畴，而红紫外辐射以及（相关）色温指标属于光源光谱参数的范畴，以下将从这两方面分别介绍。

4.4.1 展品或藏品的保护性照明数量指标

制定科学的照明数量指标是进行有效预防性保护的基础，目前世界上主要国际组织和国家均将照度和年曝光量（一年中照度和照射时间的乘积）作为照明数量指标，见表 4-7。可以看出，现有标准已经给出了明确的照明数量指标限值，但文物的类型多样，材质差异巨大，对光谱的吸收反射特性不同，当前标准对各类文物均采用相同的照度和年曝光量进行限定，需要补充关于不同类文物的照明数量指标。因此，基于现有的指标体系，针对性地对文物颜料、文物基材以及基于这两种材料的各类文物提出了照明数量指标：首先通过卤素灯照明老化实验得到不同照度和照射时间对于颜料的损伤预测模型 $D_n = f_n(I, t)$（$n = 1\sim25$，分别代表 25 种颜料），实现了不同材料、不同照度和照射时间下的精确损伤预测；类似的，也获得了对于纸绢基材的损伤预测模型 $D_n = f_n(I, t)$（$n = 1, 2$，分别代表纸绢基材）；最后基于上述模型，分别得到中国传统颜料、纸绢基材以及基于这两种材料的各类文物的照度和年曝光量值。

表 4-7　　　　　　国内外不同标准对绘画类文物的照度和曝光量限定值

标准	照度限定值/lx	曝光量限定值/（lx·h/a）
GB/T 23863	50	50 000
CIE 157：2004	50	15 000
PAS 198：2012	50	—
JISZ 9110—1979	75～150	—
СНИП－23－05－95	50～75	—
DIN EN 12464－1	（1）照明由展示需求决定。 （2）防止有害损伤是首要目标	

4.4.1.1 文物颜料的保护性照明数量指标

由于绘画的组成材料不同，对光谱的吸收反射特性存在差异，如果要实现文物的精确保护，理论上需要根据每件文物的材质特性制定单独标准，但这种方式会在实际操作中带来巨大的工作量，可行性较低。因此采用均值法制定一般性通用标准，以提高应用便利性和可操作性。

CIE 157：2004 中提出文物"明显褪色"的评价指标为 CIE $L^*a^*b^*$色差$\Delta E^* = 1.6$，以此作为照明数量标准的制定依据。目前中国博物馆对于绘画的平均展出时间为 156 天，每天展出 8h，合计 1248h。因此，将$\Delta E^* = 1.6$，$t = 1248h/a$ 代入中国传统颜料的损伤公式，见式（4－17），分别计算 25 种颜料所能承受的最大照度值$I_1 \sim I_{25}$。根据计算结果分别对"7 种有机颜料所能承受的最大照度值（$I_1 \sim I_7$）""18 种无机颜料所能承受的最大照度值（$I_8 \sim I_{25}$）""25 种有机颜料＋无机颜料所能承受的最大照度值（$I_1 \sim I_{25}$）"求取平均值，计算结果分别为$I_{有机} = 41.6lx$、$I_{无机} = 222.2lx$、$I_{有机＋无机} = 171.6lx$。再用上述照度值乘年展出时间 1248h，得到三类材料的年曝光量分别为 $Q_{有机} = 51\ 916.8lx \cdot h/a$、$Q_{无机} = 277\ 305.6lx \cdot h/a$、$Q_{有机＋无机} = 214\ 156.8lx \cdot h/a$，见表 4－8。

$$f_n(I,t) \leq 1.6（n = 1，2，\cdots，25）\tag{4－17}$$

表 4－8 　　　　　　　　　　中国传统颜料的照明数量指标推荐值

材料类型	有机颜料	无机颜料	有机颜料和无机颜料
照度推荐值/lx	41.6	222.2	171.6
年曝光量推荐值/(lx·h/a)	51 916.8	277 305.6	214 156.8

4.4.1.2 文物基材的保护性照明数量指标

纸绢基材的光损伤度与照度呈正相关，当照度达到某一数值时，纸绢基材的光损伤度将会发生明显增长，即光损伤度变化率显著增加，考虑将该突变点制定为指标。

以纸基材为例，与绢基材的分析过程类似。将 $t = 1248$ 代入纸基材的损伤式（4－11）并对照度值求导数，得到纸在照射 1248h 时随照度的光损伤度变化率，见式（4－18）及图 4－25。

$$\begin{aligned}\Delta D'_p = f'_p(E,1248) = &0.003\ 327 + 2(-3.058e-05) \cdot E + 1248(2.492e-06) + \\ &3(7.325e-08)E^2 + 2 \times 1248 \cdot (-4.722e-08) \cdot E + \\ &1248^2 \times (-3.152e-11) + 3 \times 1248 \cdot (1.301e-10) \cdot E^2 + \\ &1248^2 \times 2(1.292e-11) \cdot E + 1248^3 \cdot (1.897e-13)\end{aligned}\tag{4－18}$$

CIE157—2004、GB/T 23863—2024 等标准规定中国传统书画等高敏感文物的照度不应超过 50lx，因此将 $E = 50lx$ 时的光损伤度变化率作为指标制定的依据，即满足$|f'_p(E,1248)| \leq |f'_p(50,1248)|$。由图 4－25 可知，当 $50lx \leq E_p \leq 146.3lx$ 时，满足上述要求，因此提出纸的照度推荐值 $E_p \leq 146.3lx$。由于年曝光量 $Q = Et$，用得到的照度推荐值与年平均展出时间 1248h 相乘，得到纸的年曝光量推荐值为 $Q_p \leq 182\ 582.4lx \cdot h/a$。

类似地，得到绢的照度推荐值 $E_s \leq 116.2lx$，年曝光量推荐值 $Q_s \leq 145\ 017.6lx \cdot h/a$，见表 4－9。

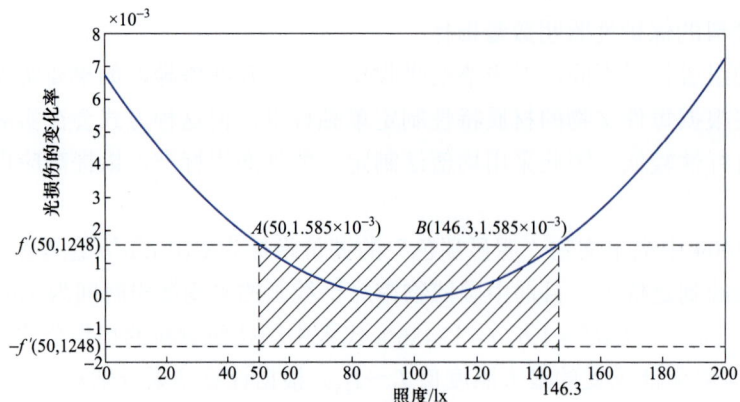

图 4-25　纸在不同照度时的光损伤度变化率曲线

表 4-9　　　　　　　　　　　中国传统纸绢基材的照明数量指标推荐值

基材类型	纸	绢
照度推荐值/lx	146.3	116.2
年曝光量推荐值/（lx·h/a）	182 582.4	145 017.6

4.4.1.3　中国传统绘画的保护性照明数量指标

结合上述针对不同颜料及不同基材的指标，可以进一步给出更具一般性的结论：

中国传统绘画根据基材和颜料的使用类型可分为六种：纸质基材＋有机颜料、纸质基材＋无机颜料、纸质基材＋有机颜料＋无机颜料、绢质基材＋有机颜料、绢质基材＋无机颜料、绢质基材＋有机颜料＋无机颜料。综合表 4-8 和表 4-9，为实现最佳保护效果，以绘画组合材料中的单一材料照明数量低值为标准，得到中国传统绘画的照明数量推荐值，见表 4-10。

表 4-10　　　　　　　　　　　中国传统绘画的照明数量推荐值

绘画类型	纸质基材＋有机颜料	纸质基材＋无机颜料	纸质基材＋有机颜料＋无机颜料	绢质基材＋有机颜料	绢质基材＋无机颜料	绢质基材＋有机颜料＋无机颜料
照度推荐值/lx	41.6	146.3	146.3	41.6	116.2	116.2
年曝光量推荐值/（lx·h/a）	51 916.8	182 582.4	182 582.4	51 916.8	145 017.6	145 017.6

4.4.2　展品或藏品的保护性光源光谱指标

光学辐射根据波长主要分为紫外线、可见光及红外线，它们在能量上差别很大。普朗克公式描述了光子能级 E 与频率 v 的数学关系，即

$$E = hv \qquad (4-19)$$

式中：h 是普朗克常数，它将频率单位与能量相联系（$h = 6.626\,070\,15 \times 10^{-34}\mathrm{J \cdot s}$）；$v$ 是频率，Hz。

频率与波长成反比，这表明光子能量与波长 λ 是成反比的，短波长光的光子能量（如蓝光）比长波长光（如红光）更高，而紫外通量有更高的光子能量。更高的能量预示着更高的损伤潜力，所以有必要对光源的光谱功率分布进行限定。

现有标准中，对于紫外和红外辐射，主要采取设置辐射强度限值来控制；而对于可见光波段主要通过（相关）色温标准值来进行规定。

4.4.2.1 紫外和红外辐射

由式（4-15）可知，紫外线波长较短、能量较高，易对材料产生较强的氧化作用，致使材料产生光学辐射损伤。而红外线虽然波长较长、能量较低，但其具有较强的热效应，能提高被照物表面的温度、促进化学活性，极易引起材料的开裂、脆化等现象。并且紫外和红外辐射几乎不对文物产生视觉作用，因此有必要在馆藏照明环境中尽可能降低这两种辐射。在中外博物馆展陈照明的标准中，这一点也被着重强调，见表4-11。

表4-11　　国内外标准对文物照明光源关于紫外和红外辐射的规定

标准	具体规定
《博物馆照明设计规范》（GB/T 23863）	光源或灯具的紫外辐射相对含量应小于 $10\mu\mathrm{W/lm}$；对光特别敏感和对光敏感的展品或藏品，表面紫外辐射相对含量应小于 $10\mu\mathrm{W/lm}$。灯具的控光部件应采用红外辐射和紫外辐射透射比低的光谱选择性透射材料
《博物馆照明的推荐措施》（IES RP-30-17 Recommended Practice for Museum Lighting）	紫外线的绝对值以辐照度表示，博物馆光源考虑研究紫外与可见部分的相对含量，用辐照度与光通量之比表示。限定值为 $75\mu\mathrm{W/lm}$，参考白炽灯（白炽灯中紫外光含量极少）。卤素灯、荧光灯等灯具，博物馆要求其在400nm以下，去除99%的紫外光，但制造商多以380nm为标准测定。红外由于热效应，与光源放置的位置距离等相关，建议采用非接触式测温设备测试展品表面温度，尽量保持与室温一致
《控制光辐射对博物馆物品的损害》（CIE 157：2004 Control of damage to museum objects by optical radiation）	紫外被要求完全禁止，受限于测试灵敏度，要求限制在 $10\mu\mathrm{W/lm}$ 以下。同时要求灯具加装滤光玻璃。而对于红外，博物馆工作人员应该意识到这是潜在的损害源。不过完全消除 IR 是不实际的，直接进行检测也很困难

可以看到，标准对紫外光有着明确量化的限值。19世纪70年代，博物馆关于紫外光的标准推荐 $75\mu\mathrm{W/lm}$ 作为辐射阈值，近似于白炽灯的紫外辐射输出。此后，随着高效 UV 滤光玻璃的普及，一些标准建议了更低的值，达到 $20\mu\mathrm{W/lm}$ 甚至 $10\mu\mathrm{W/lm}$。值得注意的是，有一些光源声称可以消除99%的紫外辐射，是因为使用380nm作为截止频率来计算紫外辐射过滤效率。事实上，馆内工作人员普遍认可以400nm作为紫外线的截止频率。

相比而言，很少有标准给出明确的红外线辐射阈值。一方面是由于测定方法限定；另一方面是考虑到热交换的作用，博物馆展陈空间的温度相对均匀，包括展柜内部，可以通过空调机组控温恒温，以降低文物表面的温度。

4.4.2.2 可见光

在可见光波段中，由式（4-15）可知，短波长光的光子能量（如蓝光）比长波长光（如红光）更高，更高的能量预示着更高的损伤潜力。理论上来说，降低光谱中蓝色波段的含量，即低（相关）色温光源能有效降低光源造成的损伤。如西方博物馆所广泛应用的照明安全指南——"三分法则"：如果可见光谱中 400~500nm 峰强超过 500nm 后波段峰强总和的 3 倍，则可以将该光源判定为潜在不安全光源。相关标准也对其进行了一定的规定和说明，见表4-12。

表4-12　　　　　　　国内外标准对文物照明光源关于可见光波段的规定

标准	具体规定
《博物馆照明设计规范》（GB/T 23863）	文物展厅直接照明光源的（相关）色温不应大于 4000K；对光特别敏感的重要展品或藏品，光源（相关）色温不应超过 3000K
《控制光辐射对博物馆物品的损害》（CIE 157：2004 Control of damage to museum objects by optical radiation）	对于短波段波长，其响应率总是偏高的。随着光源（相关）色温的增加，其相对损伤潜力也会随之增加

同样地，现有标准对各类文物均采用相同的（相关）色温限值，但文物的类型多样，材质差异巨大，需要补充关于不同类文物的（相关）色温指标。因此，基于现有的（相关）色温指标体系，对文物颜料及文物基材提出了更具针对性的（相关）色温指标。

1. 文物颜料的（相关）色温指标

采用可见光谱范围内的 10 种不同波段窄带光作为实验光源，以文物颜料作为实验对象，开展长周期的光照实验，通过实验结果分析得到不同波段窄带光对于颜料的相对损伤系数，见表4-13。

表4-13　　　　　　　　　各个窄带光源对颜料的相对损伤系数

颜料	窄带光源/nm									
	447	475	500	519	541	595	625	635	658	733
相对损伤系数	1.000	1.096	0.816	0.921	0.853	0.777	0.814	0.796	0.706	0.674

根据光谱拟合原理，10 种不同波段的窄带光谱分别以 0.2 为强度步长进行叠加，可穷举得到 6^{10} 组光谱组合形式，拟合原理为

$$S = \sum_{i=1}^{10} S_i \cdot V_i \quad V_i \in (0, 0.2, 0.4, 0.6, 0.8, 1)，\quad i \in Z \tag{4-20}$$

式中：S 为拟合光谱的相对光谱功率分布；S_i 为第 i 条窄带光谱的相对光谱功率分布；V_i 为第 i 条窄带光谱的强度；Z 表示整数集。

博物馆对彩绘文物照明光源的色彩还原能力有着明确要求，即需要同时满足平均显色指数 $R_a \geqslant 90$、特殊显色指数 $R_9 \geqslant 0$、$|D_{UV}| \leqslant 0.005\,4$ 三项指标。因此，计算穷举得到的 6^{10}

条光谱的 R_a、R_9、D_{UV} 值，将不符合上述三项指标要求的光谱筛除，剩余能够符合色彩还原能力的光谱 34 397 条。根据 McCamy 公式计算 34 397 条光谱的相关色温，并将相关色温介于 2650K≤CCT≤4150K 范围的光谱挑选出来，共 9477 条。

利用前期得到的文物损伤计算公式计算 9477 条光谱对颜料的相对损伤值，并将其以 100K 为相关色温梯度绘制散点图，则各相关色温区间光谱数量及各条光谱所对应的相对损伤值见图 4-26，其中每个点代表一条光谱，共 9477 个点。

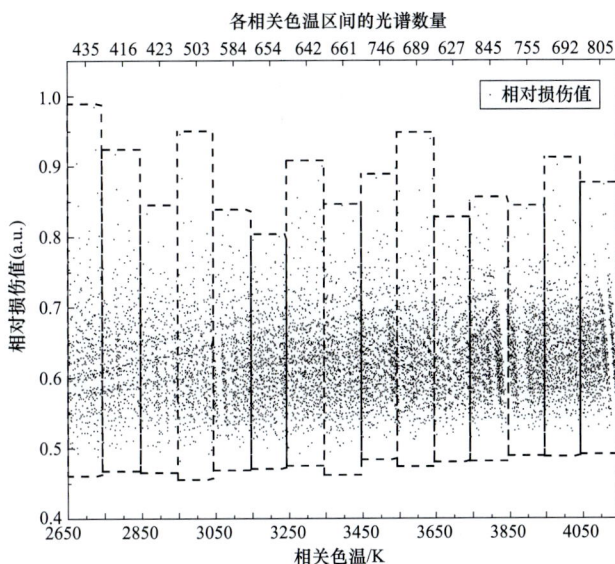

图 4-26　不同相关色温光谱对颜料的相对损伤值

对各相关色温区间的相对损伤值取均值，并定义 2650～2750K（以 2700K 表示）区间的相对损伤值为 100 进行归一化处理，绘制平均相对损伤值与光谱相关色温的关系曲线，如图 4-27 所示。

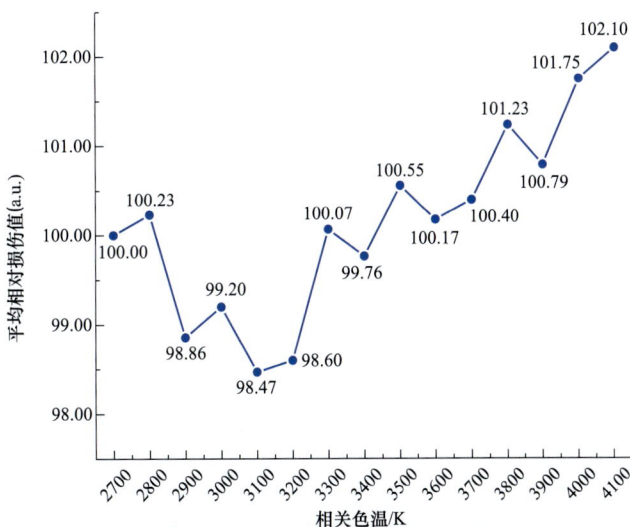

图 4-27　光谱对颜料平均相对损伤值与光谱相关色温的关系曲线

由图 4-27 可以看出，光谱对颜料的平均相对损伤值随光谱相关色温的升高呈现先减小后增大的变化规律，在 2850～3250K 相关色温段损伤影响较小，并在相关色温为（3100±50）K 的相关色温区间内取得最小值，因此可考虑将该值作为中国传统颜料的标准推荐值。

2. 文物基材的相关色温指标

采用可见光谱范围内的 10 种不同波段窄带光作为实验光源，以中国传统纸绢基材作为实验对象，开展长周期的光照实验，通过实验结果分析得到不同波段窄带光对于样品的相对损伤差值与损伤影响系数，见表 4-14 和表 4-15。

表 4-14　　　　　　　各个窄带光源对纸的相对损伤差值与损伤影响系数

基材（纸）	窄带光源/nm									
	447	475	500	519	541	595	625	635	658	733
相对损伤值	0.010	0.007	0.005	0.006	0.009	0.003	0.008	0.007	0.004	0.005
相对损伤系数	1.000	0.643	0.524	0.610	0.842	0.266	0.767	0.718	0.428	0.504

表 4-15　　　　　　　各个窄带光源对绢的相对损伤差值与损伤影响系数

基材（绢）	窄带光源/nm									
	447	475	500	519	541	595	625	635	658	733
相对损伤值	0.034	0.021	0.011	0.034	0.025	0.008	0.008	0.006	0.019	0.012
相对损伤系数	1.000	0.614	0.342	1.001	0.752	0.231	0.225	0.175	0.571	0.365

同样基于由 10 个单色光拟合并筛选色彩还原能力得到的 9477 条谱，利用文物损伤计算公式计算 9477 条光谱在等照度下对于纸绢的相对损伤值，再求得各相关色温区间内的平均相对损伤差值，与相关色温之间的关系如图 4-28 所示。

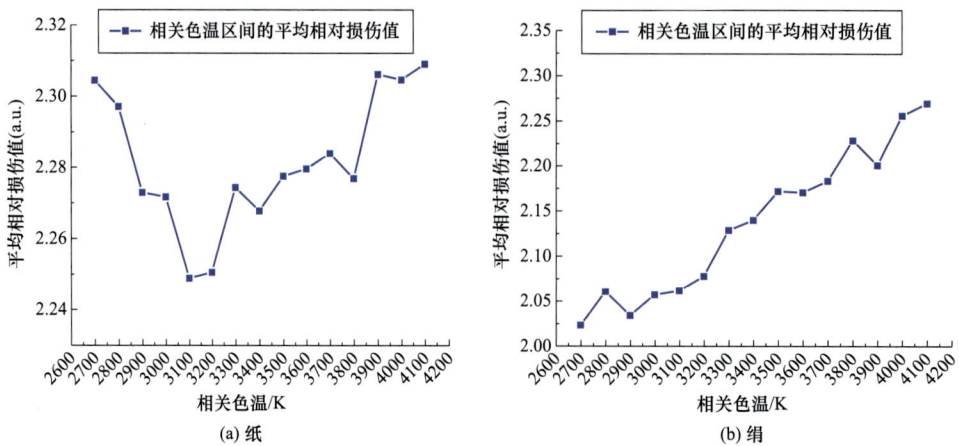

(a) 纸　　　　　　　　　　　　　　　(b) 绢

图 4-28　各个相关色温区间的光谱对于纸绢在等照度下平均相对损伤值

　　根据光谱在等照度下对于纸基材的平均相对损伤差值的计算结果得出以下结论：① 在 2650～4150K 范围内，低相关色温与高相关色温对于纸的平均相对损伤差值都比较大，在照射以纸为基材的文物时应注意这一点；② 在 3050～3150K 范围内光源在等照度下平均相对损伤差值最小，3100K 是以纸为画底的中国脆弱文物最理想的光源相关色温。

　　根据光谱在等照度下对于绢基材的平均相对损伤差值的计算结果得出以下结论：① 光谱相关色温在 2650～2750K 范围内对于绢的平均相对损伤差值最小，对于以绢为基材的中国脆弱文物应优先选取该范围内的光源照射；② 光谱相关色温在 2850～3150K 范围内对于绢平均相对损伤差值略大于 2650～2750K 范围内的平均相对损伤差值，如果随着照度值的提升，结合显色性的要求，2900K 可以作为照射绢光源的最理想相关色温；③ 平均相对损伤差值在 2900K 之后呈现上升的趋势，说明随着相关色温的升高对于绢的损伤差值变大。

　　综上所述，对文物颜料和文物基材的相关色温推荐值见表 4－16。

表 4－16　　　　　　　　　　　文物颜料和文物基材的相关色温推荐值

材料	文物颜料	文物基材	
		纸基材	绢基材
相关色温推荐值/K	3100	3100	2900

第5章 专项设计与实施流程

不同于常规的照明设计，博物馆的照明设计要特别关注三方面的问题：展品的保护；展品和展陈空间的视觉呈现；调适和运维。

展品的保护是博物馆照明的一个核心问题。在照明设计过程中，需要结合博物馆及其展品的具体特点，提出有针对性的方案和措施，落实对展品保护。如何控制红外辐射和紫外辐射，并针对不同光敏感度展品，精准控制照度和年曝光量是重要的设计任务。

博物馆的室内光环境是一个整体，展品和展陈空间的视觉呈现是其中核心的内容。出于保护展品的考虑，展厅内的亮度低，而展厅以外的区域亮度高，观众从高亮度环境进入低亮度环境，如果转换速度过快，视觉会不适应，亮度合理的过渡是必要的。博物馆的照明如何与空间和展陈方式相配合，同时通过营造或改变光环境气氛来缓解观展疲劳是照明的另一个重要功能。天然光的引入，对于博物馆光环境气氛的营造有非常积极的意义，但是必须得到有效的控制，以确保不对展品构成损害。

博物馆中的照明系统通常都设置在天花板上，比如轨道照明系统和人工天窗，日常维护不便。在建筑设计和室内设计阶段，就应该考虑照明设备的调适和维护方式。同时，博物馆照明应当具有一定的灵活性，以适应展陈调整和临展的需要。

综上所述，由于博物馆照明的特殊性，照明设计专业性强，为了达到满意的照明效果，有必要以展品为核心进行专项设计，综合考虑不同区域的过渡衔接，并与建筑和展陈设计相结合。

5.1 专项设计流程

完整的博物馆照明专项设计包括技术策划、方案设计、初步设计、施工图设计和设计实施等阶段，其流程如图5-1所示。

为保证各设计阶段的成果应具有一致性、完整性和可操作性，应符合建设主管部门关于工程设计文件编制深度的规定。

5.2 技术策划

为了达到良好的光环境效果，满足博物馆的使用要求，在建筑设计阶段或不晚于室内设计阶段，宜同时开展博物馆照明的技术策划。技术策划包括以下内容：

5.2.1 调研与沟通

在设计之初，需要了解博物馆建筑各空间的特点、馆方对于照明的需求、展品及其分类的情况，为后续开展设计工作奠定基础。图5-2是博物馆光环境调研问卷的样式。

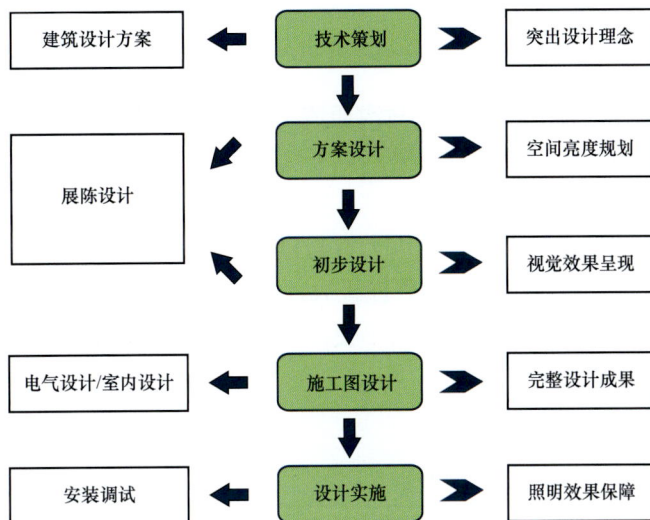

图 5-1 专项设计流程图

博物馆光环境需求调研

一、基本情况

1. 博物馆名称：_____

2. 博物馆规模：□特大型　□大型　□大中型　□中型　□小型

注：总建筑面积大于 50 000 ㎡，为特大型；20 000～50 000 ㎡，大型；10 000～20 000 ㎡，

大中型；5000～10 000 ㎡，中型；不大于 5000 ㎡，小型。

3. 博物馆行政级别：□省部级　　□厅局级　　□处科级

4. 博物馆等级：□一级　　□二级　　□三级　　□未知

5. 博物馆类型：□历史类　□艺术类　　□科学与技术类　□综合类

注：按博物馆主要的展品和基本陈列来划分。

6. 是否有采光：□是　　□否

　　如回答是，有采光的场所为_____，是否有遮阳措施：□是　　□否

7. 基本陈列的展厅数量：_____个，总面积：_____㎡，主要展品类型：□书画

□织绣品　□陶瓷　□金属器　□玉石器　□_____

8. 临时展厅数量：_____个，总面积：_____㎡，主要展品类型：□书画　□织

绣品　□陶瓷　□金属器　□玉石器　□_____

9.博物馆主要空间类型包括：

10.近期（1～2a内）是否有改造计划：□是　　□否

图 5-2　博物馆光环境调研问卷样式

5.2.2 概念设计

在正式的方案设计之前，根据调研与沟通情况，宜提出初步的概念设计（见图 5-3）。概念设计中需要阐述照明设计的理念，是否以及如何引入天然光，典型的设计手法，以及与建筑和室内设计的协调等。

博物馆照明设计需要及早介入，是因为其与建筑设计和室内设计的关联性较大，举例来说，轨道设置和建筑以及室内设计的关联性极大，当照明设计工作滞后时，轨道设置不合理，会给照明设计以及后期的使用带来极大的不便，也难以保证照明效果，所以在建筑和室内设计当中应当尽早充分考虑照明需求。

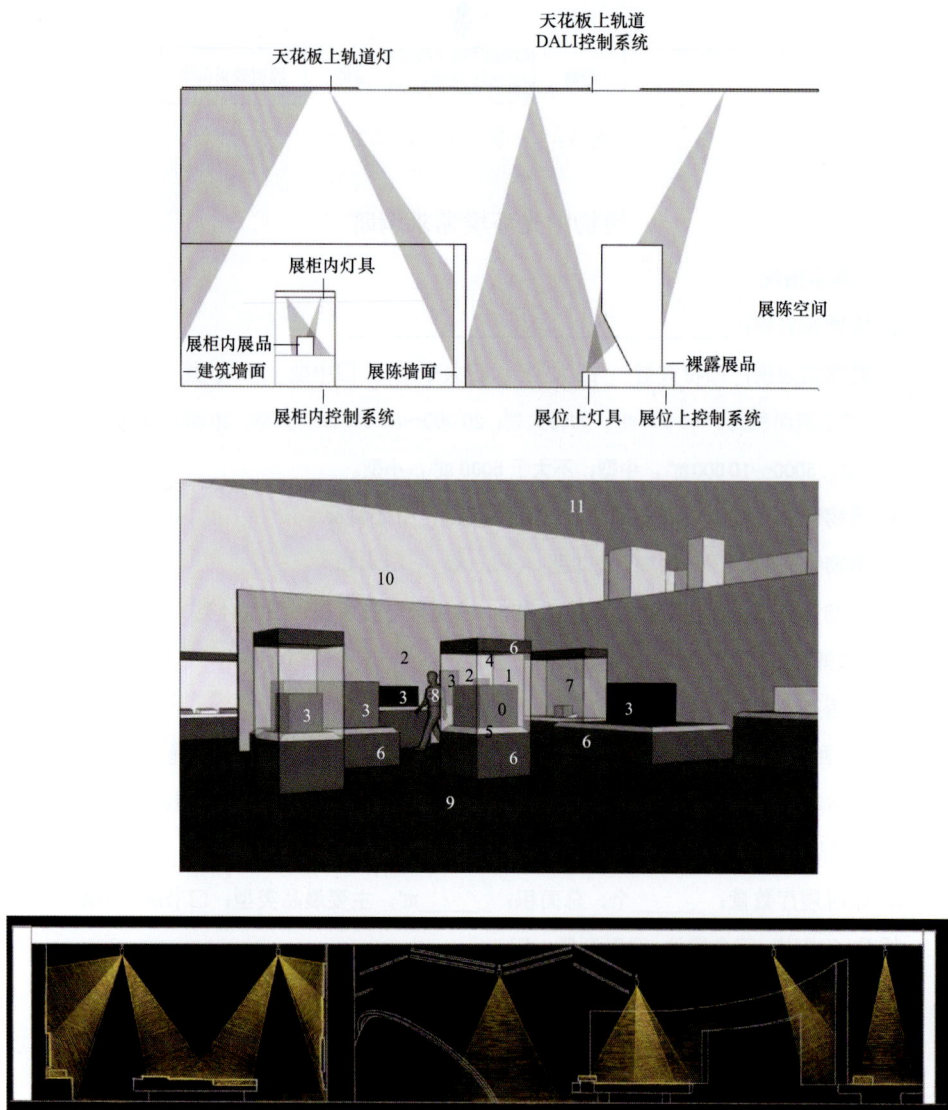

图 5-3　主要照明问题分析和手绘概念草图

（远瞻照明设计提供）

5.3　方案设计

方案设计宜包括空间亮度规划、设计方案和投资估算等内容。

5.3.1　空间亮度规划

照明设计应当是亮度设计，也就是以直观的视觉结果为目标的设计。观众进入展厅的过程中，对应亮度上从高到低，内容上却是从次到主，与观众的心理期待相反。因此，在进入到展厅之前的空间序列当中，亮度应当逐渐降低到低于展厅内亮度的水平，或者至少和展厅内的亮度水平接近。要实现这样一个理想的亮度过渡，需要在建筑设计的起始阶段就着手进行整个博物馆的空间亮度规划，充分考虑到参观流线的特点。从博物馆的室外，到门厅、交通空间，到展览的序厅、展厅，到展厅的不同部分，亮度可能存在很大的差别。而且通常的情况是，展厅内的亮度低，展厅内的亮度分布和展览的策划以及展陈设计有很大的相关性，比如按编年进行的展览和按材质进行的展览，亮度的分布可能会有很大的不同。按编年进行的展览可能会把一件青铜器和一件彩色的丝绸放在一起，二者的照度限制差别很大（300lx 和 50lx），可能造成一个视野范围内过高的亮度比，这个问题需要从展陈设计的角度或者照明设计的角度来解决。按材质进行的展览，比如青铜器展或者丝绸展，可能就不会碰到这样的问题。

另外，展厅内部的空间亮度规划需要考虑光环境气氛的营造。博物馆的照明，特别是展陈空间的照明，有风格的不同。展陈空间的照明风格很大程度上取决于建筑风格和展陈风格。空间和展陈方式可能是一个完全冷静客观的背景，也可能是一个参与叙述，具有故事性的角色，照明会采用相应的方式，形成相应的风格。除了配合展陈风格。同时，通过营造或改变光环境气氛可以缓解观展疲劳，需要加以重视。

空间亮度规划，需要综合考虑展品的保护要求、展厅的氛围、室内装修特点、参观流线以及采光情况综合考虑。空间亮度规划可按如下步骤实施：

（1）按光敏感度对展品进行分级，确定满足展品保护的年曝光量和照度限制值。

（2）根据展品颜色、反射比、光泽度、形体等相关数据，模拟计算满足展品保护和呈现的照明所形成的展品亮度范围。

（3）根据展陈方式、展厅界面参数、展品亮度范围等因素，确定展厅的亮度范围。

（4）根据展厅亮度范围及暗适应要求，结合参观流线，以及是否有采光等情况，确定博物馆内各空间的亮度水平（见图 5-4）。

空间亮度规划宜提供下列文件：

● 展品光敏感度分级、照度限制值、年曝光量限制值图表（见表 5-1）。

● 视野范围内的展品和展厅照度或亮度模拟计算图表（见图 5-5）。

● 空间亮度水平图表。

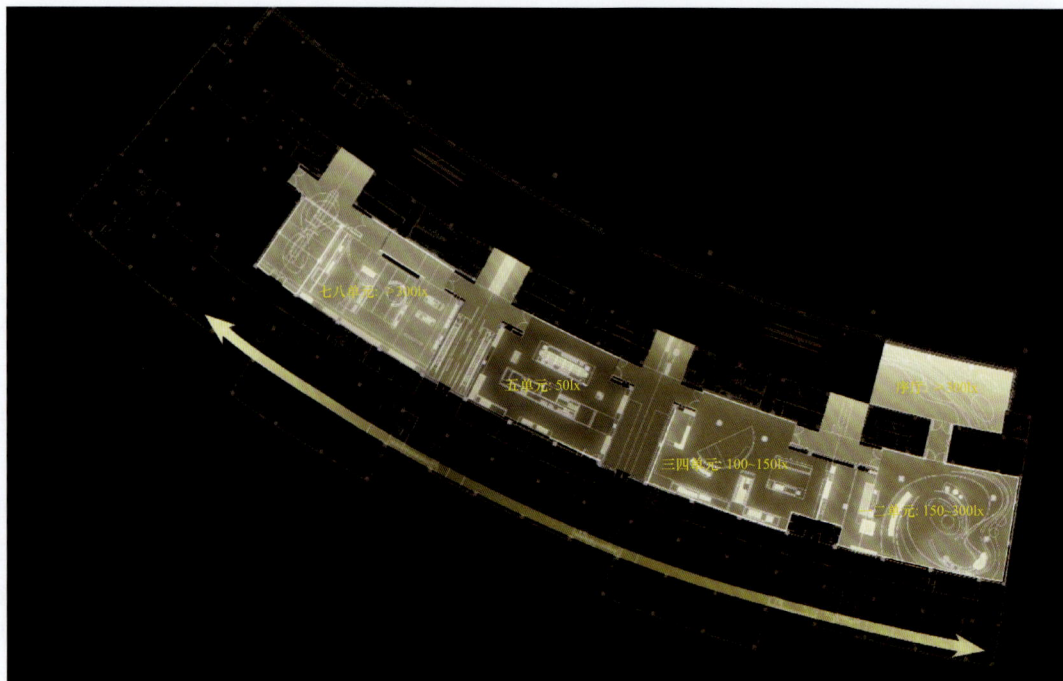

图 5-4　展厅的亮度规划
（远瞻照明设计提供）

表 5-1　　　　　　　　　　　展品光敏感度分级表

类　　别	参考平面及其高度	年曝光量/（lx·h/a）	照度标准值/lx
对光特别敏感的展品：织绣品、具有很高易变性的着色剂、国画、水彩画、水墨画、铅笔画、钢笔画、帛画、蜡画、水粉画、纸质物品、彩绘、陶（石）器、易褪色着色剂作品纺织品、染色皮革、动植物标本、胶片、照片等	展品面	≤50 000	≤50
对光敏感的展品：油画、蛋清画、丙烯画、不染色皮革、银制品、牙骨角器、象牙制品、竹木制品和漆器、唱片、磁带、塑料、橡胶制品等	展品面	≤360 000	≤150
对光不敏感的展品：铜铁等金属制品、石质器物、宝石玉器、陶瓷器、岩矿标本、玻璃制品、搪瓷制品、珐琅器等	展品面	不限制	≤300

(a) 展厅

(b) 模拟

图 5-5　照明模拟计算图
（远瞻照明设计提供）

5.3.2　设计方案和投资估算

设计方案应包括以下内容：

（1）按照空间亮度规划提出整体照明方案、视觉目标和呈现效果。

（2）提出采光策略、人工照明设置方式以及临时性展陈光环境解决方案。

根据需要，可同时提供多个方案供业主选择，对应于各设计方案，同时应提供投资估算表和相关说明。

设计方案的成果文件应包括：

1）设计说明。

2）重要或典型视野范围的效果图。

3）表达基本照明方式的图纸、图表和文字。

4）界面的材料参数（颜色、反射比、光泽度等）或描述列表。

5）照度或亮度模拟计算图表。

6）投资估算表等。

5.4　初步设计

对于技术要求相对简单或规模较小的项目，当博物馆方对方案设计阶段成果已确认，且合同中没有做初步设计的约定时，可在方案设计后直接进入施工图设计。当规模较大或技术要求较为复杂时，宜进行初步设计（见图 5-6）。

初步设计阶段需要进行具体的照明设计，包括展陈空间、展柜和裸露展品，包括细部的节点设计（见图 5-7）。该阶段的设计可能提出对建筑、室内、展陈等相关专业设计的修改要求，通过深化设计，有可能对方案设计进行调整，比如核算展品的年曝光量后可能修改设计。对于复杂的项目，可能还要进行现场实验或者制作实体模型，以验证设计的效果。

初步设计阶段应包括以下内容：

（1）设计依据。

（2）灯具布置和选型、定制产品的概念设计。

（3）照明场景的设定和初步控制要求。

（4）工程概算。

5.4.1　设计依据

包括但不限于《博物馆照明设计规范》（GB/T 23863—2024）和博物馆方的技术要求等。主要明确各主要场所的照明标准值、照明功率密度值，突出展品保护的要求。

5.4.2　灯具布置和选型

针对各场所特别是展厅进行具体的照明设计，要明确灯具的性能要求。重点考虑三方面的问题：

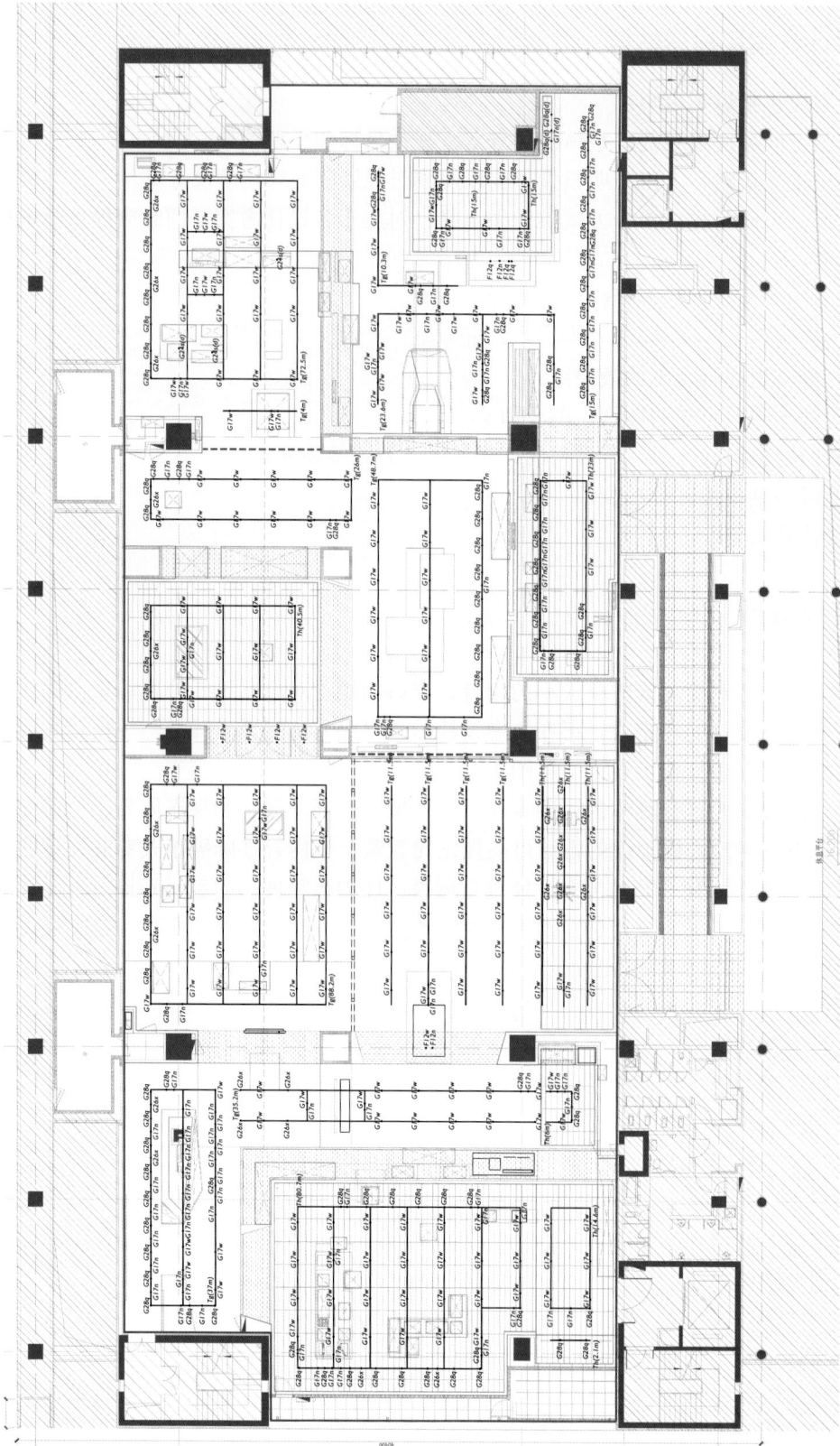

图 5-6 扩初设计图纸实例
（远瞻照明设计提供）

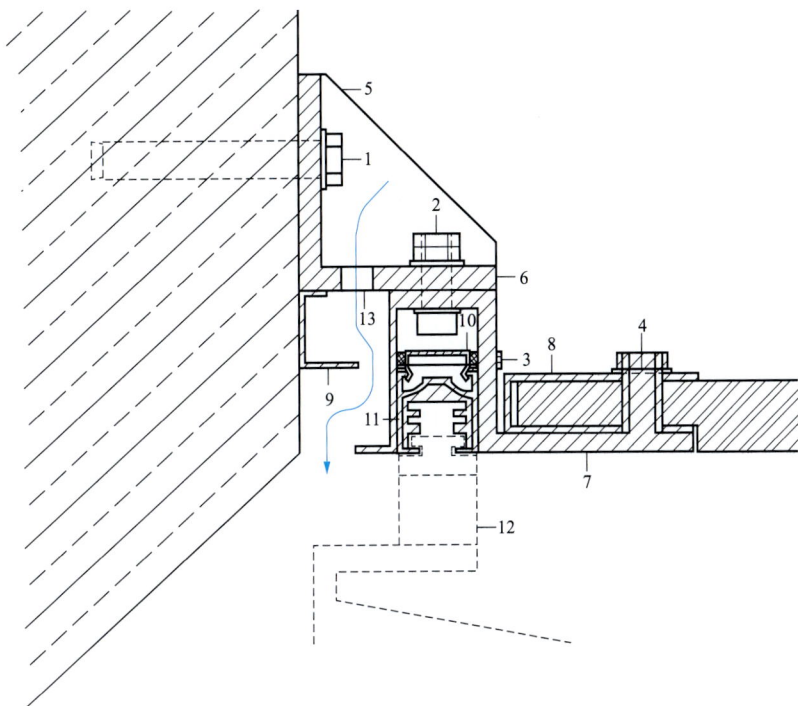

图 5－7　细部节点设计

（远瞻照明设计提供）

1—M16 膨胀螺栓；2—M16 固定螺栓；3—轨道插销；4—螺母；5—加强肋；6—10 厚通长角钢；7—几型通长金属架；
8—金属包边；9—遮光板；10—灯具导轨卡件；11—灯具轨道；12—轨道射灯；13—通风口

1. 展柜的照明

由于展柜内部空间的局限性，展柜内的灯具选型、设置位置、投光角度都受到很大的限制。如果不能对于具体展品有针对性地进行展柜设计和照明设计，展柜内的照明很难达到理想的效果。出于对展品的保护或者场景设定的需要，展柜内照明的控制有可能并入整个展厅照明的控制系统，因此，应尽早考虑控制模式和线路的敷设。展柜玻璃表面的反射眩光是影响展柜照明效果的另一个关键因素。采用低反射玻璃，控制玻璃对面实体和空间（经过空间的观众）的亮度，都是有效地控制反射眩光的手段。当展柜的玻璃面和其他展品相对时，控制反射眩光的难度很大。

2. 满足展陈的灵活性

博物馆照明应当具有一定的灵活性，以适应展陈调整和临时展览的需要。灵活性包括送电位置的灵活性、照度分布的灵活性，以及控制设备设置的灵活性。

3. 眩光控制

眩光控制水平对博物馆的视觉品质有决定性的影响。在博物馆的照明当中，眩光大致包含三类：直接眩光，主要是灯具直接产生的眩光，比如在正常的视野范围内看到灯具的出光面；一次反射眩光，主要是由灯具的出光面的虚像产生的眩光，比如在比较光洁的展品表面或者展柜的玻璃面上看到灯具的出光面的虚像而无法看清展品；二次反射眩光，即由被照亮的物体的虚像产生的眩光，比如在展柜的玻璃表面看到其他展品的虚像而无法看清展柜内的展品。通过选择灯具和防眩光配件,可以消除或者削弱直接眩光,比如选择光源深置的灯具,加装防眩光格栅、蜂窝、可调节角度的遮光板等;通过控制投光角度,可以消除或者削弱直接眩光和一次反射眩光,比如使投光方向和水平面的夹角大于60°,使灯具的出光面对正常的视野范围产生的影响较小;通过控制玻璃展柜等对面实体和空间(经过空间的观众)的亮度,使其虚像的亮度低于观赏对象的亮度,以消除二次反射眩光。

5.4.3 照明场景与照明控制

为了适应灵活布展的要求,多种照明场景或者照明模式就尤为必要,相应的照明控制系统也需要与之匹配。控制系统,包括感应系统,在展品保护(比如控制年曝光量)、场景设定、灯光调试等方面发挥关键作用。目前主流的 LED 照明产品控制更为灵活,为灵活布展提供了更多便利。智能照明控制系统还可对年曝光量进行监测记录,可进一步完善展品的保护措施。

目前常见的控制方式包括按回路通断开关、按回路调光和单灯可调光(通过控制系统调光、非手动调光)。不同的控制方式对线路敷设方式和设备选型有不同的要求,也决定了场景设定的可能性。特别是线路敷设,通常在工程的较早阶段完成,要求尽早确定控制方式。

5.4.4 现场试验

由于照明计算和模拟不能保证与实际效果完全一致,在博物馆照明设计当中,应当尽可能在现场模拟真实展陈状态进行照明试验(见图 5-8)。特别是在有较多展柜的环境中,检验二次反射眩光的情况,以及展柜在墙面和地面形成阴影的情况。没有条件进行现场试验或者等比例模拟时,应当进行实体模型的模拟。但是受到照明设备的限制(没有等比例缩小的灯具),实体模型的模拟很难达到理想的效果。

图 5-8 现场实验

(远瞻照明设计提供)

5.4.5　工程概算

工程概算是初步设计文件的重要组成部分。概算文件应由封面、签署页（扉页）、目录、编制说明、概算表、其他费用表等内容组成。编制说明中应明确编制依据，包括设计说明书、取费依据、相关合同或协议等。

5.4.6　成果表达

初步设计阶段宜提供下列文件：

（1）初步设计说明。

（2）灯具布置图纸。

（3）主要设备材料表及灯具选型文件（包括灯具类型、配光、光源类型、功率、色温、色容差、显色指数、平均寿命、防护等级等技术参数）。

（4）必要的灯具安装示意图纸，或者说明性文件。

（5）描述定制产品的外观、技术性目标的图纸和文件。

（6）照度或亮度模拟计算图表。

（7）照明配电及控制系统图。

（8）表达控制要求所需的逻辑回路图、控制终端设置图、控制场景列表。

（9）工程概算。

（10）照明实验报告。

5.5　施工图设计

施工图应根据方案设计和初步设计进行施工文件编制。施工图设计阶段宜提供下列文件：

（1）施工设计说明。

（2）照明平面图。

（3）照明配电及控制系统图。

（4）主要设备材料表及灯具选型文件（包括灯具类型、配光、光源类型、功率、色温、色容差、显色指数、平均寿命、防护等级等技术参数）。

（5）灯具安装详图。

对于方案设计后直接进入施工图设计的项目，施工图设计文件应包括工程概算书。施工图图样如图 5-9 所示。

5.6　设计实施

为了保证照明效果，设计师有必要参与施工和调试阶段，协助解决施工过程中的相关技术问题，并进行灯光调试。设计实施包括照明装置选配、施工、调试及竣工验收等的技术配合工作。

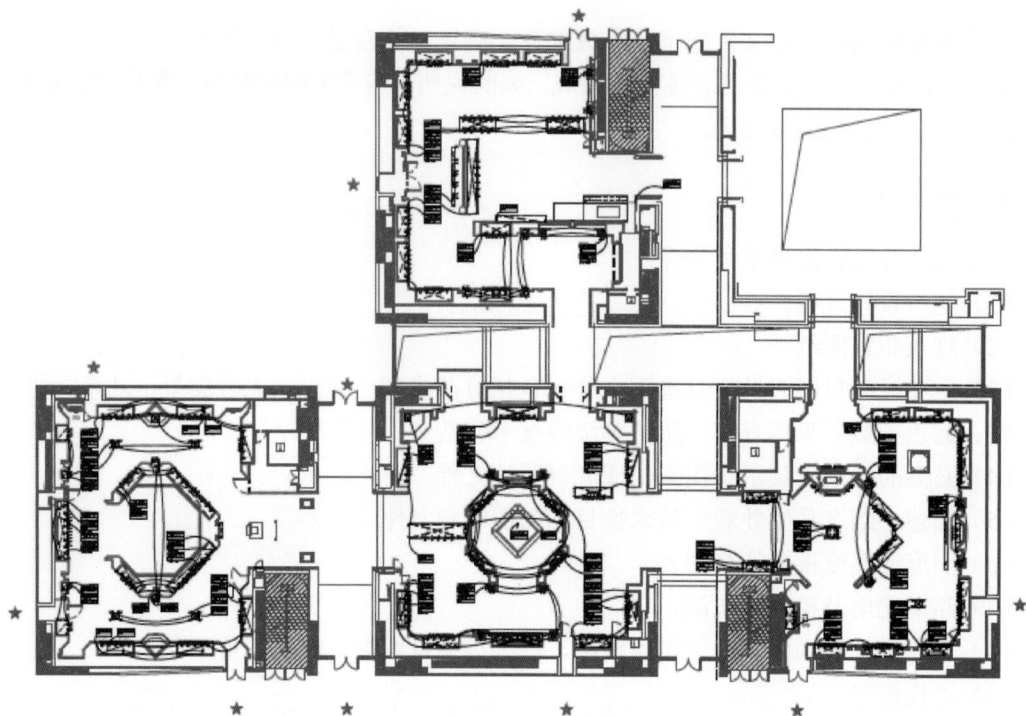

图 5-9 施工图图样

（RDI 瑞国际照明设计提供）

5.6.1 照明装置选配

照明装置选配应包括以下内容：

（1）协助制定照明装置的技术要求。

（2）协助对照明装置进行测试。

（3）协助评估照明装置的技术参数（见图 5-10）。

5.6.2 灯光调试

在设计阶段，展品位置、展厅布置等信息与实际情况不可能完全一致，在现有的机电安装中，施工人员也不可能逐一对灯具位置、瞄准角度等进行精细调节，有时还可能遇到临时调整的情况。这就需要照明设计师参与施工和调试环节中，通过精细化的调节，包括对照明控制系统的调试，以确保设计方案的准确实施，从而保证照明的效果。

对灯光的调适往往是必不可少的，需要预留足够的时间，并配备相应的仪器设备辅助进行调适工作，现场灯光调适如图 5-11 所示。

送审次数：【√】第一次　【　】第二次　【　】第三次

送审附件：

【√】详细规格书

【√】权威机构出具的证书

【√】权威机构出具的检测报告

【√】样品

【√】样品图片

【√】安装说明书

编号	F06-TR-a		灯具类型	导轨灯-中宽角度
品牌	TARGETTI		型号	1T5357EL
安装位置	展厅顶部		安装方式	导轨安装
光通量	1707lm		整灯功率	29W
光源类型	LED		单颗功率	—
输入电压	220V		可调角度	水平/垂直
外壳颜色	白色		外壳材质	铝
控制对象	CS（导轨系统开关）		控制方法	单灯旋钮调光
防护等级	IP20		可选配件	镜片，遮光筒，等
参数检测	厂家数据	实测数据	设计要求	评定意见
色温	3000K	4034K	4000K	符合
显色性（R_e/R_a）	97	97	≥95	基本符合
显色性（R_9）	95	93	>50	符合
色容差	3	4	2	考虑测量误差，基本符合
光束角	16°	—	13°，33°	符合

图 5-10　照明装置的测评图示

（RDI 瑞国际照明设计提供）

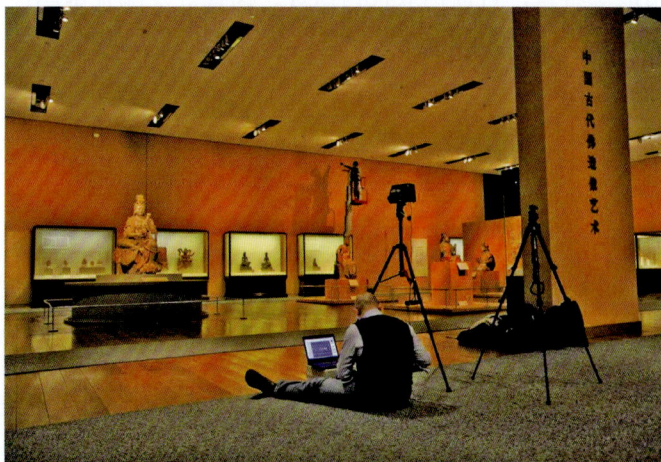

图 5-11　现场灯光调适

（远瞻照明设计提供）

第6章　光源、灯具及其附属装置

博物馆中使用的照明设备包括各类光源、灯具及其附属装置，这些照明设备不仅需要照亮展品本身，还需要照亮空间，烘托氛围，营造良好的光环境。博物馆特别是展陈空间的照明产品选型，对于光环境中质量有着重要的影响，需要加以重视。选择光源、灯具及其附属装置时，应满足文物保护、显色性、启动时间等要求，并应根据光源、灯具及镇流器、LED驱动电源等的效率或效能、寿命等在进行综合技术经济分析比较后确定。

6.1　常用光源

随着技术的发展，照明光源从白炽灯（卤钨灯）发展到低压气体放电灯（如荧光灯）、高强气体放电灯（如金属卤化物灯），再到现在的LED，经历了几次大的变革。

早期的博物馆照明，通常采用卤钨灯光源，因其具有良好的显色性，便于控光而得到了广泛应用。展陈照明最常用的包括MR16、PAR20、PAR30、PAR36和PAR38等光源，通过采用不同的灯具和附件，改变其光分布，从而满足各类照明的需要。

LED光源是基于LED技术，由电致固体发光的一种半导体器件作为照明电光源的总称，可以是LED模组或LED灯等。LED为简称，其英文全称为light emitting diode。《建筑照明设计标准》（GB/T 50034—2024）参考国际照明委员会（CIE）标准《国际照明词汇　补充文件1：LED和LED组件　术语和定义》（CIE S 017 – SP1/E：2015）和国际电工委员会（IEC）标准《一般照明　发光二极管（LED）产品及相关设备　术语和定义》（IEC 62504：2014），给出了LED光源、LED灯、LED灯具的定义，其之间关系如图6-1所示。LED因其具有体积小、控制灵活、节能等特点，目前已取代白炽灯、卤钨灯及陶瓷金属卤化物灯，广泛用于博物馆各场所的照明。

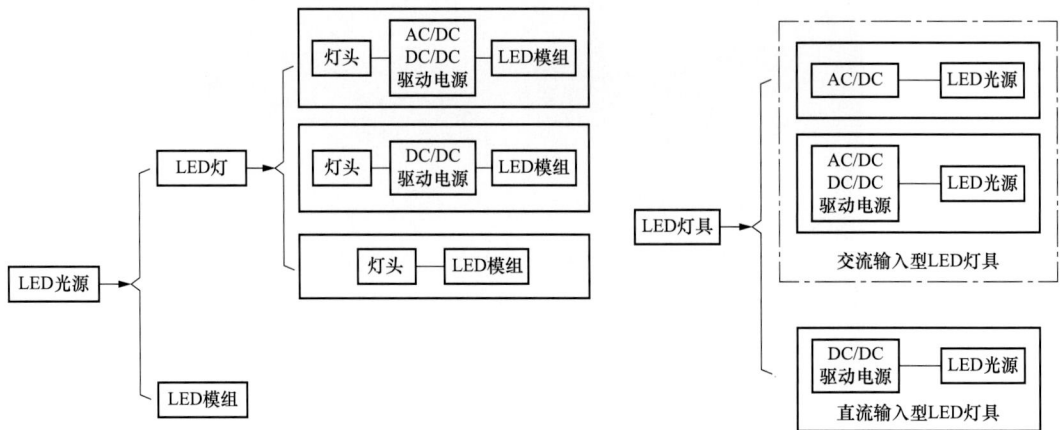

图6-1　LED光源、LED灯、LED灯具之间关系图

6.2 灯具

灯具的作用是保护光源，并通过特殊的光学设计，如反射器、透镜等实现特定的光分布。从外观和形式上，博物馆展陈照明常用的灯具可分为射灯、筒灯和轨道灯等；从光源可替换角度，可分为光源可替换和不可替换型；从供电方式上，可分为交流和直流供电两类；从使用方式上，可分为展柜内和展柜外灯具。

与常规灯具不同的是，博物馆展陈照明用灯具有多种的配件，以满足各种精确的要求。配件可以在很多方面改变光源和灯具的性能，包括改变光束的形状和强度，降低光线水平，创造戏剧性的彩色或形状效果，减少不必要的紫外线或红外，以及减少灯具的直接眩光等。

透镜是一类常用的配件，通过透镜可以改变光的方向，控制光线的分布。一些透镜可以把光束拉长成椭圆形，用于突出矩形或不规则形状的展品；而柔光镜可以去除坚硬的边缘以均匀、漫反射的方式传播光线。图 6-2 是博物馆展陈照明常用透镜。

(a) 角度透镜

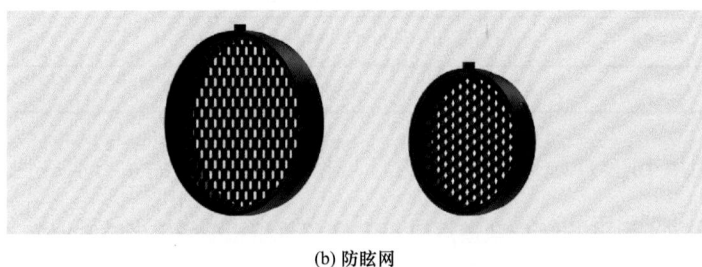

(b) 防眩网

(c) 滤色片

图 6-2　博物馆展陈照明常用透镜
（埃克苏照明提供）

分光玻璃透镜利用光的干涉原理，通过在玻璃基板上沉积薄层材料，只允许特定波长的光透过，可形成非常饱和的颜色光。滤色片也可以实现这种效果。此外，还有红外和紫外的滤光片，以屏蔽光源发出的红外线和紫外线，避免对展品造成损坏。

LED 灯具根据其下射光通量比进行分类，见表 6-1。

表 6-1 　　　　　　　　　　LED 灯具根据光通量比分类

光通量比	直接型灯具	半直接型灯具	漫射型灯具	半间接型灯具	间接型灯具
下射光通比 R_n（%）	$90 \leqslant R_n \leqslant 100$	$60 \leqslant R_n < 90$	$40 \leqslant R_n < 60$	$10 \leqslant R_n < 40$	$0 \leqslant R_n < 10$

1. 不同类型灯具可按光通量进行分类

（1）一般照明用 LED 筒灯规格根据额定光通量分类，见表 6-2。

表 6-2 　　　　　一般照明用 LED 筒灯规格根据额定光通量分类

额定光通量/lm	最大功率/W	口径尺寸规格	
		公制/mm	英制/in
300	4	51	2
400	5	51、64、76、89、102	2、2.5、3、3.5、4
600	8	51、64、76、89、102、127、152	2、2.5、3、3.5、4、5、6
800	10	76、89、102、127、152	3、3.5、4、5、6
1100	13	76、89、102、127、152、178、203	3、3.5、4、5、6、7、8
1500	17	127、152、178、203	5、6、7、8
2000	23	152、178、203	6、7、8
2500	28	203、254	8、10
3000	34	254	10

（2）重点照明用 LED 轨道灯和 LED 射灯规格根据额定光通量分类，见表 6-3。

表 6-3 　　　重点照明用 LED 轨道灯和 LED 射灯规格根据额定光通量分类

额定光通量/lm	最大功率/W		
	$\alpha \leqslant 10°$	$10° < \alpha \leqslant 30°$	$30° < \alpha \leqslant 60°$
240	8	6	4
400	14	9	7
560	19	13	10
880	30	20	15
1040	35	24	18
1440	48	32	24
2080	70	47	35
2880	—	64	48
3360	—	—	56

（3）LED 线形灯具规格根据额定光通量分类，见表 6－4。

表 6－4　　　　　　　　　LED 线形灯具规格根据额定光通量分类

额定光通量/lm	最大功率/W	标称长度/mm
1000	11	600
1500	16	600/1200
2000	21	1200/1500
2500	27	1200/1500
3250	35	1200/1500
4500	48	1500/1800
6000	64	1800/2400

（4）LED 平面灯具规格根据额定光通量分类，见表 6－5。

表 6－5　　　　　　　　　LED 平面灯具规格根据额定光通量分类

额定光通量/lm	最大功率/W	标称尺寸/（mm×mm）
600	8	300×300
800	10	300×300/300×600
1100	14	300×600/600×600
1500	19	600×600/300×1200
2000	25	600×600/300×1200
2500	32	600×600/300×1200/600×1200
3000	38	600×600/300×1200/600×1200
4500	57	600×1200
6000	75	600×1200

（5）LED 高天棚灯具规格根据额定光通量分类，见表 6－6。

表 6－6　　　　　　　　　LED 高天棚灯具规格根据额定光通量分类

额定光通量/lm	最大功率/W
2500	28
3000	34
4000	45
6000	67
9000	100
12 000	134
18 000	200
24 000	267

2. 不同类型灯具还可按光分布分类

（1）一般照明用 LED 筒灯的光分布分类，见表 6-7。

表 6-7　　　　　　　　　　一般照明用 LED 筒灯光分布分类

光分布分类	光束角/（°）
窄光束	$\alpha \leqslant 30$
中光束	$30 < \alpha \leqslant 60$
宽光束	$\alpha > 60$

（2）LED 线形灯具的光分布分类，见表 6-8。

表 6-8　　　　　　　　　　LED 线形灯具光分布分类

光分布分类	光束角/（°）
窄光束	$\alpha \leqslant 30$
中光束	$30 < \alpha \leqslant 60$
宽光束	$60 < \alpha \leqslant 100$
极宽光束	$\alpha > 100$

（3）LED 高天棚灯具的光分布分类，见表 6-9。

表 6-9　　　　　　　　　　LED 高天棚灯具光分布分类

光分布分类	光束角/（°）
极窄光束	$\alpha \leqslant 30$
窄光束	$30 < \alpha \leqslant 40$
中光束	$40 < \alpha \leqslant 60$
宽光束	$60 < \alpha \leqslant 80$
极宽光束	$\alpha > 80$

6.3　一般要求

6.3.1　相关标准

照明产品有安全、性能和节能等各方面的要求，需要满足相关标准的规定。这些标准包括但不限于：

《LED 室内照明应用技术要求》（GB/T 31831）；

《均匀色空间和色差公式》（GB/T 7921）；

《电磁兼容 限值 第1部分：谐波电流发射限值（设备每相输入电流≤16A）》（GB 17625.1）；

《电气照明和类似设备的无线电骚扰特性的限值和测量方法》（GB/T 17743）；

《一般照明用设备电磁兼容抗扰度要求》（GB/T 18595）；

《灯的控制装置 第1部分：一般要求和安全要求》（GB 19510.1）；

《灯的控制装置 第14部分：LED 模块用直流或交流电子控制装置的特殊要求》（GB 19510.14）；

《光源控制装置 第2-13部分：LED 模块用直流或交流电子控制装置的特殊要求》（GB/T 19510.213）；

《灯和灯系统的光生物安全性》（GB/T 20145）；

《LED 模块用直流或交流电子控制装置 性能要求》（GB/T 24825）；

《室内照明用 LED 产品能效限定值及能效等级》（GB 30255）；

《普通照明用 LED 平板灯能效限定值及能效等级》（GB 38450）。

6.3.2 安全要求

电气安全是照明产品的基本要求，选择照明灯具、镇流器、LED 驱动电源、LED 恒压直流电源等应符合国家强制性产品认证的规定。强制性产品认证制度，是国家为保护广大消费者人身和动植物生命安全、保护环境、保护国家安全，依照法律法规实施的一种产品合格评定制度，它要求产品必须符合国家标准、规范和技术法规。强制性产品认证，是通过制定强制性产品认证的产品目录和实施强制性产品认证程序，对列入《目录》中的产品实施强制性的检测和审核。凡列入强制性产品认证目录内的产品，没有获得指定认证机构的认证证书，没有按规定标明认证标志，一律不得进口、不得出厂销售和在经营服务场所使用。我国把室内普通照明灯具、电子控制装置、镇流器都列入强制性产品认证目录内。

选择照明灯具的安全性能应符合《灯具 第1部分：一般要求与试验》（GB 7000.1）的规定，并符合使用场所或环境的要求。现行国家标准《灯具 第1部分：一般要求与试验》（GB 7000.1）等同采用国际电工委员会（IEC）标准《灯具 第1部分：一般要求与试验（Luminaires—Part 1：General requirements and tests）》（IEC 60598-1），标准中规定内容包括灯具的标记、结构、外部接线和内部接线、接地规定、防触电保护、防尘及防固体异物和防水，以及绝缘电阻和电气强度、接触电流和保护导体电流、爬电距离和电气间隙、耐久性试验和热试验、螺纹接线端子、无螺纹接线端子和电气连接件等均为强制性，必须遵照执行。需要注意的是，当所选灯具属于 GB 7000 系列标准中的特殊灯具时，还应满足相应标准的特殊要求，包括固定式通用灯具、嵌入式灯具、道路与街路照明灯具、可移式通用灯具、带内装式钨丝灯变压器或转换器的灯具、庭院用可移式灯具、电源插座安装的夜灯、地面嵌入式灯具、游泳池和类似场所用灯具、通风式灯具、灯串、应急照明灯具、医院和康复大楼诊所用灯等。出于安全考虑，全文强制性国家标准《建筑环境通用规范》（GB 55016—2021）第 3.1.5 条规定各种场所严禁使用防电击类别为 0 类的灯具。此外，照明装置应具有防火、防止坠落等可能造成人员伤害或财物损失的安全防护措施。

6.3.3 电气要求

照明产品属于电气设备，除符合安全规定外，电参数也需要满足相关标准要求。电参数是照明产品的基本参数，包括供电电压、电流、功率、功率因数、谐波等，电参数的优劣，对于产品性能以及稳定性具有至关重要的影响。博物馆用照明产品，既有市电 220V 供电的产品，也有直流低压供电的产品，因此，在选型时需要特别注意电压和电流的要求，并与供配电设计相匹配。为了避免功率虚标的问题，特别是 LED 灯，有必要限定功率的偏差，LED 灯的输入功率与额定值之差不应大于额定值的 10%或 0.5W。

在一定的电压下向负载输送一定的有功功率时，负载的功率因数越低，通过输电线的电流越大，导线电阻的能量损耗和导线阻抗的电压降越大，因此功率因数是电力经济中的一个重要指标。对照明产品的功率因数提出要求，是电气节能的措施之一。对于博物馆用照明产品，5W 以上 LED 灯的功率因数不应低于 0.9，对于小功率的 LED 灯，限于体积等工艺的原因，要求可适当放宽，功率因数不应低于 0.5。

产品设计不合理或生产质量问题，可能会引起噪声过大的现象，从而降低观展的体验感，正常工作条件下，LED 灯在距离 1m 处噪声的 A 计权等效声级不应大于 24dB。

LED 灯启动时的峰值电流较大，会对供电系统及保护装置产生不利影响，甚至会影响正常工作，有必要对驱动电源的启动冲击电流进行限制。启动冲击电流的影响主要取决于两方面因素，冲击电流的峰值大小和持续时间，而这两个参数与功率大小是直接相关的。对于 75W 以下 LED 灯的启动冲击电流峰值不应大于 40A，75W 以上的灯具启动冲击电流峰值不应大于 60A，持续时间（按峰值电流的 50%计算）应小于 1ms。

LED 灯由于采用电子器件，容易产生电磁干扰和高次谐波。照明产品目前用量大，生产企业众多，产品质量良莠不齐，导致对无线电、通信系统和测量仪表的骚扰以及其他不良后果，因此对其限值进行规定。25W 以上照明产品的谐波电流应符合现行国家标准《电磁兼容限值 第 1 部分：谐波电流发射限值（设备每相输入电流≤16A）》（GB 17625.1）的有关规定。在室内照明应用中，25W 及以下的 LED 灯具应用较为普遍，若不限制其谐波，会对电路造成不利影响。参考《电磁兼容 限值 第 1 部分：谐波电流发射限值（设备每相输入电流≤16A）》（IEC 61000-3-2：2018）等标准，对 5～25W 照明产品的谐波限制要求见表 6-10。

表 6-10　　　　　　　　　　　5～25W 照明产品的谐波电流限值

谐波要求	谐波电流与基波频率下输入电流之比（%）
THD	≤70
2 次谐波	≤5
3 次谐波	≤35
5 次谐波	≤25
7 次谐波	≤30
9 次谐波	≤20
11 次谐波	≤20
13≤n≤39 次谐波	—

对于 5W 以下的也应该选用谐波含量低的产品，有条件或对谐波要求高的场合，当此类产品使用量较大时，可参照表 6－10 提出要求。此外，在博物馆照明应用中，特别是展厅等场所集中使用较多小功率 LED 灯或 LED 灯具时，为了控制谐波，可以考虑采用 LED 恒压直流电源，电流总谐波畸变率不应超过 15%。

6.4　性能要求

6.4.1　光度要求

在博物馆或者美术馆的照明中，光源或灯具的光度及其分布（也称配光）是基本的性能指标。通常我们用光通量这一指标评价光源的发光能力，也就是发出光的多少，单位为流明（lm）。对于同一类光源，消耗的功率越大，输出的光通量越大。传统灯具选型时，由于产品类型较少，设计人员一般习惯用功率这一指标，而随着 LED 的广泛应用，设计师逐渐习惯使用光通量指标来进行选型。不同的展品，不同的照射距离，所需要的灯具光通量也不一样。

光源或灯具的光度分布（也称配光）是非常重要的，光束的分布不同，带来的效果也有很大差异。光度测量可以精确测量光源或灯具的光度分布，通常我们用 IES 文件来记录其光度在空间中的分布数据，在极坐标或直角坐标系下，根据各个方向上的发光强度绘制成的曲线，就形成了配光曲线图，如图 6－3 所示。

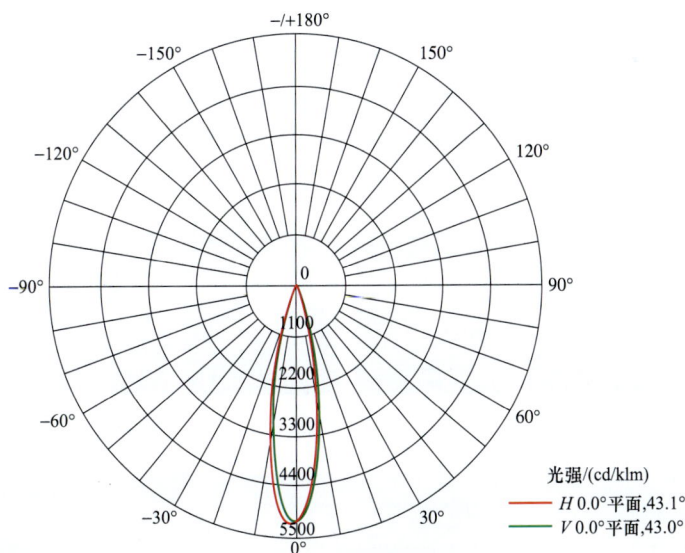

图 6－3　某灯具的配光曲线图
（国家建筑节能质量检验检测中心提供）

在配光曲线图上，可以直观地看到发光强度的最大值和所在方向，通常我们定义发光强度值为 50% 的两条矢径的夹角为光束角，10% 的两条矢径所夹的角度为光束扩散角。在

图 6-3 中，最大光强是 5221cd，50%是 2610cd，最大光强的 10%是 522cd。因此这个灯具的光束角为 22°，光束扩散角为 43°。

对于同样光通量的灯具，由于光束角不同，照明效果也不同，图 6-4 是不同光束角的照明效果对比。

精确用光是博物馆照明的基本要求，博物馆照明通常以多种多样的光型角度为基础，配合功率、色温、安装方式、投光方向的选择，形成一个光形丰富、安装灵活、适用广泛的照明体系。博物馆照明应选用适应的光型和光束角及安装方式，以力求完美地呈现不同空间主题与不同形态的文物展品。同时还要根据展品的不同，选择不同的光型，以实现最佳的照明效果。

博物馆照明中，10°及以下的光束角被称为特窄光束，为展品提供强烈的明暗对比，给人以极强的视觉冲击力，即使超高空间使用也仍然能够为展品提供合适的光晕和照度。10°～30°的窄光束能够给予展品较强的照度，形成反差，使它从周边环境中脱颖而出。30°～60°为中光束，光晕柔和却又不失视觉冲击力，适合于中型尺寸画幅或立体展品的展示照明 [见图 6-4（a）]。60°以上为宽光束，适合于大尺寸平面展品的展示照明和立体展品的背景照明。洗墙光型将多光晕连续拼接形成大面积均匀分布的光，给人以更加宽敞明亮的感觉，适合于超大型平面及浮雕作品的展示 [见图 6-4（b）]。拉伸光束是一种非对称的常用光型，比如泛光 54°×24° 在水平方向提供一水平椭圆光型；泛光 24°×54° 提供竖直椭圆光型，狭长的柔和光晕适合于书画类展品的展示照明 [见图 6-4（c）]。此外，还有利用先进的光学成像技术，在画布上实现精准投射与画布外框完全吻合的投影轮廓，宛如自发光，赋予了静态艺术展品鲜活的生命力，适合用于平面类展品的精准照明。

IES 文件也是照明模拟计算的重要依据，现在人们已经可以利用计算机软件，在设计阶段准确地预测照明效果，并进行照明方案优化比选，如图 6-5 所示。

此外，为了保证视觉的舒适性和展陈的效果，灯具的表面亮度不应过高，在不同视角下，灯具亮度的限值见表 6-11。

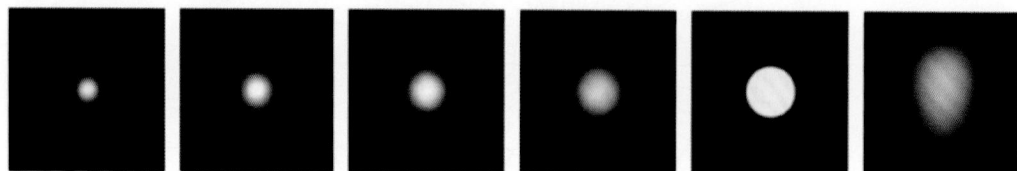

(a) 窄光束效果

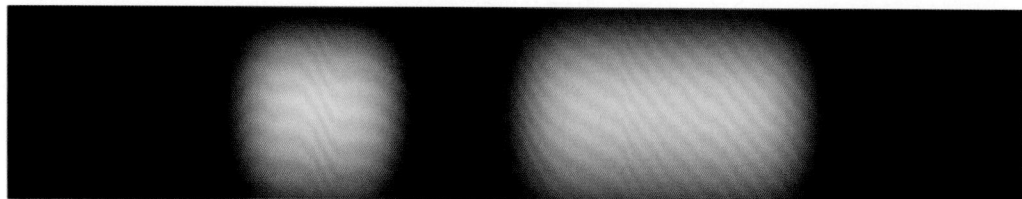

(b) 宽光束效果

图 6-4 灯具不同光型的照明效果（一）

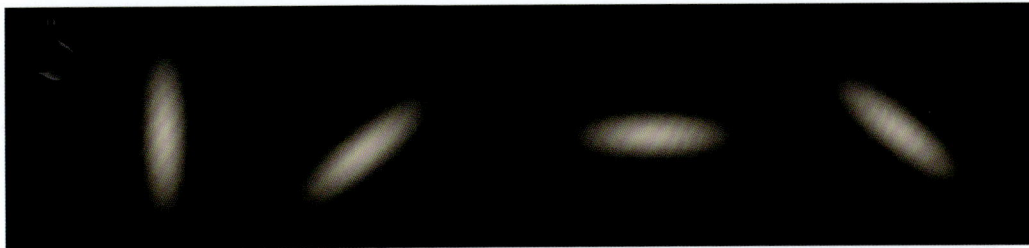

(c) 拉伸光束效果

图 6-4　灯具不同光型的照明效果（二）

图 6-5　照明方案模拟

（埃克苏照明提供）

表 6-11　　　　　　　　不同视线夹角条件下灯具亮度限值

与视线夹角/（°）	光源平均亮度/（kcd/m²）
<10	≤1
10～15	≤20
>15～20	≤50
>20～30	≤500

6.4.2　色度与光谱要求

颜色以及颜色的表现能力，对于展陈照明来说非常重要。博物馆照明的一项重要功能，是呈现和还原展品的本来面貌，为观众提供准确的视觉信息。光源的颜色外观和显色特性的选择将极大地影响观众从展品中接收到的信息。调研结果表明，绝大多数博物馆工作人员（超过 80%）认为显色性是最重要的指标。

通常我们用一般显色指数来表征光源对颜色的还原能力，显色指数越高，说明在该光源的照射下，显示的颜色与实际颜色更接近。图6-6所示为在不同显色指数下展陈效果对比。

图6-6　不同显色指数下展陈效果对比
（国家建筑节能质量检验检测中心提供）

可以看到，显色指数90的光源照射下，物体的颜色更逼真，因此在展陈照明中，应选择显色指数更高的光源。除一般显色指数外，为了保证对饱和度高的颜色的还原能力，特殊显色指数也需要关注，如 R_9。照明光源显色性应满足下列要求：

（1）对辨色要求一般的场所，一般显色指数 R_a 不应小于 80，特殊显色指数 R_9 不应小于 0。

（2）对展品辨色要求高的场所，一般显色指数 R_a 不应小于 90，R_9 不应小于 50。

除显色指数外，色域指数也是色度的重要参数。色域指数用来衡量物体颜色的鲜艳、生动、明亮、耀眼等程度的指标。不同色域指数的光源对比如图6-7所示。

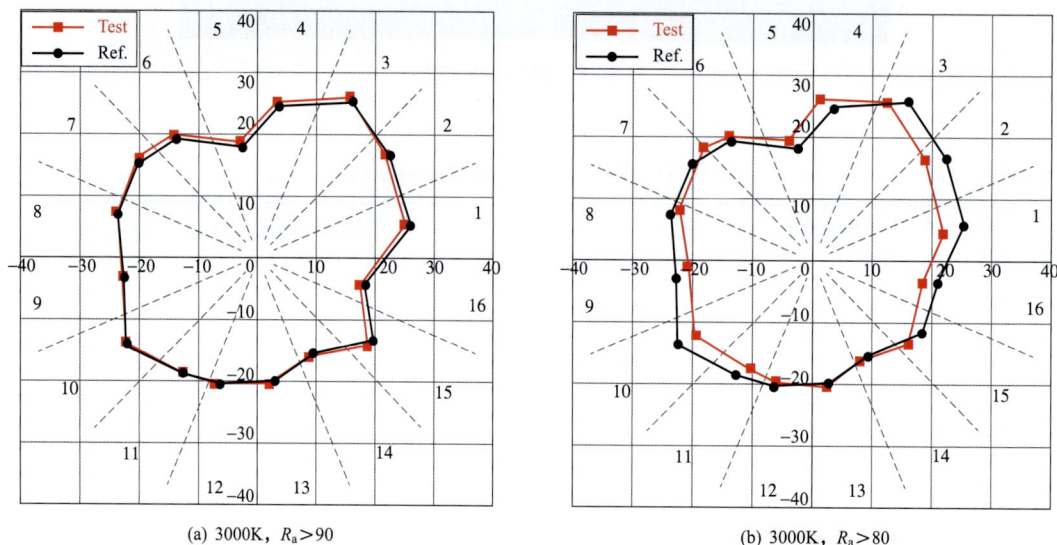

(a) 3000K, $R_a > 90$　　　　(b) 3000K, $R_a > 80$

图6-7　不同色域指数的光源对比
（国家建筑节能质量检验检测中心提供）

部分有色展品由于年代久远，其表面发生褪色，与其原有颜色有差异，通过采用高色域指数的光源，可提高其颜色饱和度，一定程度上还原其真实颜色。对褪色展品有提升颜色饱和度要求时，按《光源显色性评价方法》（GB/T 5702—2019）确定的色域指数不宜小于 100。LED 光源的光谱可以定制，针对展品的特点，可以加强某些颜色的光谱，显示更为接近展品原始的颜色，如图 6-8 所示。

图 6-8（a）是在显色指数为 90 光源照射下画作的效果，可以看到，某些颜色并不是特别突出，而图 6-8（b）则是增加了红色部分的光谱，可以看到，红色更为饱满，与原画作和创作意图更为接近。

(a) 显色指数为90光源照射下的画作效果

(b) 加强光谱后照射的画作效果

图 6-8　高显色指数与加强光谱光源的对比

（香港理工大学魏敏晨等提供）

灯光的色温也会对色彩与材质呈现产生较大的影响，博物馆展厅最基本的视觉感受就是由灯光的色温带来的。灯光的色温会真切地影响观众对空间和环境的感受，也直接地影响参观者对文物和艺术展品全面的理解和认知，因此，色温的选择需要策展人和展陈设计师基于对展览空间、内容主题和展品的深度理解而最终确定。

不同的色温和色表的光源会带来不同的照明效果，如图 6-9 所示。

一般照明光源色表可按其相关色温分为三组，博物馆相关场所可按表 6-12 选取适宜的色温。

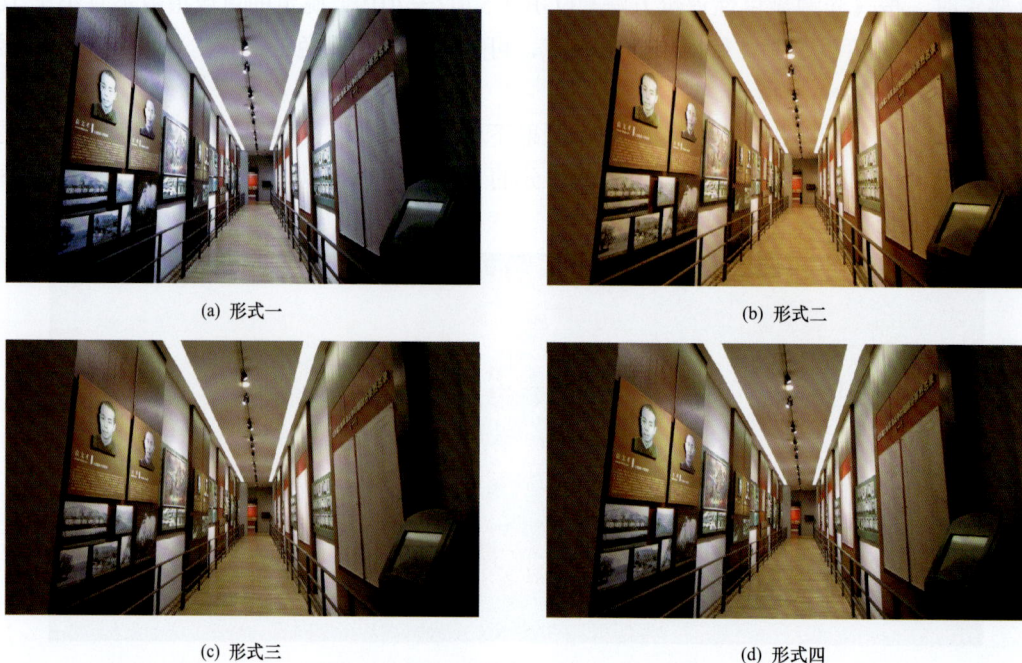

(a) 形式一　　　　　　　　　　　　　　(b) 形式二

(c) 形式三　　　　　　　　　　　　　　(d) 形式四

图 6-9　不同色温的光环境效果对比

（恒亦明提供）

表 6-12　　　　　　　　　　　　　　光源色表特征及适用场所

色表分组	色表特征	相关色温/K	适用场所举例
Ⅰ	暖	<3300	陈列展览区、服务设施
Ⅱ	中间	3300~5300	陈列展览区、业务与研究用房、行政管理区、教育区、服务设施、藏品库房区、藏品技术区
Ⅲ	冷	>5300	特殊要求场所

　　色温的高低是由光谱分布来决定的。一般来说，色温越高，意味着波长较短部分的能量更强，其对文物的损伤也越强，因此对于展厅来说，色温不应过高，一般展厅直接照明光源的色温不应大于 5300K，文物展厅直接照明光源的色温不应大于 4000K。

　　为了保证照明的效果和光色的一致性，展厅内同一展区及同一展品照明光源的色温宜保持整体协调。同时，光源的颜色也需要保持一致，通常用色容差来表征光源颜色的一致性。展厅选用同类光源的色容差不应大于 3 SDCM，其他场所选用同类光源的色容差不应大于 5 SDCM。当采用 LED 灯具时，为了保证不同方向光的颜色的一致性，其色差还应满足空间均匀性要求，LED 灯具在不同方向上的色品坐标与其加权平均值偏差在 GB/T 7921—2008 规定的 CIE 1976 均匀色度标尺图中，不应超过 0.004；同时应避免随着长时间的使用，颜色发生漂移，在寿命期内 LED 灯的色品坐标与初始值的偏差在 GB/T 7921—2008 规定的 CIE 1976

均匀色度标尺图中，不应超过 0.007。

红外线和紫外线对于展示而言是没有作用的，而这两部分辐射对于展品也有损伤，因此，应尽量限制光源在这两部分的光谱能量。灯具的控光部件应采用红外辐射和紫外辐射透射比低的光谱选择性透射材料，比如 PAR 灯中常用的冷光杯，通过滤除红外部分能量，减少照射到展品表面的热辐射。对于紫外线也是需要尽量避免，光源或灯具的紫外辐射相对含量应小于 10μW/lm；对光特别敏感和对光敏感的展品或藏品，表面紫外辐射相对含量应小于 10μW/lm。这里紫外辐射相对含量指光线中紫外辐射能量与光通量的比值，单位为微瓦每流明（μW/lm）。展品表面紫外辐射相对含量的评估，可参照 WW/T 0016 进行。

6.4.3　灯具效能

灯具效能是衡量灯具产品是否节能的重要指标，其定义是灯具发出的总光通量与其消耗的功率之比。现有国家产品标准一般将效能分为三个等级：3 级（能效限定值，必须达到）、2 级（节能评价值）、1 级（目标值）。在实际应用中，一般以现行国家标准中的 2 级（节能评价值）作为效能值基准。

（1）一般照明用 LED 筒灯灯具的初始效能值不应低于表 6-13 的规定。

表 6-13　　　　　　　　LED 筒灯灯具的初始效能值　　　　　（单位：lm/W）

额定相关色温		2700K/3000K		3500K/4000K/5000K	
灯具出光口形式		格栅	保护罩	格栅	保护罩
灯具功率	≤5W	75	80	80	85
	>5W	85	90	90	95

注：当灯具一般显色指数 R_a 不低于 90 时，灯具初始效能值可降低 10lm/W。

（2）LED 高天棚灯具的初始效能值不应低于表 6-14 的规定。

表 6-14　　　　　　LED 高天棚灯具的初始效能值

额定相关色温	3000K	3500K/4000K	5000K
初始效能限值/（lm/W）	90	95	100

注：当灯具一般显色指数 R_a 不低于 90 时，灯具初始效能值可降低 10lm/W。

（3）展厅重点照明用 LED 轨道灯、LED 射灯、LED 筒灯灯具的初始效能值不应低于表 6-15 的规定。

表 6-15　　　LED 轨道灯、LED 射灯、LED 筒灯灯具的初始效能值

光束分类	光束角/（°）	初始效能限值/（lm/W）
特窄光束	<10	30
窄光束	10~30	45

续表

光束分类	光束角/（°）	初始效能限值/（lm/W）
中光束	30～60	60
宽光束	>60	80

注：可调焦轨道灯的能效限定值按其最小光束角选取。当灯具一般显色指数 R_a 不低于 90 时，灯具初始效能值可降低 5lm/W。

6.4.4　频闪

随着 LED 照明技术的快速发展和广泛应用，与之相关的频闪问题也备受关注。频闪不仅会影响人们对光质量的感知导致不舒适，也会对人的视觉神经造成刺激，并影响人的认知作业甚至造成生产安全事故。此外，频闪还会引发视觉疲劳，诱发青少年近视、偏头痛、眼花和癫痫等生理及健康问题。根据频闪对于人身心影响特性的差异，可以将频闪分为两类：

（1）可见频闪，或称为闪烁。它主要是指频率较低（一般在 3～80Hz）的一种闪烁。由于闪烁可以导致不舒适和干扰，甚至会诱发癫痫的发作。影响人们对于闪烁感受的因素主要包括频率和深度等。

国际电工委员会（IEC）标准《一般照明用设备　电磁兼容抗扰度要求　第 1 部分：一种光闪烁计和电压波动抗扰度测试方法》（IEC TR 61547−1：2017）提出光源和灯具的可见闪烁可采用闪变指数（P_{st}^{LM}）进行评价，其数值等于 1 表示 50%的实验者刚好感觉到闪烁。闪变指数（P_{st}^{LM}）的限值参考美国标准《瞬态光伪影：验收测试方法和指南》（NEMA 77—2017）制定。P_{st}^{LM} 计算过程如图 6-10 所示。

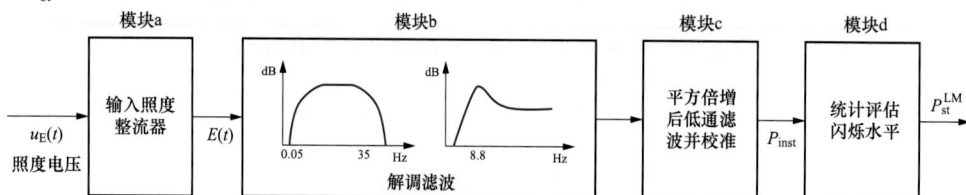

图 6−10　P_{st}^{LM} 计算过程

（2）不可察觉的频闪，这种频闪频率相对较高（大于 80Hz），不能直接被肉眼察觉，容易被人忽视。但其可产生错觉从而引发工伤事故，可能危害人的身体健康，影响工作效率，主要表现为视觉疲劳、眼花、偏头痛等，同时也是造成青少年近视的诱因。

人眼对于不同频率的频闪的敏感程度是不同的，如图 6−11 所示。

对于 LED 照明产品，电气和电子工程师协会（IEEE）于 2015 年发布标准《基于减轻对观察者健康风险的高亮度 LED 调制电流建议准则》（IEEE Std 1789—2015），提出了频闪比指标。频闪比也称波动深度，是基于通信等领域中调制深度概念提出的，定义为在某一频率下，光输出最大值与最小值的差与两者之和的比，以百分比表示。表 6−16 为无风险的频闪比限值要求。

该指标与频率相关，适用于体育场馆等有拍摄和电视转播要求的场所，陈列展览区也有类似要求，故可参考使用。

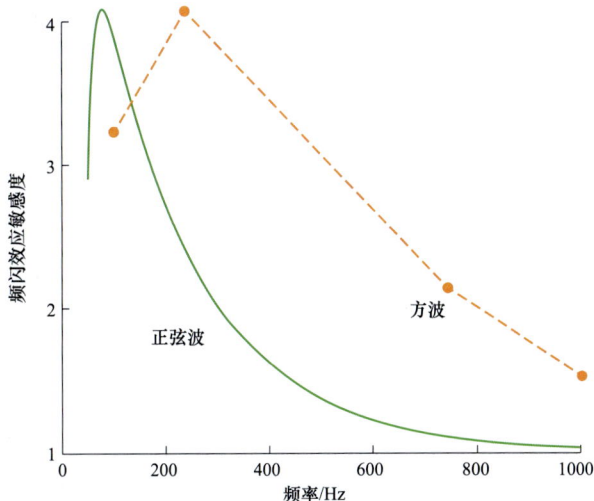

图 6-11　频闪效应敏感度曲线

表 6-16　　　　　　　　　　　频 闪 比 限 值 要 求

光输出波形频率 f/Hz	频闪比限值（％）
$f \leq 10$	≤ 0.1
$10 < f \leq 90$	$\leq f \times 0.01$
$90 < f \leq 3125$	$\leq f \times 0.032$
$f > 3125$	无限制

国际照明委员会（CIE）提出了频闪效应可视度（stroboscopic effect visibility measure，SVM），SVM 的频率分析范围在 80～2000Hz，其原理是对测量到的光波形进行傅里叶分析，并对每一个不同频率的波幅度（C_m）和对应的归一化的可见度曲线（S_m）加权，其中可见度曲线是经过大量的实验得出的不同频率正弦波下人眼对光的变化感知阈值。该指标考虑了光输出波形变化产生的频闪影响，其适用条件为中速移动小于或等于 4m/s，覆盖普通的工作环境，适用于调光和非调光的各类照明产品，是目前 CIE 和 IEC 主要推荐的频闪评价指标。

美国《瞬态光伪影：验收测试方法和指南》（NEMA 77—2017）规定了照明光源和灯具的 SVM 限值为不大于 1.6。相关研究表明，SVM＜1.34，不会对健康带来不利影响，且主观评价为可接受。因此，标准中将 SVM 限值确定为 1.3。

因此，博物馆照明产品的频闪要求包括：光源或灯具的闪变指数 $P_{st}^{LM} < 1$。光源或灯具频闪效应可视度 SVM＜1.3。陈列展览区或有拍摄、电视转播要求的场所，光输出频率不应小于 500Hz。博物馆照明产品在使用时往往需要进行深度调光，频闪的问题更加突出，需要加以限制。减少或消除频闪主要有两种方式：一是减少光源光输出的波动；二是大幅提高光输出波动的频率。

95

6.5　附属装置

6.5.1　驱动电源

照明用 LED 驱动电源作为 LED 灯具供电和控制部件，具有调节、控制、转换等功能，是影响 LED 照明产品可靠性的核心部件。LED 驱动电源的选择应符合下列规定：

（1）LED 驱动电源的性能应符合《LED 模块用直流或交流电子控制装置　性能规范》（GB/T 24825—2022）的规定。

（2）照明用 LED 驱动电源，一般是与灯具装在一起的。有些产品也有分开设置情况，此时，驱动电源与灯具的间距越小越好。但在博物馆应用时，由于安装、维修上的需要或其他原因导致驱动电源与灯具的间距较大时，应合理进行设备选型以确保满足现场使用的要求。

（3）对于人员可触及灯具，为了保证人员安全采用安全特低电压供电是最理想的措施和手段；当条件不允许时应采用隔离式 LED 驱动电源，从而减少人员的触电风险。

（4）展厅宜采用调电流占空比型 LED 驱动电源。

当前 LED 灯具调光的方式主要包括以下两种：

调输出电流占空比型：LED 芯片只有在额定的驱动电流下才能使其光色参数的最优性能。因此占空比调光主要是在给定的调制频率下，通过控制电路接通时间整个电路工作周期的百分比，来调节光通量输出。这种调光方式下，能够确保 LED 芯片在额定工作电流下工作，从而确保在调光过程中灯具光色参数的稳定性，对于多通道颜色的精准调节控制具有重要作用。然而 PWM 调光方式必然会引起频闪问题的发生，因此需要对其调制频率做出严格要求，而很高的调制频率必然导致电源成本的增加。

调输出电流大小型：这种调光方式通过调节通过 LED 芯片的连续驱动电流大小来实现调光控制。它具有调节方式简单，调光过程中不会产生频闪等优势，然而由于在调光过程中，通过 LED 芯片的驱动电流大小发生变化，从而导致灯具光输出的变化呈现非线性，且会出现光色漂移等问题，因此需要在灯具设计中对灯具可以实施调节电流大小的范围加以科学设计，方可保证调光的实施质量。调占空比的调光方式示意图如图 6-12 所示。调输出电流大小调光方式示意图如图 6-13 所示。

对于光色参数一致性和精确度要求高的场所，应采用调电流占空比型 LED 驱动电源。

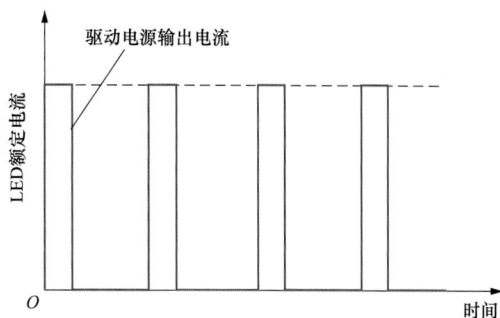

图 6-12　调占空比的调光方式示意图

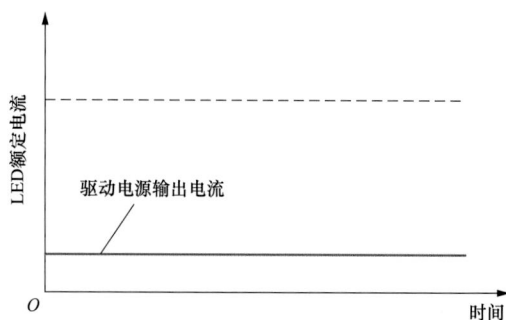

图 6-13　调输出电流大小调光方式示意图

6.5.2　直流电源

博物馆特别是展厅等场所常集中使用较多小功率LED灯或LED灯具时,此时可采用LED恒压直流电源,主要需要关注以下几方面的内容:

(1)直流输出电压偏差不应大于±5%。输出电压偏差对LED灯或LED灯具的光度、色度、电气等性能都具有重要影响,电压偏差过大甚至可能会导致LED灯或LED灯具无法正常工作。因此,当采用LED恒压直流电源为LED灯或LED灯具供电时,需要对其输出电压偏差做出规定。

(2)启动后1s内应达到稳定工作状态,启动时输出电压最大瞬时峰值不应大于额定值的110%,且带载启动冲击电流应符合相关规定。

LED恒压直流电源启动时间会直接影响照明系统的开关响应时间,为确保其满足使用要求,做出本款规定。其内容是在参考国家标准《LED模块用直流或交流电子控制装置　性能规范》(GB/T 24825—2022)第7.1条,并广泛调研LED恒压直流电源相关生产企业的数据的基础上确定。当前主流LED恒压直流电源从电源直流电导通到达到稳定工作状态的时间可小于0.5s。其中,部分产品需要在交流电导通后、直流电导通前先进行设备自检,对输出端是否存在短路或故障等进行排查,从而导致启动时间会相应延长,但也可在1s内达到稳定工作状态。

LED恒压直流电源启动时输出电压超过额定值的最大瞬时峰值过大有可能会损坏连接的LED灯或LED灯具,因此应严格限制。本款参考行业标准《LED驱动电源　第1部分:通用规范》(SJ/T 11558.1—2016)第5.4.2条,对LED恒压直流电源启动时输出电压超过额定值的最大瞬时幅度做出规定。

与交流输入型LED灯具相似,LED恒压直流电源启动时也会对其内部电解电容进行充电,从而导致输入端产生较大的启动冲击电流。如果不加以限制,可能会对供电系统及保护装置产生冲击,甚至影响其正常工作。因此,有必要对LED恒压直流电源的启动冲击电流进行限制。

(3)输出电压纹波系数不应超过3%。LED恒压直流电源的输出电压纹波系数是影响灯具频闪的重要因素,用电流波峰谷间差值与直流分量绝对值之比表示。

(4)负载率宜为60%~80%。随着LED恒压直流电源负载率的下降,会出现功率因数和电源效率的下降、谐波含量增加等问题。因此,从技术经济合理性角度来看,LED恒压直流电源的负载率不宜过低,建议不小于60%。同时考虑到LED恒压直流电源安装环境的不确定性,为避免因散热条件不佳而导致LED恒压直流电源表面温度过高,建议LED恒压直流电源的负载率上限不大于80%,从而进一步提升LED恒压直流电源工作的安全性和可靠性。

(5)功率因数不应低于0.90,电流总谐波畸变率不应超过15%。

LED恒压直流电源的功率因数、电流总谐波畸变率和电源效率对于电网以及照明系统能效都具有十分重要的影响,因此对其做出规定。此外,电源输入电路和输出电路之间的连接方式（包括隔离式与非隔离式）会对电源效率产生显著影响，其中隔离式 LED 恒压直流电源效率相对更低一些，但其安全性更高。

现有 LED 恒压直流电源的功率因数、电流总谐波畸变率和效率等性能参数的主要影响因素包括电源的额定功率、负载率以及电源输入电路和输出电路之间的连接方式，设计人员可以参照表 6−17 根据工程实际合理地选择 LED 恒压直流电源，更好地提升照明系统的性能和能效。

表 6−17 　　　　　　　　　　LED 恒压直流电源的功率因数和效率

功率范围/W	负载率（%）	功率因数	电流总谐波畸变率（%）	效率（%）	
				隔离式	非隔离式
25＜P≤75	80	≥0.92	≤15	≥85	≥92
	60	≥0.90	≤20	≥83	≥90
	50	≥0.90	≤25	≥80	≥87
75＜P≤200	80	≥0.96	≤10	≥88	≥95
	60	≥0.94	≤15	≥85	≥92
	50	≥0.90	≤20	≥83	≥90
P＞200	80	≥0.96	≤10	≥90	≥96
	60	≥0.94	≤15	≥88	≥94
	50	≥0.90	≤20	≥85	≥91

隔离式 LED 恒压直流电源的效率不应低于 85%，非隔离式 LED 恒压直流电源的效率不应低于 90%。

（6）LED 恒压直流电源应具有输出过电流保护、过电压保护和过温保护等功能。为避免因为线路短路和过负荷导致输出电流过大带来的安全隐患，以及电源故障导致的输出电压过大对供电设备造成损坏，需要在 LED 恒压直流电源的输出端设置直流过电流保护（过负荷和短路保护）以及过电压保护等。同时，电源设备故障或环境散热条件不适当均可能引起电源温度过高，从而带来安全隐患，因此还需设置过温保护功能。

（7）LED 恒压直流电源与 LED 灯或 LED 灯具的安装距离应符合现场使用的要求。LED 恒压直流电源与 LED 灯或 LED 灯具间的安装距离对于供电电压的压降具有重要影响，国际电工委员会（IEC）标准《电气安装指南　第 101 部分：用于非公共配电网络的特低压直流电气装置应用指南》（IEC TS 61200−101：2018）建议采用非公网供电的低压直流照明系统线缆允许电压降控制在不大于 6% 范围内。设计人员可以按照设计供电电压的压降要求，参照表 6−18 和表 6−19，根据供电电压、负载功率以及连接线缆截面积等条件，合理地确定 LED 恒压直流电源与 LED 灯或 LED 灯具的安装距离。

表 6－18　　　　　　　　DC 48V 线路电压损失百分数表　　　　（单位：%）

序号	建议截面/mm²	负载功率/W	供电距离						
			20m	40m	50m	100m	150m	200m	250m
1	2.5	50	0.72	1.43	1.79	3.58	5.38	7.17	8.96
2	2.5	100	1.43	2.87	3.58	7.17	10.75	14.33	17.92
3	4	200	1.79	3.58	4.48	8.96	13.44	17.92	22.40
4	4	300	2.69	5.38	6.72	13.44	20.16	26.88	33.59
5	6	400	2.39	4.78	5.97	11.94	17.92	23.89	29.86
6	6	500	2.99	5.97	7.47	14.93	22.40	29.86	37.33

注：计算条件为铜导体的电线工作温度 70℃，电压偏差限值 6%。

表 6－19　　　　　　　　DC 110V 线路电压损失百分数表　　　　（单位：%）

序号	建议截面/mm²	负载功率/W	供电距离				
			50m	100m	150m	200m	250m
1	2.5	300	2.05	4.09	6.14	8.19	10.23
2	4	500	2.13	4.26	6.40	8.53	10.66
3	6	1000	2.84	5.69	8.53	11.37	14.21
4	10	1500	2.56	5.12	7.68	10.23	12.79
5	16	2000	2.13	4.26	6.40	8.53	10.66
6	25	3000	2.05	4.09	6.14	8.19	10.23
7	25	4000	2.73	5.46	8.19	10.92	13.65
8	35	5000	2.44	4.87	7.31	9.75	12.18
9	50	8000	2.73	5.46	8.19	10.92	13.65
10	70	10 000	2.44	4.87	7.31	9.75	12.18
11	95	14 000	2.51	5.03	7.54	10.06	12.57
12	120	18 000	2.56	5.12	7.68	10.23	12.79
13	120	20 000	2.84	5.69	8.53	11.37	14.21
14	150	22 000	2.50	5.00	7.51	10.01	12.51
15	185	30 000	2.77	5.53	8.30	11.06	13.83
16	240	36 000	2.56	5.12	7.68	10.23	12.79

注：计算条件为铜导体的电线工作温度 70℃，电压偏差限值 6%。

（8）LED 恒压直流电源应满足使用场所环境的要求，且寿命不应低于 50 000h。

场所环境对于 LED 恒压直流电源的安全、可靠运行具有重要影响，因此，应根据使用场所环境的潮湿、温度、腐蚀等特征，合理地选择 LED 恒压直流电源。此外，LED 恒压直流电源的寿命也是照明系统可靠运行的重要影响因素，而它与工作温度关系密切，温度越高，寿命越短。为便于实施，一般采用 LED 恒压直流电源外壳温度来作为评价 LED 恒压直流电源寿命的基准条件。根据对相关生产企业的调研，当前 LED 恒压直流电源寿命主要是采用外壳最高温度 75℃作为温度基准来评价 LED 恒压直流电源的寿命。

第7章 展厅照明设计

展厅特别是展品的照明，是博物馆照明的核心。本章围绕展厅及其相关的空间，介绍展厅照明设计中的基本原则、主要照明方式和手段。

7.1 设计原则

展厅空间是观众参观展览与探索思考的空间，照明要适合不同人群，营造宁静、舒适的氛围，光线设计要柔和。在照明设计中，展厅空间使用基础照明和重点照明相结合。基础照明是为照亮展陈空间或渲染环境氛围而设置的照明；重点照明的目的是突出展品和呈现其特点，应以重点照明为主，且重点照明和基础照明的光源色温应协调一致。

照明应特别注意对展品的保护，考虑减少紫外线、红外线等产生的危害，同时考虑光的质量、光强的分布能呈现丰富的层次，减少眩光。照明器具应尽量隐藏，与建筑及其构配件、室内装修和展柜等相结合，甚至实现建筑一体化照明。

展厅的照明应以展品为核心，必要时可根据每个展品进行照明，并与整个展陈设计相协调。当展品未确定时，设计时应预留相应的调整空间。

大多数博物馆展品可分为以下四类：

（1）平面物体或附着在垂直表面上的平面材料。

（2）三维物体。

（3）展柜中的物品。

（4）实景模型。

针对上述几类展品，本章中都单独给出了设计要点，照明设计师应该对最终设计进行整体分析，充分考虑如下因素：每个展品的特点，展陈的方式，周边条件，包括所有建筑表面（墙面、地面、顶棚、窗户）、发光的表面等。

7.2 垂直面上的平面展品照明

在博物馆展示中，存在着各种类型的二维展品，包括中国传统书法、绘画、水墨画、油画、平面雕塑等。大型垂直陈列的均匀照明则是博物馆照明中的难题之一，而当采用透明材料保护文物时，无论是丙烯酸树脂还是玻璃材料，镜面表面和布置不当的灯具组合可能由于反射眩光而降低观赏性，这都给照明设计带来了困难。

照明方式上有两种常见的处理方式：一是重点照明；二是洗墙照明。

7.2.1 重点照明

在照明设计时，可以利用重点照明来营造对比强烈的氛围，使用窄光束对博物馆内的画进行重点照明会营造出一种具有戏剧舞台效果的氛围。明暗区域间的强烈反差将这些展品打造成展览布景的主角，令参观者的目光聚焦在艺术品上，内部装饰和建筑退居次位。部分展览通过呈现强烈的明暗场景对比来凸显画作的内容。在这些情况下，这些画作所表达的情绪与展览的氛围相得益彰。对光束进行精确的调节可以界定展品和艺术品的版式规格，同时为其增添特殊的魅力，让它们看起来熠熠生辉。利用不同亮度及重点照明形成视觉层次感，从而赋予展厅结构感。

在整个表面上提供均匀的照度，这是照明的基本要求，同时还要避免阴影和眩光。具体可以采用下面几种处理方式：

（1）入射角度要求。

通常，灯具的位置使得光束的中心轴与垂直方向成 30°，这样产生的阴影最小，并且视看无眩光，同时允许游客近距离接近展品，而不会在展品上投射出自己的影子。用与垂直方向成 30° 瞄准的灯具为平面展品提供照明，可以减少眩光，但圆形配光的光源可能在这个角度会产生细长的扇形光。光线从 45° 照射到画布上的好处是，可以减少画框周围额外光线的"光晕"，但是可能会增加对儿童和坐在轮椅上的人的眩光。同时，灯具距离展品较远会导致一个问题，即参观者站在展品前面时会在展品上投下影子。另外，过于陡峭的入射光角度会导致过度的平掠光，在展品上形成长长的影子。

根据经验，灯具距离墙的最佳距离，等于天花板高度减去人眼高度后乘以 0.577 倍，即 $a = b \times 0.577$（a 为灯具墙面最佳距离，b 为顶棚高度到眼睛高度），灯具布置示意图如图 7—1 所示。

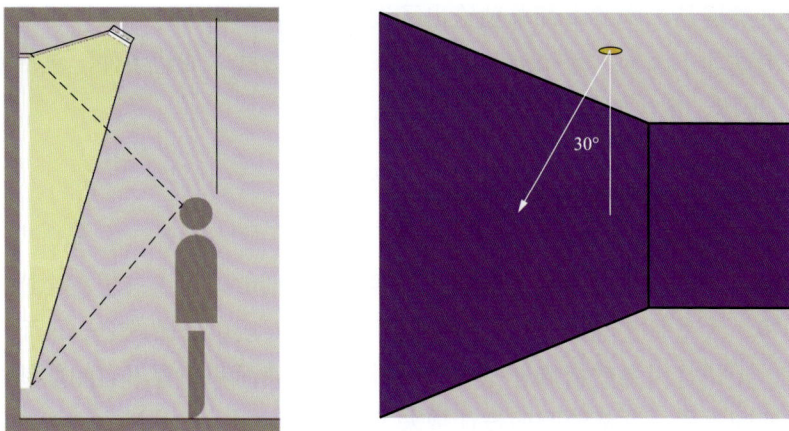

图 7-1　灯具布置示意图
（沈迎九提供）

（2）调整光束。利用光束对室内的画作进行重点照明，对展品进行窄光束重点照明可令博物馆参观者的注意力集中在艺术品上。使用可互换式透镜、反光板，或者直接采用可变焦的灯具形成不同的光束直径，可以根据画作的自身尺寸来调整照明方式。

（3）两侧布灯。照明设计一方面是提高展览体验质量，另一方面则是需要保证视觉舒适度。正确的灯具布置确保了艺术品获得均匀的照明，同时参观者站在画作前面时不会在展品上投下影子。窄光束的光和带遮光罩的透镜最大限度地减少了展览通道上的直射眩光。适当地布置灯具还会避免出现扰人的反射眩光。尽量减少参观者投下的影子，将两盏聚光灯摆放在侧面对画作进行照明，可以避免展品上产生反射眩光，而且还可以防止参观者在画作上投下影子。还要避免反射眩光，当参观者站在被用玻璃保护的绘画作品前面的时候，安装在天花板上的灯具会在玻璃上产生眩光，通过正确地布置灯具，结合采用窄光束的灯具和遮光罩，可轻松地避免反射眩光，如图7-2所示。

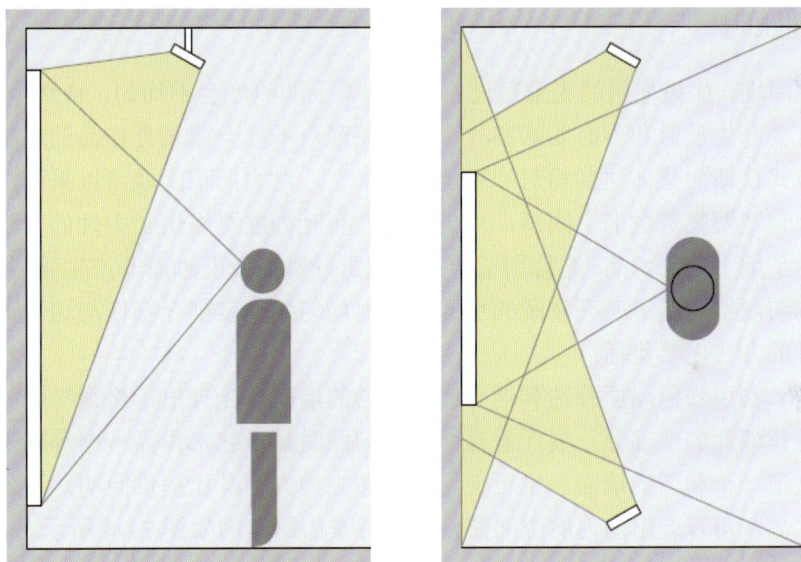

图 7-2　避免反射眩光的灯具布置
（沈迎九提供）

如图 7-2 所示，以油画类为代表的高反射率作品，有时会从两侧打光，以避免反射光进入人眼，同时在画上形成阴影。一般顶部入射角控制在 30° 左右；两侧的入射角可根据画面大小及天花板高度做调整。

（4）精准控光。根据绘画作品的尺寸限制光束，可以精确地限制光束对展品的照明，那么绘画作品本身看起来就会熠熠生辉。营造出的集中且神秘的氛围与黑暗的环境形成了强烈对比。使用投射聚光灯上的边框附加件，便可以将光束调整到精确的尺寸，精准控光的示意图如图7-3所示。

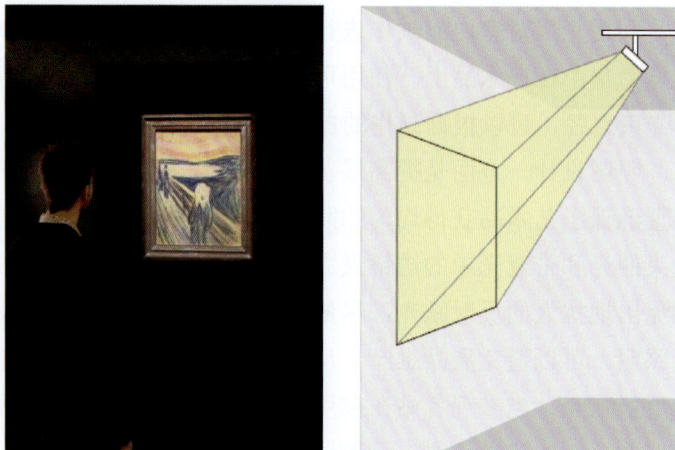

图 7-3　精准控光的示意图

（沈迎九提供）

7.2.2　洗墙照明

对于大幅展墙，如果使用的光束角过小，在画幅上的照度会不均匀，特别是高大的壁画，射灯或泛光灯会产生反射和不必要的高光，也会使观众不能全面领会作品的精髓，此时可以采用泛光的方式使墙面整体达到相对一致的照度水平，对大面积区域可以采取洗墙照明。使用墙面布光来营造明亮宽敞的空间感，均匀的墙面布光为展览提供了中性的背景，而且以客观的方式展示了墙上的艺术品。这特别适用于旨在引导参观者沉思而非产生强烈情绪的展览。垂直表面的均匀照明营造了明亮宽敞的空间感，而均匀的亮度则令画作与墙面形成和谐统一的整体。处理的方式主要包括：

（1）背景。利用彩色墙面营造和谐对比，均匀的墙面布光突出了格调平静的展览理念。还可将画作看作墙面的一部分，展厅垂直面的均匀照明赋予艺术作品一个等同于展厅的凸显地位，并创造出一个和谐的墙面。也可使用墙面布光为大型画作提供照明，均匀照明尤其能凸显大型艺术品，可营造出均匀的空间感，彩色背景应用案例如图 7-4 所示。

图 7-4　彩色背景应用案例

（沈迎九提供）

（2）均匀布置灯具。合理布置灯具，打造均匀的墙面布光，墙面与墙面布光灯的间距应为展厅高度的三分之一，这样可以实现墙面上的均匀布光。灯具间隔应根据光束角确定，光束角的选取应和照射距离以及照射对象的大小相协调，如图7–5所示。

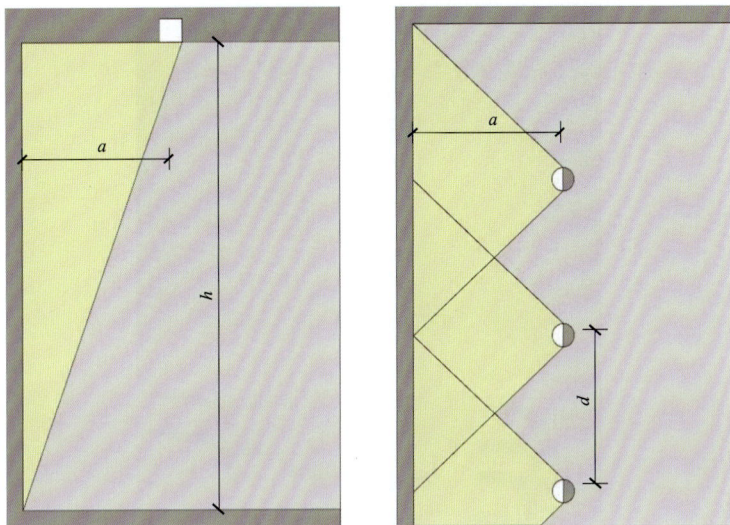

图 7–5　均匀布灯示意图

（沈迎九提供）

（3）与重点照明结合。将墙面布光与重点照明相结合，对于有些展览，仅使用强烈的重点照明或均匀墙面布光是极为合适的展示方案。但是，将两种方法结合起来会创造出更多选择。一方面，墙面布光可以设定房间内的基本亮度并令参观者对墙上的展品产生良好的感官印象；另一方面，重点照明利用高亮度的直接光线来对艺术作品分类照明，或者强调雕塑的塑形效果。洗墙可以用作为展品提供照明的主要技术，或者作为包括单个对象的精准射灯的多层照明中的基础照明部分。如果一个图片标签是分开的，应该把它放在远离画框阴影溢散光的区域。有些展品可能需要单独的射灯，为标签和墙面背景提供足够的照度，墙面布光与重点照明相结合如图7–6所示。

图 7–6　墙面布光与重点照明相结合

（沈迎九提供）

在选择灯具和光源的组合时，特别需要注意其颜色的一致性，避免出现如图7-7所示的情况。

图7-7　颜色不一致的反面案例
（西顿照明提供）

当照明采用带有深压花的古典画框的画作时，必要将灯具放置在离墙面更远的地方，以避免在画作顶部产生干扰的阴影。

7.3　三维展品的照明

三维展品（立体展品）包括雕塑、陶瓷、青铜、家具等立体类器物，通过光影效果凸显雕塑美感、定义三维形状。光束的宽窄、投射方向和强度的不同，会带来视觉上的显著差异。通过用定向照明和反光照明多角度投射，形成不同程度的阴影，突出立体感。因灯具的安装位置不同，会形成有多个投光角度，如正面、侧面、顶部、背面、45°侧面，这些投光角度各有特点，也可以组合使用，经过精心设计的澄澈柔和的光线从不同角度照射在三维立体展品上，形成了鲜明的明暗对比，凸显立体感，让参观者可以在不同位置看到不同的视觉效果，充分领略三维立体展品巧妙的构思和厚道的功力，让观众真切地感受到外在的形式表现与内在的力量所形成的艺术，感受到空间艺术的神韵、豪迈、飘逸和震撼，如图7-8所示。

图 7－8　不同方向的照射效果
（引自 ANSI/IES RP－30－17，博物馆照明推荐实践）

对于复杂造型和有丰富细节的展品，需要多种方式和多个方向的投光，以取得满意的照明效果，如图 7－9 所示。

对于小巧而精美的展品，需要清晰地呈现其精美的工艺与丰富的细节，照明设计以重点照明为主，使用小角度光束角以精准照明的方式，精确投光，让观众的注意力集中在展品之上，如图 7－10 所示。

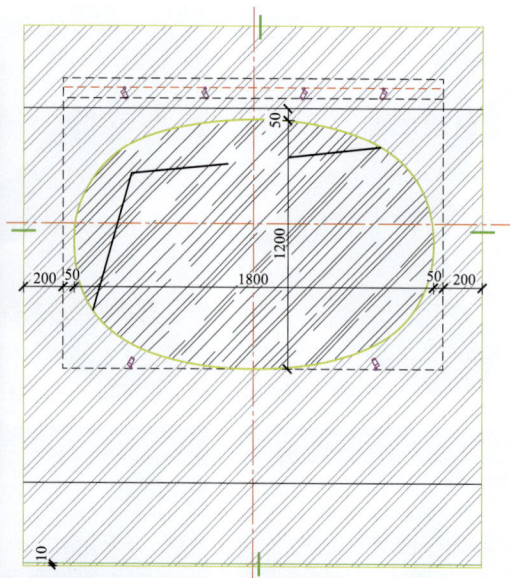

图 7-9　复杂展品的照明（故宫：铜镀金四羊驮双人擎表）（单位：mm）

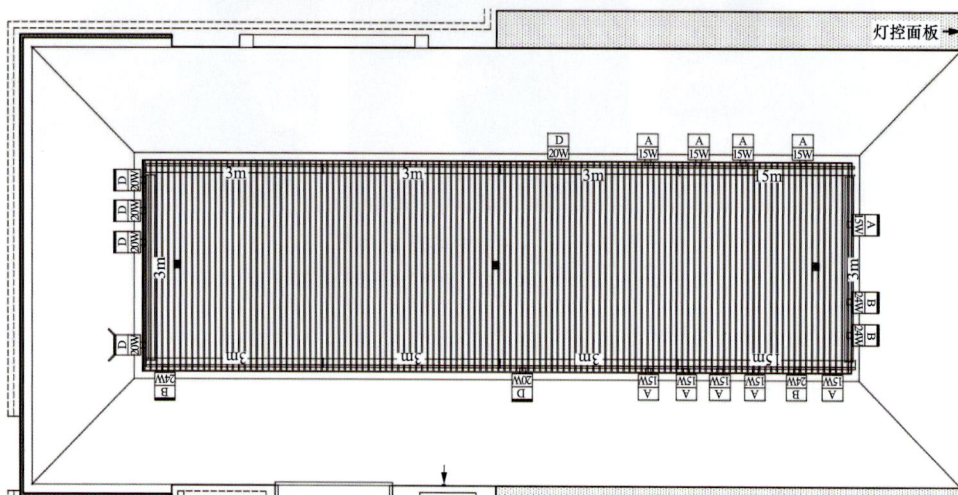

（埃克苏照明提供）

图 7-10　小展品的照明（古笛）

（西顿照明提供）

　　无论大小，三维物体的照明都应显示物体的形状、纹理、颜色和细节，让参观者按照策展和设计团队的意图体验物体。因此，在照明设计时，需要结合展品特点，并与展陈设计师沟通，以确保能正确地体现展品的特点和展陈的意图。通常的三维展品照明，可以采取如下方法：

　　（1）直接照射。

　　用阴影来定义造型，聚光灯产生的直接光照会形成有棱角的光影，从而凸显三维展品的独特立体感。发光的位置对于光影成像来说至关重要。通常，30°的入射光已被证明是凸显雕塑立体感的最佳角度。仅具有直接光线的展览照明会进一步加强明暗的强烈对比。重点照明的局部光束可营造梦幻般的氛围，其中单个的展品在黑暗环境下会显得格外醒目，强化重点照明如图 7-11 所示。

图 7-11　强化重点照明
（西顿照明提供）

　　（2）主光＋辅助光。

　　在三维展品立体比较丰富的情况下，如人物雕塑等，需要主光配上辅助光，以冲淡一定的阴影，更重要的是，丰富立体感，主副光的角度一般配合在 60°～120° 之间。有些形态比较特殊的三维展品，还可以加上背光，以突出整体造型和立体感，如图 7-12 所示。

　　（3）均匀布光＋补光。

　　针对展出多件小展品的大面积区域，最好是利用一组可以将展品作为整体展示，均匀布光。有必要的情况下，选择几件重点的作品，用聚光灯作为补光，以形成一定的层次感。而大型展品需要多盏灯具，每盏灯具都要具有窄光束，以避免对参观者产生眩光，如图 7-13 所示。

图 7-12　突出展品的立体感
（埃克苏照明提供）

（4）璀璨效果。

璀璨可将参观者的注意力吸引至展览的特定区域，因为随着参观者位置的变动，高光的位置也会发生改变。这些高亮的布置还能勾勒出展品的轮廓边缘和形状。利用璀璨效果，可通过突出形状和纹理来凸显展品。这样的璀璨效果取决于对光源的压缩度，因为光的强度是次要的。因此，点光源是璀璨效果重点照明的理想工具，可以形成对比强烈的光影效果和重点照明。璀璨的闪光点，能赋予金属或玻璃表面璀璨夺目的感觉，如图 7-14 所示。

（5）利用天然光或发光顶棚。

能够利用间接射入日光的天窗或发光顶棚为室内提供漫射光，让柔和光影营造出安静祥和的感觉，与对比强烈的重点照明相比，它们更客观地呈现展品。这种漫射光来自诸如发光天花板的平面光源。这就好比阴天，光线均匀地从各个方向发射出来，几乎不产生阴影并且形成了雕塑的平面感官。而直射光（例如自然光线或重点聚光灯）会形成可以产生视觉冲击力，甚至于精细轮廓且对比强烈的光影，利用天然采光效果如图 7-15 所示。

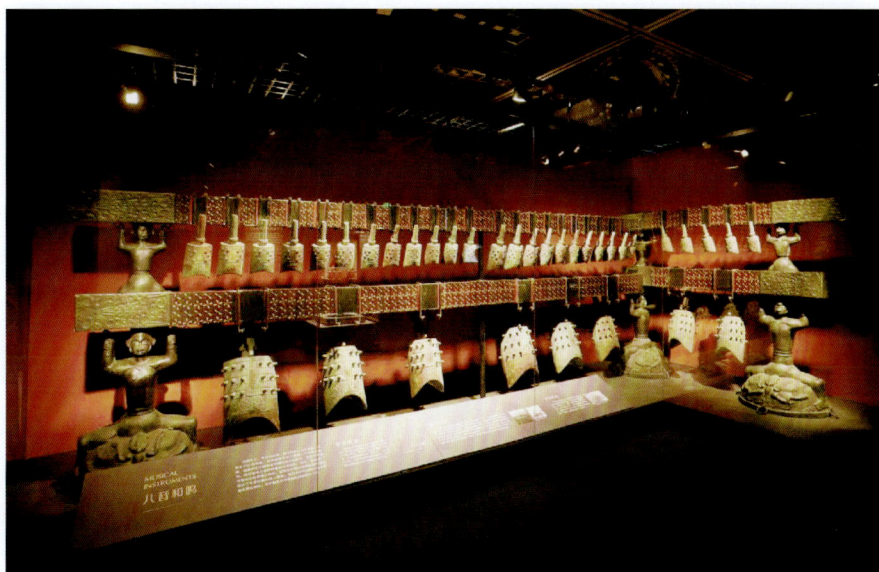

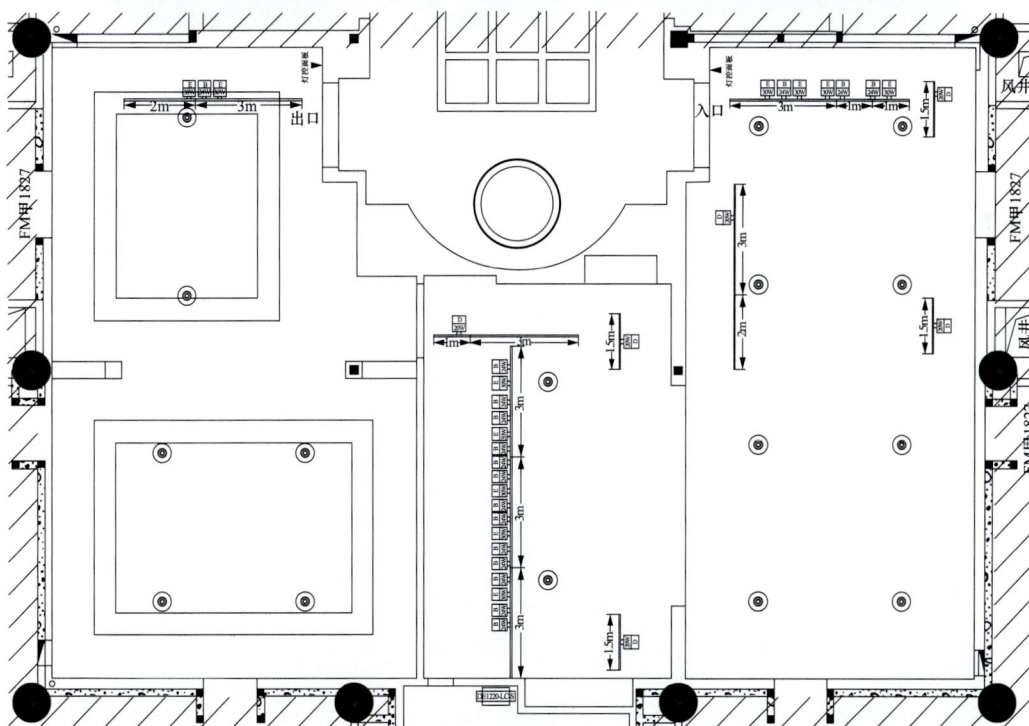

图 7-13　一组展品的展示

（西顿照明提供）

图 7-14 金属类展品的展示
（西顿照明提供）

图 7-15 利用天然采光效果
（埃克苏照明提供）

模拟天窗的效果如图 7-16 所示。

图 7-16　模拟天窗的效果
（西顿照明提供）

此外，在现代的博物馆展陈设计中，有时为了呈现展览的效果，体现真实感，将设计大型绘画作为背景，在其前方布置雕塑等三维展品，在承载雕塑的地面与墙面自然连接，以体现立体感、空间感。这意味着照明的对象既有二维的也有三维的展品。在照明设计和灯具布置时，通常可以采用洗墙照明与重点照明相结合的方式，在表达完整布景的同时，有针对性地突出重点区域与展品，实现展陈的意图，如图 7-17 所示。

图 7-17　与布景结合的照明效果
（杭州良渚博物馆）

随着科技的发展，投影在博物馆展陈照明中有了不少的运用，在保护展品的前提下，通过动态的设计，可以使二维类绘画上的人物、花鸟动起来。同样，以雕塑为代表的三维类文物，通过照明的设计也可以让它们动起来。还可以通过AR、元宇宙概念，与观众互动，如图7-18所示。

图7-18　互动效果
（天津自然博物馆提供）

在博物馆展陈中，大型纪念性物体的照明带来了特殊的挑战。这些物品往往是博物馆的中心焦点，要求设计师进行专门的设计，花费更多的时间来精心布置和调试各类照明设备，并将其集成到建筑或展陈环境中。

来自多个方向的光线照亮雕塑，通过突出一些区域来表达纵深，同时允许其他区域置于阴影中。阴影也是有价值的，有助于显示雕塑的形式、大小和复杂性，也可能是一种缺陷，通过在墙面、地面和天花板上投射出奇怪的阴影，模糊了细节，产生了视觉噪声。

通过选择光束角小的灯具，可以将灯具的直接眩光降到最低。通过定位灯具，在瞄准物体时，使灯具的中心光轴与垂直方向的夹角不超过30°，可以进一步减少眼睛水平高度上或更低位置的物体的眩光。

三维物体的光幕反射相比直接眩光的问题要小，尽管光幕反射可能会使颜色变得模糊，或者在照亮玻璃和抛光金属等有光泽的材料时，会造成眩光。

当物体处在与眼睛水平（或更低）的位置，并从四面八方被照亮时，观察者会遇到一些问题。对于相对较低且较小的物体，灯具的角度可能很陡，从而限制了给对面观察者造成眩光的风险。当一个物体很高的时候，一些光可能会穿过展品，对在远处仰视该文物的观众产生直接眩光，需要加以避免。解决这个问题的措施包括：

（1）将灯具角度急剧向下倾斜，通过高反射比的底座消除阴影。

（2）将光束完全置于展品的范围内。

（3）只要不对外观造成扭曲，从下方照亮物体。

（4）在展陈空间中，使用整体柔化照明（补光），使所有物体都能很容易地看到，同时将窄光束照明（主光）聚焦在每个物体的重要部分。

（5）使用低眩光的灯，如带保护罩的灯和窄光束的灯。

（6）照亮展品后面的背景。

（7）在灯具上添加挡光板或蜂窝状透镜。

7.4 展柜照明

博物馆的陈列柜允许参观者近距离接触稀有而精致的文物，同时保持一个屏障，防止温度和湿度的变化、退化、破坏和盗窃。展柜对于观众而言，最大的价值是在极近距离的尺度上，满足欣赏展品整体和品鉴细节的观展需求。展柜内照明对于观众而言，最大的价值是在极小的空间尺度中，通过还原展品的物理特征，加强展品的艺术特征，满足视觉体验的美学需求。

博物馆的展柜形式多样，尺寸差异很大，典型的展柜包括各种尺寸的独立式展柜、嵌入式展柜、桌式柜、壁柜等，如图 7-19 所示。

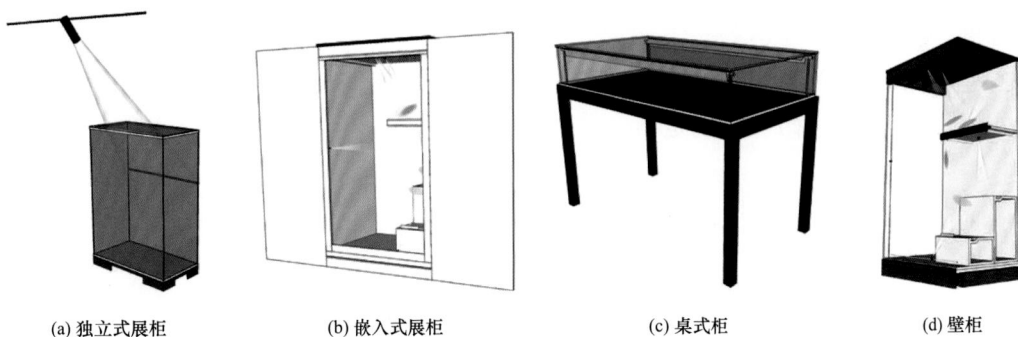

(a) 独立式展柜　　　(b) 嵌入式展柜　　　(c) 桌式柜　　　(d) 壁柜

图 7-19　不同类型的展柜

（引自 ANSI/IES RP-30-17）

展柜照明包括内部和外部设置两种方式，主要考虑的问题是玻璃的反射、观众或展品产生的阴影以及热量的积聚。

7.4.1 展柜外灯具布置

展柜外照明，要避免对观众造成眩光和反射眩光，同时避免展柜的阴影落在展品上。解决之道在于精心地规划和布置灯具。灯具可设置在如图 7-20 所示展柜上方的十字形空间的深灰色范围内（a 区和 b 区）。

为了保证良好的视觉呈现效果，展柜的尺寸需要根据展品而定，为布光留下足够的空间。根据展品确定展柜剖面尺寸时，可按下列步骤进行：

（1）将展品置于某一高度的水平面上，从剖面关系上距离展品最近的灯具向展品作切线，该切线与经过灯具的垂直线，将剖面空间切分成 A、B、C 三个区域［见图 7-21（a）］。

（2）将展品置于展柜的中间［见图 7-21（b）］，初步确定展柜宽度：

1）展柜顶面和垂直面的交界线不能位于 C 区。

注：该交界线位于 C 区时，会在展品或展柜空间底面上形成阴影。

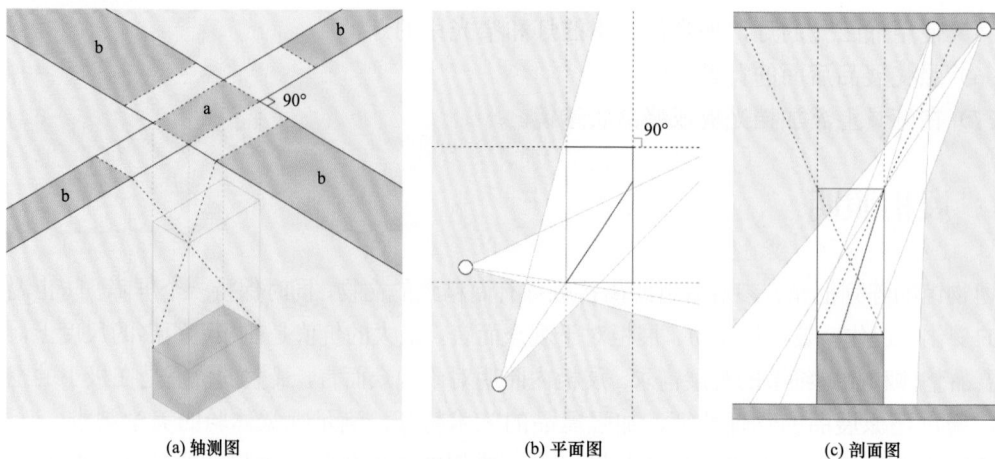

| (a) 轴测图 | (b) 平面图 | (c) 剖面图 |

图 7-20 展柜外灯具布置示意图

2）当展柜顶面和垂直面的交界线位于 B 区时，展柜顶面高度不低于图 7-21（b）中 h 点的高度。

3）当展柜顶面和垂直面的交界线位于 A 区，展柜的平面尺寸较大时［见图 7-21（c）］，灯具布置位置可按照图 7-20 确定。

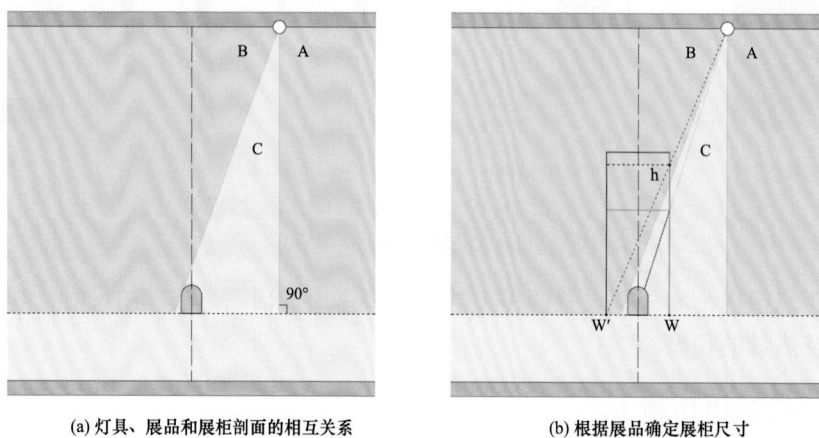

(a) 灯具、展品和展柜剖面的相互关系   (b) 根据展品确定展柜尺寸

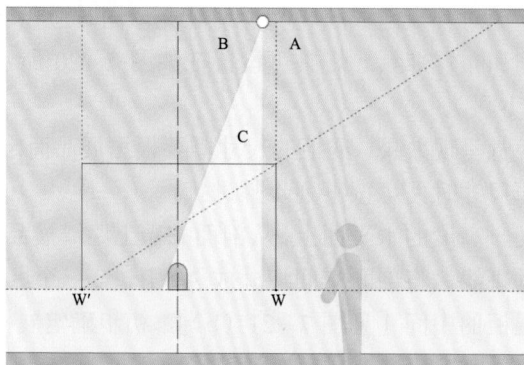

(c) 根据展品确定展柜尺寸

图 7-21 灯具布置位置

使用已有展柜时，可按下列方式确定灯具位置：

① 展品完全位于图 7-22 所示展柜剖面的三角形空间（S 区）内时，且灯具位于图 7-20 给出的区域时，展柜边框不会在展品上形成阴影。

② 当展品进入到 S 区以外空间时，可从展柜顶面和垂直面的交界线（见图 7-22 中展柜的顶点），向展品做切线，确定可以设置灯具的空间范围。可设置灯具的空间范围包括图 7-20 给出的 a 区，以及 b 区中 L 点和 R 点以外的区域。

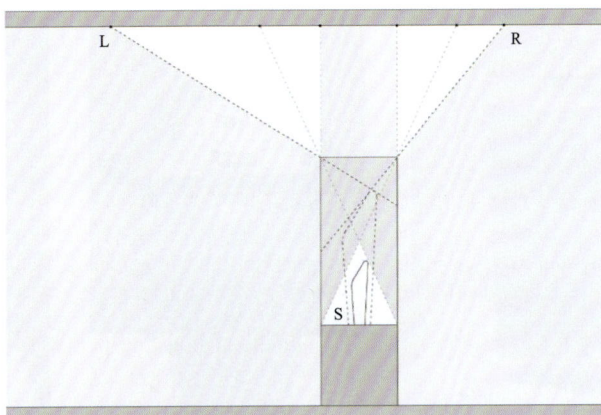

图 7-22　已有展柜布置示意图

不同场景的照明案例如图 7-23 所示。

图 7-23　不同场景的照明案例

（西顿照明提供）

7.4.2　展柜内照明

展品的呈现首先要客观、完整、准确地展现展品的形体、轮廓、结构（第一准则）；然后是质感、色彩、图案（第二准则）；最后是画工、笔法、技艺（第三准则）。三个准则遵循认知事物先从整体到局部再到细节的规律。如果第一准则没有达成，第二、三准则就无法达成，不佳的照明案例如图 7-24 所示。

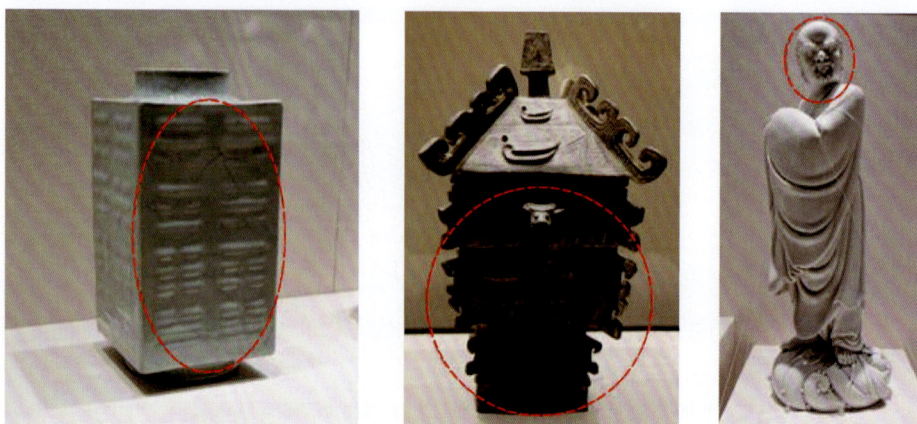

图 7-24　不佳的照明案例
（西顿照明提供）

图 7-24 中红圈所示是当下博物馆展柜内常见的"第一准则"未达成的普遍现象，其不仅破坏了展品的形状、轮廓、结构的属性，使其失去了观赏的价值，而且传递了错误视觉印象，降低了展览体验兴致。同时也充分反映了主体表现的缺失，将无法提供有效的界面来表现局部与细节。

要达成"第一准则"的目标，就必须根据展品的器形特征选择照明的主光方向，这是展柜内照明设计的第一个重要决定。

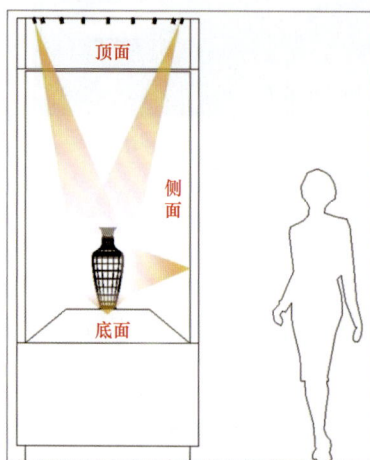

图 7-25　不同方向的灯位示意图
（西顿照明提供）

要完整地表现一个立体展品，需要在展柜内设置顶光、侧光和底光的灯位，尤其是在展品不确定或定期更换展品的情况下，不能有任一方向上的缺失，如图 7-25 所示。

实际应用中，出于对展柜的外形和内空间的简洁美观要求，通常不设置侧光。在展品与展柜效果无法协调统一时，博物馆理应优先保证展品效果，而不是保证展柜效果，这种"买椟还珠"的错误逻辑，正是当下展柜内照明困局的根本原因。

在选择主光方向前，必须理解并接受光的两个应用原则。原则一，光遵循空气中直线传播的原理，传播路径上有物体遮挡时，下方表面无法照亮并出现上方结构阴影；原则二，光遵循入射角等于反射角的原理，平行于光线的表面没有反射就无法被照亮。遵循以上两个原则，可以减少展品表面的阴影，同时能完整地表现展品主体表面，对应图中两个展品的器形特征，主光方向应该选择面光或侧光，如图 7-26 所示。

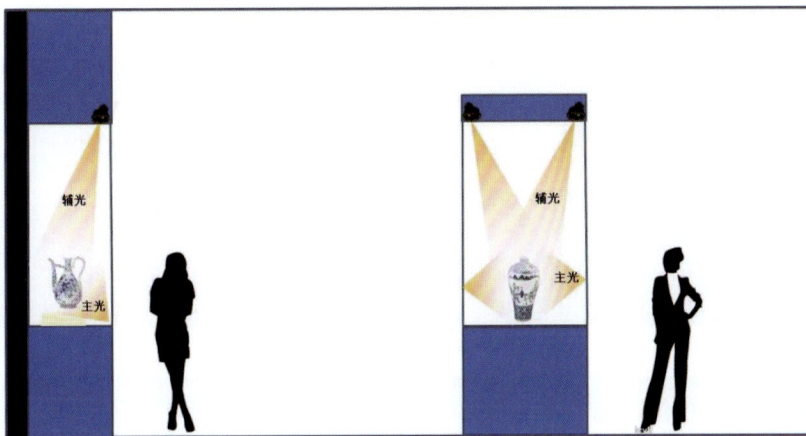

图 7-26 主光方向的选择
（西顿照明提供）

通过软件计算模拟的视觉效果和照明数据如图 7-27 所示，采用顶光单一方向的照明结果与顶光+侧光两个方向的照明结果的比较。

图 7-27（a）中瓶身表面是暗淡无光的，该表面照度小于 10lx，只有瓶肩初达到国家标准规定的 300lx，两者的对比度达到了 1:30，已远超出正常值 1:3 或 1:5 的舒适比例；图 7-27（b）中瓶身表面是较明亮的，该表面照度大于 100lx，因为侧光控光较好，瓶肩未受叠加影响，还是维持在 300lx，两者的对比度达到 1:3 的舒适比例。

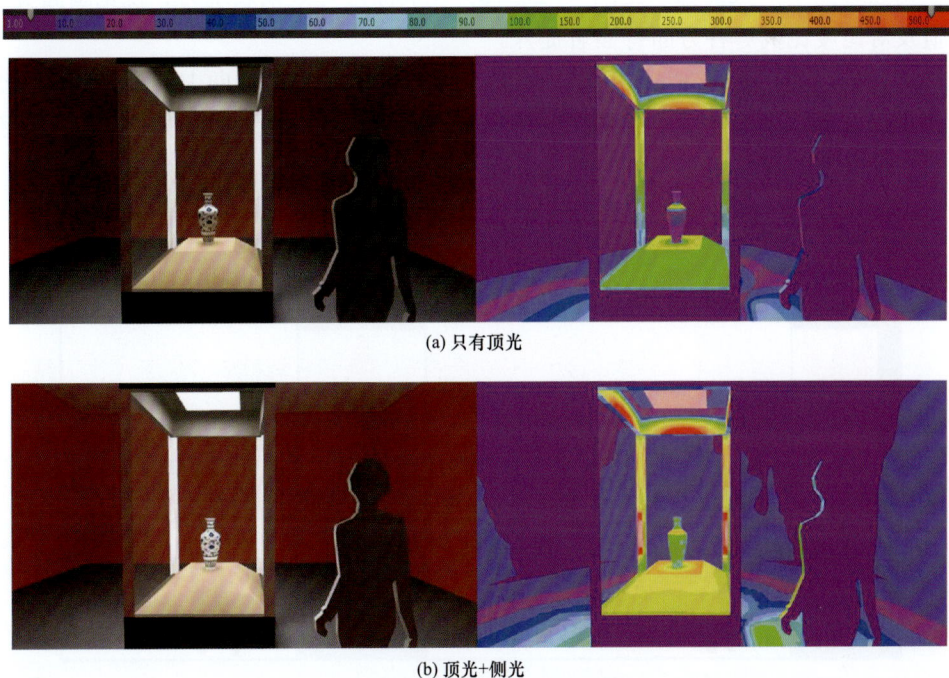

(a) 只有顶光

(b) 顶光+侧光

图 7-27 不同方案的照明效果对比
（西顿照明提供）

除了独立柜通过侧光来提高展品展示的效果和数据外，在较长的靠墙柜可以采用增加面光方向的光来实现同样的提升，如图 7-28 所示。

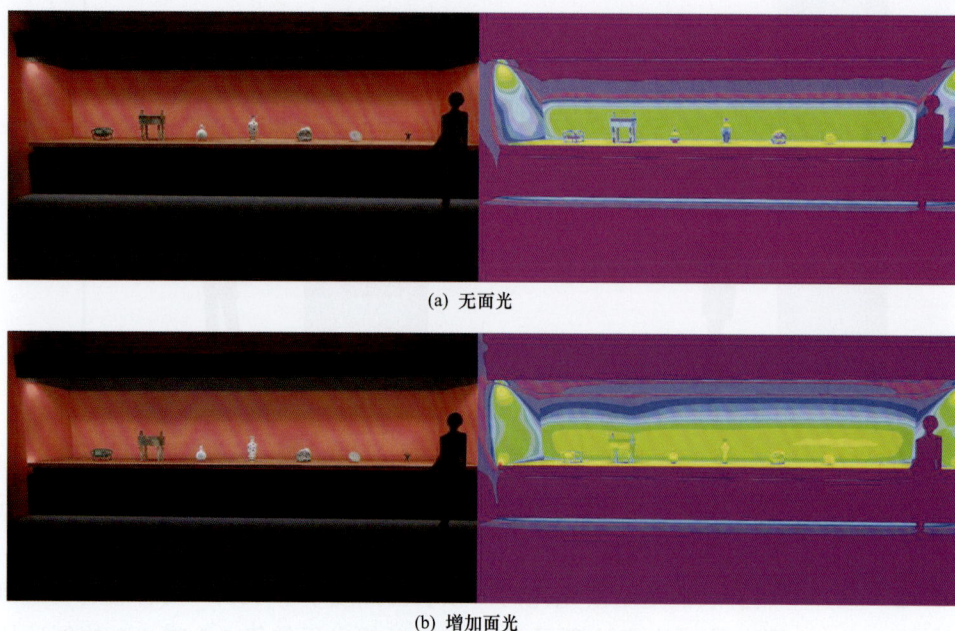

(a) 无面光

(b) 增加面光

图 7-28　靠墙柜增加面光效果对比

（西顿照明提供）

可以明显看到图 7-28（a）比图 7-28（b）在展品灯光效果表现力、视觉画面美感、照明数据值及对比度比例等各方面有显著提升。

通过选择准确的主光方向达成"第一准则"目标后，选择该方向上的照明形式，这是展柜内照明设计的第二个重要决定。常见的博物馆展柜照明形式，通常顶光、底光采用面发光照明形式，顶光和侧光采用多点照明形式，照明形式的变化如图 7-29 所示。

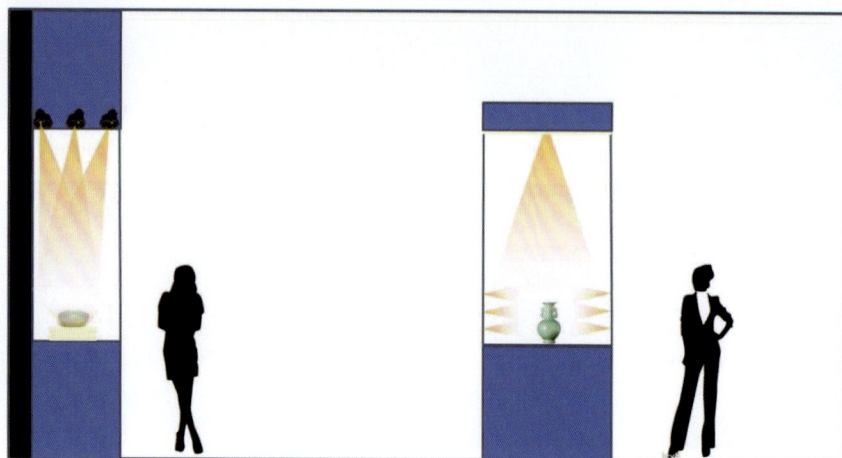

图 7-29　照明形式的变化

（西顿照明提供）

首先客观地分析面发光形式的效果，如图 7-30 所示。

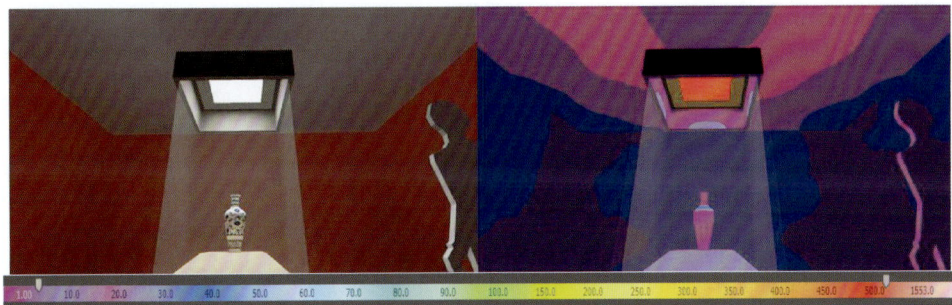

图 7-30　面发光形式的效果
（西顿照明提供）

灯具发光面亮度大于 $500cd/m^2$，而瓶肩处亮度小于 $40cd/m^2$，瓶身处亮度小于 $5cd/m^2$，最高值与最大值对比度达到 100:1，造成了视野内对比过于强烈的刺激效果，依据人眼趋光原理，明亮的灯具表面吸引了观众视线，干扰了观展的注意力，明显是弊大于利的，面发光吸引了观众视线，如图 7-31 所示。

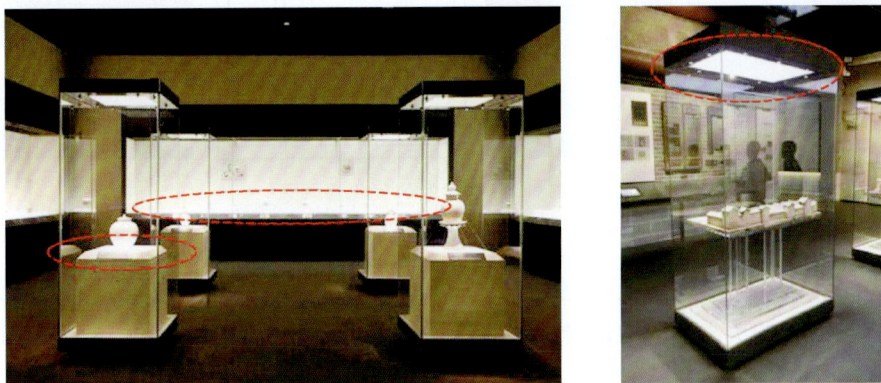

图 7-31　面发光吸引了观众视线
（西顿照明提供）

其次客观地分析多点照明形式的利弊，如图 7-32 所示。

图 7-32　多点照明的效果
（西顿照明提供）

多点侧光重叠照明严重降低了展品的质感，使瓷器温润如玉的釉面丧失殆尽；反射的多点灯位光影的高光，破坏了展品雅致的器形；每个灯具产生一个投影，多个投影纷乱叠加现

121

象，让整个视觉画面产生一种失焦的眩晕感。

破解以上弊大于利的照明形式，对策是采用二次漫反射取代面发光灯具和多点照明灯具形式，通过对漫反射表面的暗光工艺避免产生发光表面过亮、多点高光、多重投影等现象，既实现了展品的良好照明效果，又为观众提供了良好的观展环境。照明方案的优化后效果如图7-33所示。

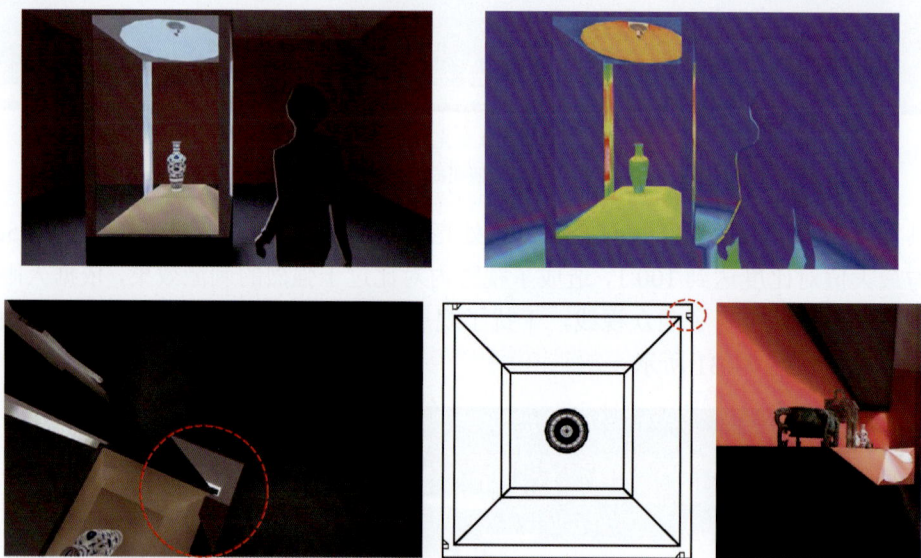

图 7-33　照明方案的优化后效果
（西顿照明提供）

在展览中实现了照明还原只是完成了最基本的功能性目标，通过加强展品的艺术特征，创造满足视觉体验的美学需求的灯光效果才是更高的价值和目的，如图7-34所示。

图 7-34　凸显展品的艺术特征（一）
（西顿照明提供）

图 7-34　凸显展品的艺术特征（二）

（西顿照明提供）

展柜玻璃的反射会造成反射眩光，影响展陈效果，除了考虑灯具布置的措施外，还可采用减反射玻璃等减少反射光，实现更好的展陈效果。减反射玻璃的效果如图 7-35 所示。

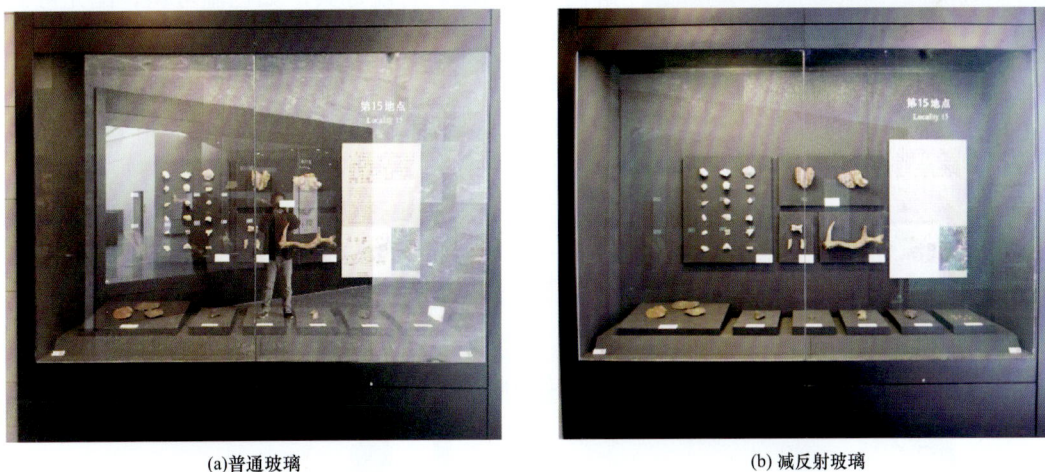

(a)普通玻璃　　　　　　　　　　　　　　　　　(b) 减反射玻璃

图 7-35　减反射玻璃的效果

（埃克苏照明提供）

7.5　实景模型的照明

博物馆里的实景模型已经从大约 6m 宽、3m 深的小型前厅式围护结构，发展到类似圆形剧场的整个展厅，把参观者推进展厅的世界，比如自然历史博物馆里的海洋。虽然大大扩大了展厅，但照明技术和参数仍保持不变。

照明实景模型可能要求设计师使用戏剧效果，如图 7-36 所示。这些可能包括使用彩色光、有图案的光和具有移动效果的灯具。要强调时应该放在清晰的展示材料上，帮助观众了解展出的材料。因此，对这些实景模型进行照明，应与策展人深度沟通，使策展人了解每个实景模型的具体照明要求。

图 7-36　实景模型的效果
（埃克苏照明提供）

自然历史实景模型通常被设计成在一天特定的时间复制一个特定的地点。严格控制落在这些材料上的光照水平是至关重要的。

设置实景模型的目的是代表一个历史时期，有时作为服装的背景，通常包含收集藏品，对光也是敏感的，比如绘制的背景、标本，甚至前景道具（植被），光的损伤限制同样适用于这些非文物的物品。在照明设计师可用的戏剧化照明效果和文物及实景模型中其他物品的保存需要之间，应该保持一种谨慎的平衡。同时，照明设计师应评估展品材料对环境的需求，特别是考虑到与传统戏剧化照明效果相关的高环境温度和低相对湿度水平的可能性。

光纤照明可以通过将光源定位在实景模型之外来解决这些问题。智能灯具，如色温可调、配光可调和长寿命的 LED 舞台灯，已经发展到被所有制造商主流接受的阶段。

自然历史实景模型的效果如图 7-37 所示。

图 7-37　自然历史实景模型的效果
（天津自然博物馆提供）

7.6 其他空间的照明

序厅是博物馆陈列的开端，是展示空间的延伸，也是思想性与艺术性融为一体的高度概括。序厅照明需要相对柔和、均匀的光照环境，并运用重点照明的方式以便观众阅读"序言"。博物馆序厅的光照空间一定要有通透感，要明快而不宜昏暗，同时要配合展览主题，利用灯光渲染展览主题需要表现的氛围，让参观者迅速进入观展状态。序厅照明还需要考虑展厅外部和内部的照明过渡，应增加过渡空间或设立过渡区域，以满足观众由明亮的室外转向较暗的展区时人眼视觉暗适应的要求。序厅的照明如图7-38所示。

图 7-38 序厅的照明
（西顿照明提供）

博物馆场景多为主题展示，主要是根据展览内容的需要，特别制作的、直观的场景还原，一般采用虚拟现实和模拟真实的方式使观众对内容有更深入的了解和体会。

为了使展示效果更生动，博物馆会针对不同的主题设计声光电演示的空间。在多媒体演示的空间里，场景的光照要适度减弱，同时采用智能照明，利用计算机编程灵活地设定和控制多个灯具的颜色、照度、延时参数等，与多媒体演示相结合，实现人的视觉效果、听觉效果与展品的互动，把观众带到一个虚拟现实的场景。媒体演示空间通常使用重点照明及短时瞬间照明，同时在地面或通道上用小角度灯光作为基础照明。详见本书最后的博物馆案例。

展厅照明的设计人员除了精通照明专业外，还必须具有较高的展品、历史、人文、视觉心理、艺术鉴赏、美学修养等学识，同时还得具有较高的艺术表现力。

通过光的构图、光影的关系等艺术手段，对观众的认知和情绪进行视觉管理和引导，为观众提供更丰富的沉浸式光影体验，真正实现让展品"活起来"，为展览创造更多的流量，让观众愿意更长久地驻足在展品前，让博物馆成为一个值得信赖的专业场所、值得欣赏的文化场所、值得学习的教育场所、值得流连的休闲场所。

第8章 天然光在博物馆中的应用

天然光被引入室内空间可用于照明、渲染环境以及提供视野，且其作用因建筑类型和空间功能不同而有所差异。在博物馆和美术馆的环境中，天然光的存在往往是观众对建筑和展示物体验不可分割的一部分。由于天然光尤其是直射日光对展品会造成不可逆的损伤，因而引入天然光需要严格控制照度水平，以平衡展示和保护两个可能发生冲突的目标。

太阳光是天然光的基本光源，太阳光经过大气层时被云层、水汽和灰尘等吸收、反射和散射，一部分光被反射回太空；另一部分光透过大气层直达地面，称为直射日光；还有一部分光由于散射作用而形成的使天空具有一定亮度的光，称为天空漫射光或漫射光。直射日光和天空漫射光的组成和所占比例因天气状态、时间不同而不同。早晚以天空漫射光为主，阴天全部为天空漫射光，晴天以直射日光为主。

直射日光有强烈的方向性，在物体的背阳面形成阴影。直射阳光主要受太阳高度角和大气透明度的影响，夏季晴天中午的直射日光照度高达 10 万 lx。天空漫射光受天空中的云量、云状和大气中杂质含量的影响较大，夏季晴天中午的天空漫射光照度可达 2 万～3 万 lx。影响天然光的因素很多，比如地球和太阳的相对位置，云量的多少和云状，大气层中的水汽含量、灰尘等，不同地区的光气候也有很大的差异。北京和重庆的室外天然光照度对比如图 8-1 所示。

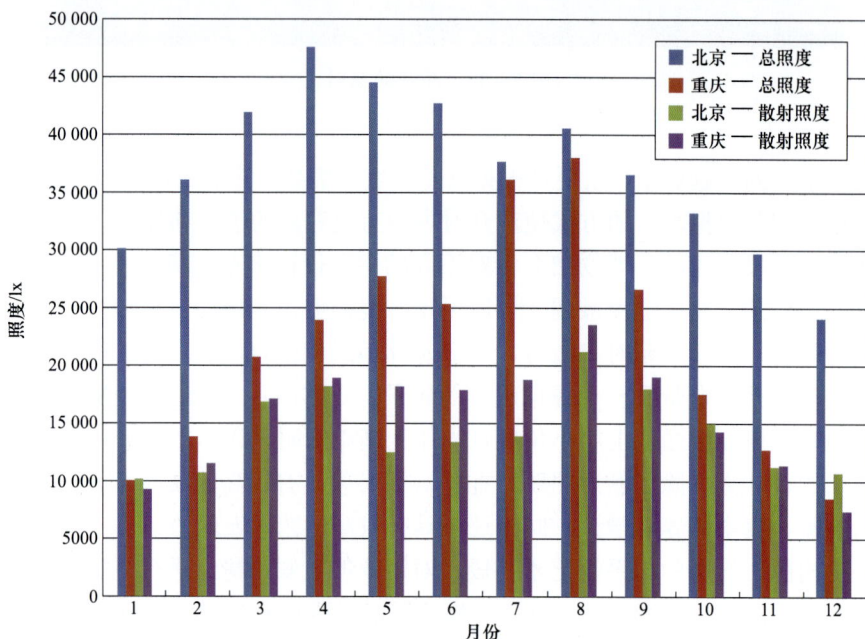

图 8-1　北京和重庆的室外天然光照度对比

北京的年平均总照度为 37 000lx，重庆为 21 700lx；北京的年平均散射照度为 14 310lx，重庆为 15 580lx。天然光的光谱也是其有别于人工照明的重要特征，D65 相对光谱功率分布图如图 8-2 所示。直射日光光谱功率分布如图 8-3 所示。

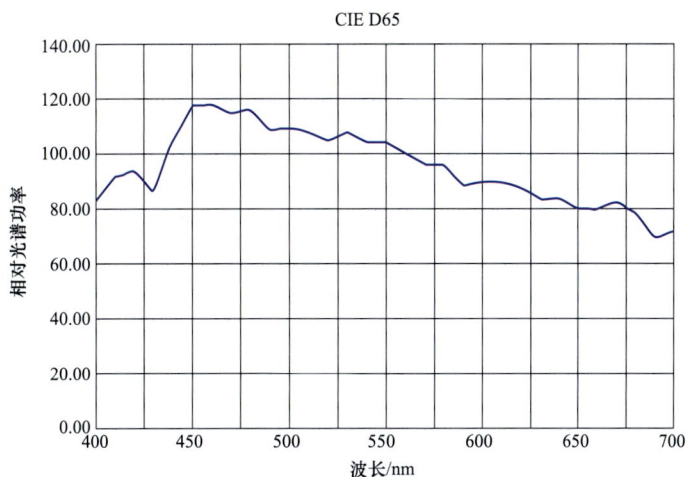

图 8-2　D65 相对光谱功率分布图

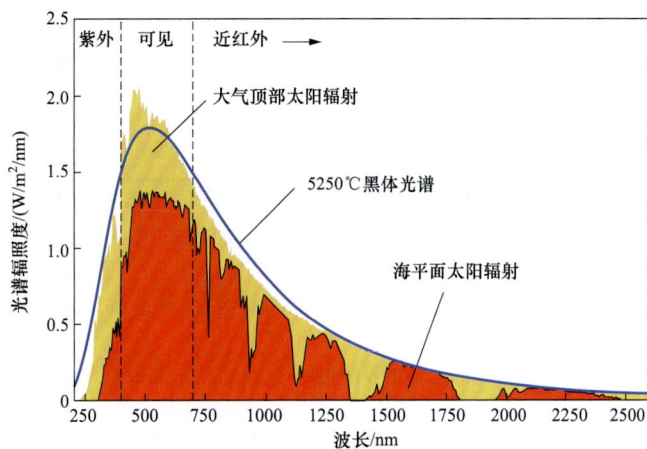

图 8-3　直射日光光谱功率分布图

实际天空是动态变化的，这不仅体现在时间和空间分布上的变化，其光谱也是随着时间和天气状况的改变而不断变化的，这与人工照明有很大的不同。人体的生物钟也与天然光这种动态和周期性的变化相吻合，因此这种光谱的分布和变化对人体的健康有着重要的影响。天然光这种不稳定的特性，一方面给照明设计带来了困扰，另一方面由于其动态变化和随机性的特点，赋予了空间更加灵动的属性，使得空间更加活泼和生动，人们身处其中能体会到自然光影的律动与变化，有助于放松身心和感受愉悦的氛围。

8.1 采光设计的一般要求

相较于其他建筑而言，将天然光引入博物馆中是一项相当大的挑战，不仅要考虑对人的影响，还要考虑对展品的影响。采光的引入，要符合展品或藏品保护的要求。在公共场所、文物修复室、标本制作室、书画装裱室宜采用天然光，对光不敏感的展厅宜采用天然光，展厅采用天然光时应有调控措施，特别是要避免直射日光进入室内。

8.1.1 采光标准值

我国的采光设计标准《建筑采光设计标准》（GB 50033—2013），以采光系数和室内天然光照度作为采光设计的评价指标，对于博物馆的各类空间采光有明确的要求，见表 8-1。

表 8-1　　　　　　　　　　博物馆各场所的采光标准值

采光等级	场所名称	侧面采光		顶部采光	
		采光系数标准值（%）	天然光照度标准值/lx	采光系数标准值（%）	天然光照度标准值/lx
Ⅳ	对光不敏感的展厅	2	300	1	150
Ⅲ	文物修复室、标本制作室、书画装裱室	3	450	2	300
Ⅳ	门厅	2	300	1	150
Ⅴ	库房、走道、楼梯间、卫生间	1	150	0.5	75

注：1. 表中采光系数标准值和天然光照度标准值为参考平面上的平均值。
　　2. 文物修复室、标本制作室、书画装裱室的参考平面取距地面 0.75m 的水平面，其余场所参考面取地面。
　　3. 表中所列采光系数标准值适用于我国Ⅲ类光气候区，采光系数标准值是按室外设计照度值 15 000lx 制定的。
　　4. 采光标准的上限值不宜高于上一采光等级的级差，采光系数值不应高于 7%。

各光气候区的室外天然光设计照度应按表 8-2 确定，所在地区的采光系数标准值应乘以相应地区的光气候系数 K。

表 8-2　　　　　　　　　光气候系数值 K

光气候区	Ⅰ	Ⅱ	Ⅲ	Ⅳ	Ⅴ
K 值	0.85	0.90	1.00	1.10	1.20
室外天然光设计照度值 E_s/lx	18 000	16 500	15 000	13 500	12 000

8.1.2 采光质量

在进行采光设计时，应尽量采取各种提高光质量的措施。视野范围内照度分布不均匀可使人眼产生疲劳，引起不舒适，因此，采光需要有一定的均匀度要求。一般来说，顶部采光的均匀度不宜小于 0.6，侧面采光的均匀度不宜小于 0.3。在条件允许的情况下，设置天窗采光不但能大大提高采光效率，还可以获得较好的采光均匀度。对于博物馆而言，当采用侧窗采光时，为了达到更好的光环境效果，宜减少房间的进深，进一步提高采光的均匀度。

采光口的设置，应避免直射日光进入室内，设计时可在采光口设置遮阳片、散光片或调光装置，对天然光加以控制和调整，不仅能防止直射日光对室内物品造成损害，还可提高室内照度的均匀性。

在采光设计中，采取各种方法提高采光效率和采光质量是有效利用天然采光的重要手段。如根据建筑形式和不同的光气候特点，合理地选择窗的位置、朝向和不同的开窗面积。伴随着建筑形式的多样化，一些新的采光技术也得到了越来越多的应用，如导光管装置和膜结构的应用，均取得了比较好的采光效果。此外，对于大进深的侧面采光，可在室外设置反光板或采用棱镜玻璃，增加房间深处的采光量，有效地提高空间的采光质量。采光口的设置应符合下列原则：① 采用侧窗或高侧窗采光时，采光口宜设置在北侧；② 不应有直射阳光进入室内，应有调节和限制天然光照度值并减少曝光时间的构造或技术措施。

采光材料的选择对采光质量有重要影响，外窗玻璃等材料不应改变天然光的光谱，特别是对辨色要求高的场所，颜色透射性能是需要特别关注的指标。采光材料的颜色透射指数不应小于 90，修复室宜采用超白玻璃。同时，为了避免紫外线和热辐射对室内环境及展品的不良影响，材料在 400nm 以下光谱透射比不应大于 0.01，同时材料的光热比不应小于 2。

对于采光区域邻近的低照度场所，如出入口，应设置暗适应过渡区域，避免过强的明暗对比造成视觉的不舒适。

8.2 采光方式

博物馆或展厅空间的采光窗通常有三种功能：展品照明、建筑空间照明和提供视野。根据采光窗所处位置不同，分为侧面采光、顶部采光、中庭采光和导光管采光等方式。

8.2.1 侧面采光

侧面采光又称侧窗采光，即利用侧窗（含低侧窗和高侧窗）采光的方式。该方式通过建筑物立面的垂直窗进行采光，是建筑中最常见的天然采光方式。早期博物馆的陈列室普遍采用这种采光方式。

这种采光方式的优点是构造相对简单，技术要求不高，不受楼层的限制，操作方便。光线具有明确的方向性，有利于观察立体物体，可以满足视野或景观需求。但是这种采光方式会造成照度分布不均匀，如图 8-4 所示，靠近窗口处照度较高，远离窗口则照度下降很快，受房间进深的影响较大，适用于进深较小的陈列室。

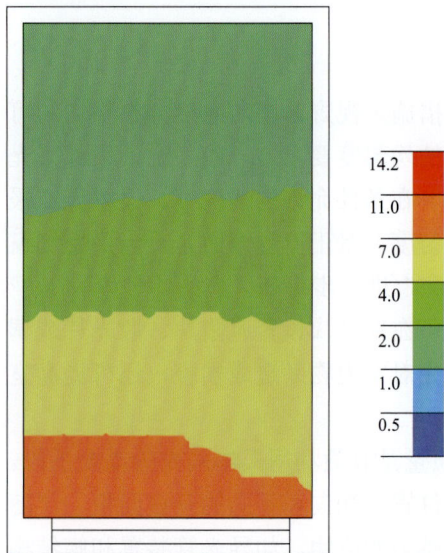

图 8-4 侧面采光室内照度分布情况

同时，由于侧面采光口需要占据一部分墙面，这使需要墙面悬挂展品的陈列室使用受到限制。因此，现在采用侧面采光的陈列室较少。建在风景区的博物馆，或博物馆中悬挂展品少的陈列室，有的仍然采用侧面采光，或者采用侧面和顶部采光组合的形式。

将侧窗窗口提高到离地面 2.5m 以上即称为高侧窗。采用高侧窗有利于扩大墙面的展陈面积，提高墙面照度，减少窗眩光，但是需要更高的建筑层高。侧面采光的优化技术策略如下：

（1）可以使用倾斜顶棚改变反射光方向，优化照度分布，如图 8-5 所示。

（2）增加顶棚高度，可以增加作业面至顶棚的距离，为作业面提供更多的反射光线，也可以为房间内部位置引入更多的天然光，增加照度水平。

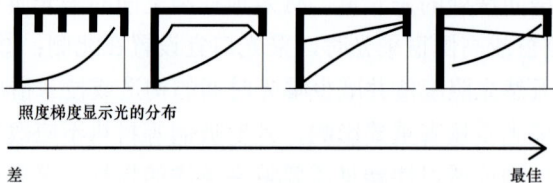

图 8-5 改变顶棚的形状
（图片来源：建筑设计资料集）

（3）充分利用反射光，利用室外地面或者室内墙面、地面等材料对自然光的反射作用，来改善建筑物室内局部光照水平并防止眩光。提高反射光作用有两种方式：第一，尽可能用反射系数比较大的材质铺设地面、墙面；第二，室内安装百叶窗、反射板等反光装置。侧面采光策略如图 8-6 所示。

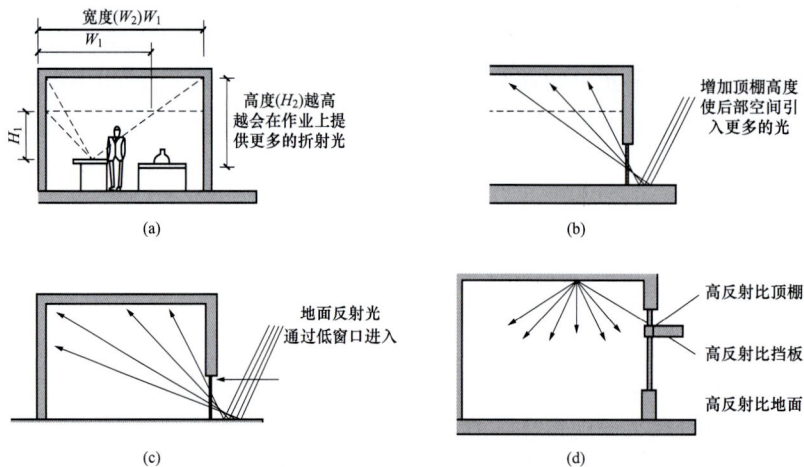

图 8-6 侧面采光策略
（图片来源：建筑设计资料集）

8.2.2 顶部采光

顶部采光又称天窗采光，即利用屋顶天窗或采光屋面的采光方式。天窗的形式有矩形天窗、锯齿形天窗、平天窗、横向天窗、三角形天窗、井式天窗等。

顶部采光可以有效地解决形体过大的建筑物的采光问题，其优点是采光均匀，采光效率高，同时不影响墙面展品的布置。与侧窗采光相比，在相同的采光面积下，天窗采光的采光量大，室内照度更均匀。但顶部采光的缺点是受楼层的限制，只能为单层或顶层空间提供采光，不能满足视野和景观需求，同时天窗的管理与清洁不方便。顶部采光口有各种各样的形式与构造，往往需要设置光线扩散的装置或构件，避免直射日光直接进入室内并减少对展品的损伤，以及避免晴天室内照度分布不均匀，提高视觉舒适性。

顶部采光是博物馆建筑最常见的采光方式，如金贝尔艺术美术馆、奥尔堡艺术博物馆等，建筑师在博物馆建筑设计中，采取适当的措施，在为陈列室的采光创造条件的同时，也丰富了建筑的室内空间形态。

8.2.3 中庭采光

中庭可作为一个光通道，让天然光射入建筑的内部，使进深较大的建筑实现天然采光。中庭按采光方式可分为顶面采光的中庭、侧面采光的边庭和混合采光的中庭。顶面采光的中庭比较常见，设计位置灵活，不易造成眩光，能够为建筑物内部进深较大的空间提供效果良好的采光；边庭采光多用在夏热冬冷地区，最常用的是南侧面边庭进行采光，这种采光形式不但能为室内提供良好的采光，而且可充分利用冬季的太阳辐射，节约冬季采暖能耗；东西向采光的边庭容易产生眩光，一般不宜采用；考虑到建筑物冬季保温问题，一般不设计北向采光的边庭。中庭采光方式分类如图8-7所示。

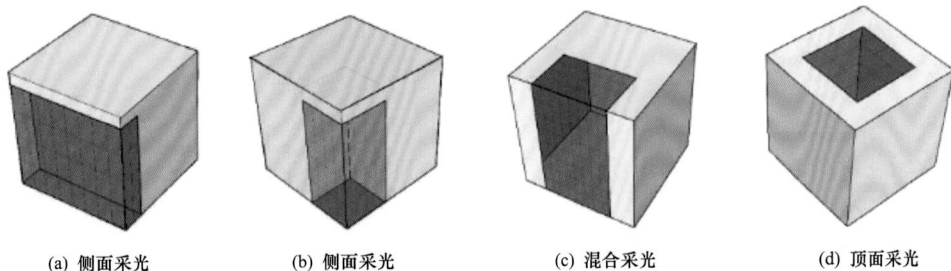

| (a) 侧面采光 | (b) 侧面采光 | (c) 混合采光 | (d) 顶面采光 |

图 8-7　中庭采光方式分类

（图片来源：高校中庭式教学楼光环境改善策略研究）

中庭采光设计需要从三个方面进行考虑：一是中庭结构形式的设计，随着中庭高度的增加，到达相邻空间直射光线的进深迅速减小。因此，为了保证中庭地面和相邻空间能够获得足够的天然采光，中庭高宽比需要控制在合适的范围以内。设计时也可以依据软件对太阳一天当中角度的模拟计算，通过太阳角度的变化规律来对中庭形体进行设计。二是对中庭透光材料的透光性能进行优化，应合理地选用透光材料，既能保证内部空间采光的同时又能阻止内部环境热效应的增加。三是充分利用反射性能，在中庭天然采光设计中可以使用实体墙面反射光线这个设计要素，把光线反射到需要照明的特定区域。

8.2.4 反射光采光

利用侧窗或天窗部位高反射比的反光板或反光百叶，将阳光或天空光的光束反射到建筑深处或离窗较远的部位的采光方式。

反射板一般采用反射系数较高的材料，如铝、镜面、浅色涂料作为反射面，反光板的安装方式由采光口的位置、朝向和光线入射角度决定。宽大的挑檐、宽敞的窗台、相邻建筑物（见图 8-8）及浅色的地面或屋顶、窗户百叶，都可以充当反射板。例如南向的侧窗一般利用水平反光板调节照明质量，反光板安装在高于视线的位置，以防止反光板表面的眩光对人眼的刺激，同时也为下面的玻璃窗充当了挑檐的角色（见图 8-9）。在朝东或朝西的高侧窗上安装反光挡板后，照明的效果可以显著提高。通常情况下，朝东的高侧窗在早上获得的光线过多，而下午则光线不足。反光挡板遮挡了一部分上午的阳光，同时又可以反射下午的光线，均衡室内照度。在朝北的高侧窗外安装挡光板后，可以增加正午采集到的光线数量（见图 8-10）。同样的情况也适用于朝东或朝西的高侧窗（见图 8-11）。

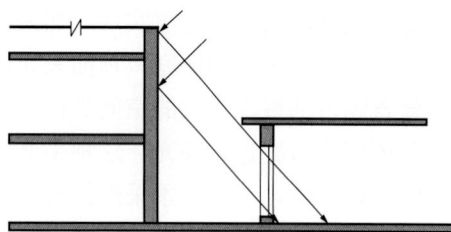

图 8-8 利用对面或临建建筑的反射光
（图片来源：《建筑设计资料集》）

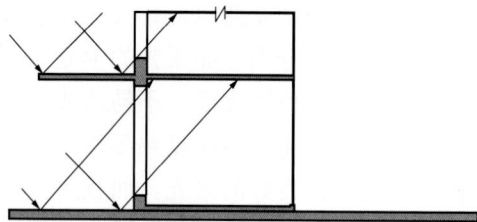

图 8-9 利用雨罩、阳台、地面的反射光增加室内照度
（图片来源：《建筑设计资料集》）

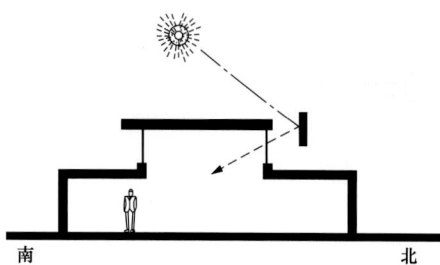

图 8-10 朝北的高侧窗安装反光挡板

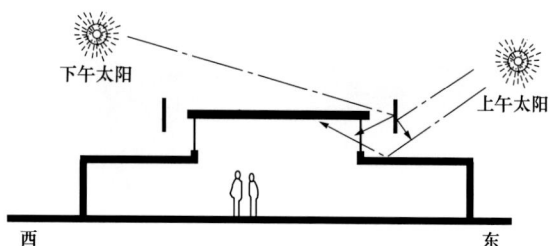

图 8-11 朝东或西的高侧窗安装反光挡板

百叶窗也可以起到反光板的作用（见图 8-12），尤其是活动百叶窗，能够根据阳光的变化自由转动，以控制照进室内的天然光。同时为了加强反射板的作用，可以对反射板的表面进行漫反射处理，不光滑的反射器可以反射更均匀的光线，并且可以接收不同角度的光线的入射。也可以将反射板的表面进行弯曲处理，凹陷或者凸出的镜面反射板，都可以把天然光反射到顶棚面积较大区域上去。

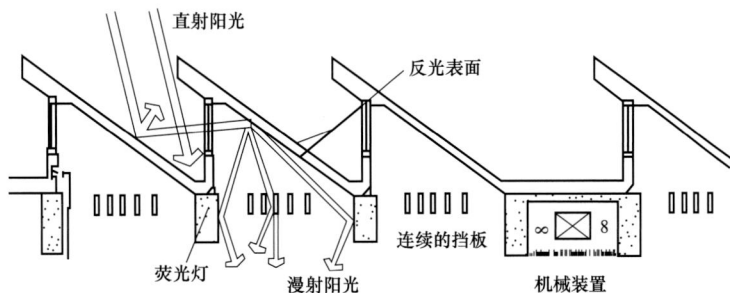

图8-12 瑞山公众图书馆屋顶高侧窗剖面图

8.2.5 导光管采光

利用导光管（含反射式和棱镜式导光管）将集光器采集的光线（一般指阳光）传送到建筑室内需要照明部位的采光方式。导光管导光系统主要分为集光器、传送系统、照明末端三个部分。集光器是用于采集天然光的部件；传送系统是用于传输天然光的部件，可以是管状导管或光导纤维等；照明末端一般会使用漫射器将光线均匀地漫射至室内（见图8-13）。

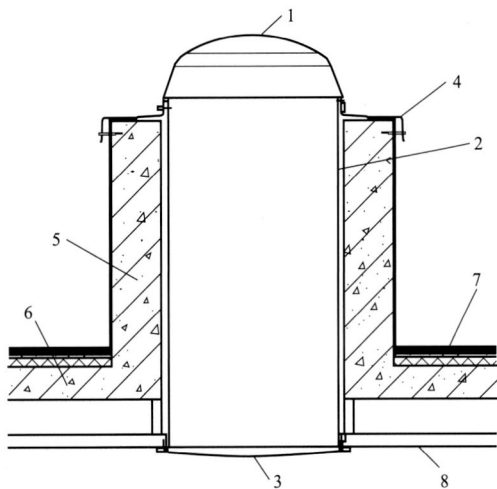

图8-13 导光管采光系统组成

（图片来源：JGJ/T 374—2015）

1—集光器；2—导光管；3—漫射器；4—防雨装置；5—安装基座；6—结构层；7—屋（地）面完成层；8—天花板

系统分类：天然光导光技术的目的是收集天然光，并利用合理的技术将其传送到需要的空间进行照明。导光管采光系统根据安装位置、天然光采集方式等的不同，一般可以按如图8-14所示方式进行分类。

除被动式导光管系统外，根据系统形式的不同，主动式系统收集、传送和输出天然光的方式是多种多样的，如平面反光镜、定日镜、棱镜组、光导纤维等。

（1）平面反光镜法用平面反光镜一次将太阳光反射到地下或无窗建筑室内用光的地方，这种方法设备简单，一次投资少，但是采光效率低。

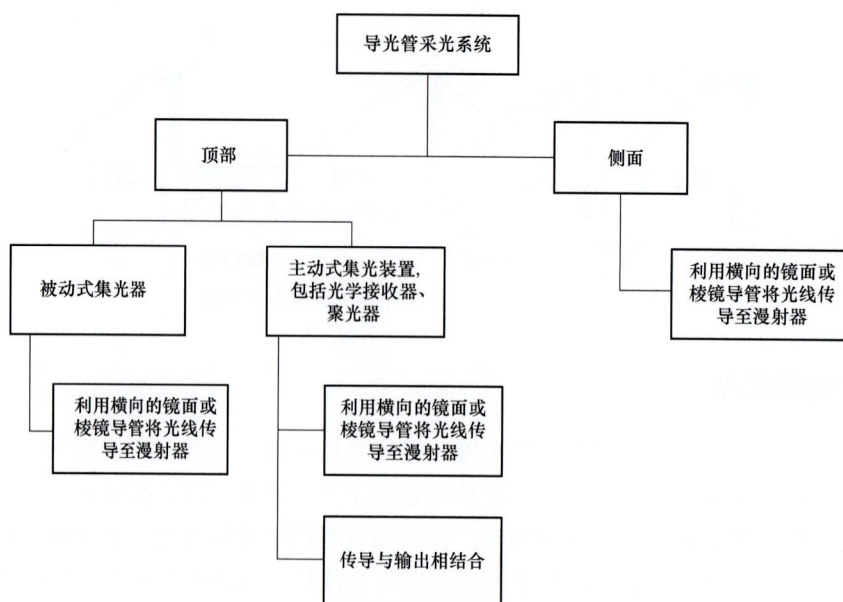

图 8-14　导光系统分类

（2）定日镜采光法是利用定日镜将阳光反射到地下或无窗建筑的室内。这种方法采光效率高，能恒定地将阳光反射到室内用光的位置。但是设备比较复杂，需要占用较大的场地。

（3）还可以利用棱镜组将收集的太阳光经多次反射与透射将光线传送到地下或无窗建筑的室内。这种方法的光路设计比较复杂，采光与照射面积均比较小，而且投资也较大。

（4）导光纤维法则是利用全反射的原理，用导光纤维束把收集的阳光传送到地下或无窗建筑的室内。此方法的采光量小，投资大，只适用于少数特殊的场所。

主动式导光系统如图 8-15 所示。

图 8-15　主动式导光系统

除传统的安装在建筑顶部，利用竖向的导光管对光线进行传送的形式外，导光管的集光器部分也可以安装在建筑的侧面（立面）上，利用横向的导光管对光线进行传送（见图 8-16）。安装在建筑立面的导光管系统通过对管壁反射和漫射器的合理设置，可以将天然光横向引导至进深较大房间的内部区域，解决大进深房间的采光问题，提高房间天然采光的水平。

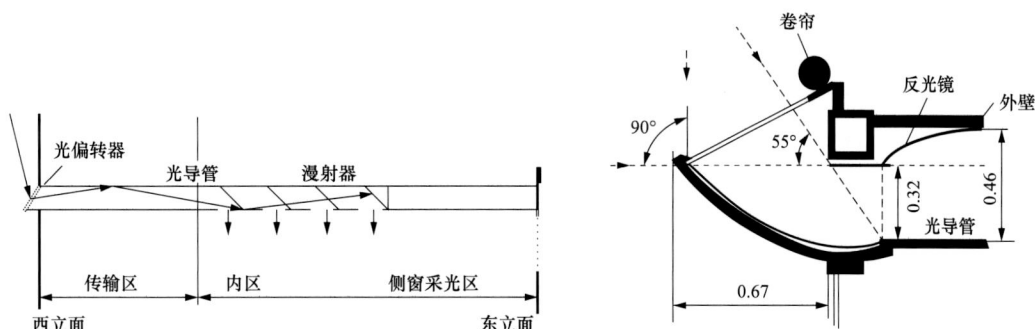

图 8-16 横向导光管（单位：mm）

8.3 展陈空间的采光设计

尽管展陈空间天然采光可能会给展品带来老化、褪色等各种问题，但是，我们仍然不能忽视自然光对展品展示的重要意义。自然光具有十分完整的可见光光谱，能够映射出符合人类认知的最完整的颜色，因此自然光在显色性上的优势是人工光源无法超越的；自然光拥有足够的照度，能够尽可能地展现展品真实的色彩、形态、质感等细节。不同时间、天气下的光线变化，会给展品的表现和展陈空间的营造带来新的生机，塑造具有感染力的表现效果。

展陈空间中使用天然光应根据展品特征和展陈设计要求，优先采用天然光，并满足以下要求：

（1）天然光照度应符合博物馆建筑的采光标准值。

（2）展厅内不应有直射阳光，采光口应有减少紫外辐射、调节和限制天然光照度值以及减少曝光时间的构造措施。

（3）应有防止产生直接眩光、反射眩光、光幕反射等现象的措施。

（4）顶层宜采用顶部采光，采光均匀度不宜小于0.6。

（5）对于需要识别颜色的展厅，应采用不改变天然光光色的采光材料。

（6）光的方向性应根据展陈设计要求确定。

（7）对于照度低的展厅，其出入口应设置视觉适应过渡区域。

（8）展厅室内顶棚、地面、墙面应选择不反光的饰面材料。

（9）在展厅的动线设计中，应根据不同类别展品的曝光敏感度及自然光在动线中的位置、强度，确定最终展览路线。

（10）通过照度规划，使观展人既能享受阳光下观展的自然感受，又能满足敏感展品的保护要求。

（11）可以利用挑檐、天井、墙体错位等建筑手段，使直射光转化为漫射光用于展厅照明。展厅的采光窗根据不同的窗户位置，可分为侧窗采光、顶部采光、中庭采光等形式。

8.3.1 侧窗采光

博物馆建筑中，侧窗更多地被运用于大厅、休息空间或者交通空间等公共性质更强的空间，在展陈空间的运用有一定的局限性：首先，侧窗的设置会占用侧墙墙面，影响展览的布展效率；其次，侧窗采光的照度分布很不均匀，光线会沿空间进深方向衰减，在只依靠侧窗采光时，仅适用于进深 3～5m 的展陈空间，在进深较大的空间中则需要与其他采光方式配合，以保证展示的照度需要。另外，侧窗与展品在同一侧时，极易引起直射眩光，需要与展品布置间隔一定距离，侧窗处于展品对侧时则需要避免一次和二次反射眩光的产生。尽管在展陈空间设置侧窗会带来部分问题，但开设侧窗可以将适宜的景观引入展厅内，与展品的展示互相衬托，可以更好地突出博物馆的主题；通过与自然环境的接触，也能够使观众更加舒适。此外，通过侧窗引入的光线一般会具有较强的方向性，可以帮助立体类展品塑造丰富的光影效果。

侧窗在展陈空间中使用时需要与空间特征和展览方式结合考虑，确定适宜的形式。按位置分类，可分为侧窗、低侧窗、高侧窗；按窗户形状分类，可分为带状窗、面状窗和点状窗等形式。

1. 侧窗

是指在正常视野范围内开设的侧窗。展陈空间使用侧窗时可以利用中庭、天井、庭院等空间，将景观和漫射天然光引入展陈空间，更有利于观展的视觉感受和创造柔和的空间环境。

轻井泽千住博物馆（日本），用以展出艺术家千住博的作品，是一个全自然光照明的艺术展馆，建筑师设计了一系列有机形态的采光井，利用周边自然景物作为作品展示的背景，并在室内穿插一些绿色空间，利用深屋檐、内遮阳和抗紫外线玻璃在控制室内进光量的同时，也将森林的环境品质引入室内，千住博物馆内庭院侧窗如图 8-17 所示。

图 8-17　千住博物馆内庭院侧窗

（图片来源：https://www.sohu.com/a/228247155_455444）

建川博物馆日本侵华罪行馆，顶部设计宛如波浪，灰色外墙，入口曲折逼仄，展厅略显狭长，整个建筑采用当地的砖料与混凝土混合建造，室内为灰色的粗糙界面，采用不规则的点状侧窗进行采光，光亮的窗口与灰暗的室内环境形成强烈的对比，呈现了历史沧桑的气息，如图 8-18 和图 8-19 所示。

图 8-18　日本侵华罪行馆展厅　　　　　　　图 8-19　日本侵华罪行馆立面

（图片来源：https://www.thepaper.cn/newsDetail_forward_1333944）

　　安藤忠雄在中国的新作和美术馆位于广东顺德，是一座由家族投资的非营利民营美术馆，美术馆的"和"象征着"和谐"这一理念，整个美术馆以"圆"为基本几何元素，立面玻璃幕墙外侧设有垂直遮阳装置，与整个建筑混凝土的气质浑然一体，又使室内展陈空间呈现独特的光影效果，和美术馆侧窗采光如图 8-20 所示。

图 8-20　和美术馆侧窗采光

（图片来源：http://www.hem.net.cn/about/architecture）

2. 低侧窗

　　低侧窗通常是指窗的上沿在 900mm 以下的侧窗，窗户下沿一般与地面平齐。为展厅空间提供漫射光的同时也可以拉近展品、观众与外部自然环境的关系。

从采光的作用而言，低侧窗的整体实用性能较低，常作为空间装饰，因此一般仅运用于具有特殊需求的展陈空间。例如，鹿野苑石刻艺术博物馆佛面展厅的部分区域，通过低侧窗的设置为展厅提供环境照明，鹿野苑石刻艺术博物馆低侧窗如图8-21所示。

图8-21　鹿野苑石刻艺术博物馆低侧窗
（图片来源：展陈空间窗的设计策略研究）

3. 高侧窗

高侧窗的采光窗口位于观察者的水平视线以上，通常指离地面2.5m以上。采用高侧窗有利于提供更充足的光照，且不占用展陈空间侧界面，是展陈空间中最常用的侧窗形式。

但也要注意，当展品位于高侧窗正对展陈墙面时，高侧窗容易引起反射眩光，应该根据窗口的朝向调整展品的布置方向。

建川博物馆不屈战俘馆展陈空间内的采光是通过高侧窗将外部环境的光线引入展厅，光线在粗糙材质的空间内壁上发生散射扩散成较为柔和的散射光，渗透到空间深处，为展览提供环境照明。窗口处未采取特殊的遮阳措施，与空间界面的明暗对比强烈，以此来呼应战俘在牢狱中艰难、困苦的场景，不屈战俘馆高侧窗如图8-22所示。

河南洛阳博物馆在接近顶棚的位置设置了带状高侧窗（见图8-23）。为了避免直射光线进入展厅，建筑师首先利用博物馆外立面的倾斜角度，将适合太阳高度角较低时的直射光线和漫射光引入室内，进入室内的光线再通过顶棚和陈展装置顶部构成的光道，在其中充分反射扩散后到达展厅内较深的位置。

图8-22　不屈战俘馆高侧窗
（图片来源：展陈空间窗的设计策略研究）

图 8-23　洛阳博物馆高侧窗

（图片来源：http://www.lymuseum.com/index.php）

8.3.2　顶部采光

顶部采光最常见的形式是使用天窗。位于房间空间顶部界面上的窗为天窗，采光是在展陈空间中设置天窗的主要目的，天窗的采光效率很高，光线可以到达比较深的位置，并可以得到均匀、稳定的采光效果，能够有效地降低空间内的明暗对比，减少阴影，缓解直射眩光的影响，并且设置天窗不占用侧墙的布展面积，可以提高展厅的布展效率。除此之外，利用不同的形式和分布，天窗在塑造空间氛围、突出展品的艺术表现力方面也具有极其出色的表现。

天窗在博物馆建筑展陈空间中的运用十分常见，很多著名的博物馆都使用了天窗进行采光。天窗应用于展陈空间，当开窗面积较大时，通常需要与控光措施结合，利用反射或遮阳措施，使光线均匀分布，为室内提供一般照明；当开窗面积较小，呈带状或点状分布时，也可以结合展品布置，利用天井等手段，形成重点照明或氛围照明。

被称为天然采光经典之作的金贝尔艺术博物馆，利用窄条状弧形天窗系统将日光引入室内，特制的光线漫反射板对引入的日光进行重新过滤和反射，既避免了光线直射造成的眩光影响，又使室内获得了较舒适的自然光感受，金贝尔艺术博物馆天窗如图 8-24 所示。

(a) 天窗室内实景图

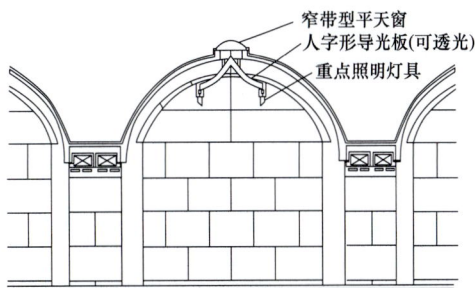

(b) 天窗剖面图

图 8-24　金贝尔艺术博物馆天窗

（图片来源：https://baijiahao.baidu.com）

阿尔托与丹麦建筑师让·雅克·巴勒尔一起设计了昆斯滕奥尔堡现代艺术博物馆，天窗是整个设计中最精彩的部分。天然光通过顶部高侧窗射入自屋顶垂下的实体表面，形成漫射光，与人工光结合后形成了柔和、明亮的空间光环境，如图 8-25 所示。

位于瑞典斯德哥尔摩市历史悠久的利亚瓦赫斯（Liljevalchs+）扩建项目激起了许多参观者的情感。凭借灵活的空间和现代技术，它为艺术展示提供了最佳空间和照明，同时也散发着强烈的雕塑感。

艺术馆是一个紧凑的混凝土立方体。建筑本身是用混凝土浇筑的，用圆形玻璃作为外墙的主体，屋顶被 166 个采光灯笼所覆盖。新建筑将比周围的房子低，但提供 2400m² 的新空间，像一个参差不齐的王冠，屋顶上的 166 个烟囱状的自然光井，排列成一个正方形的网格。外墙由 6860 个圆形玻璃元素构成，让人联想到透明瓶子的底部，在北欧的光线下闪闪发光。复杂的天花板几何形状控制和扩散了自然光，经过精确计算的、向上渐变的光轴形式将阳光直接阻挡在外，没有窗户或门的开口来打断墙面，入口被安置在房间的角落里，观众的注意力完全集中在艺术的享受上。另外，天花板的结构向天空敞开，在空间中创造出适度的、扩散的和大气的光线。在宽大的混凝土网格下面的不同高度的日光大厅里，空间的感觉非常壮观，如图 8-26 所示。

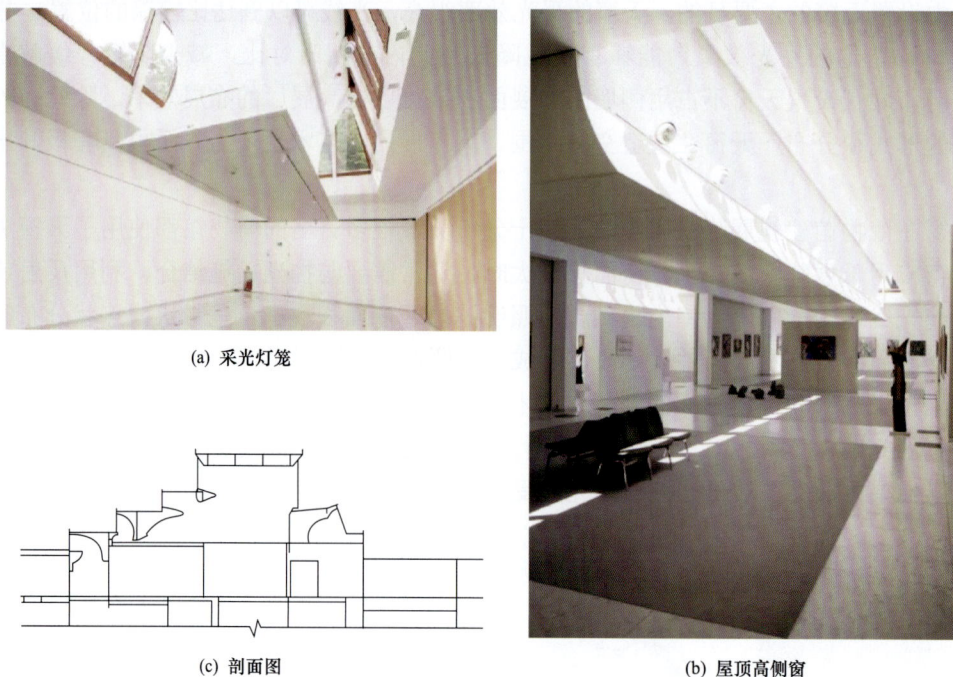

(a) 采光灯笼

(c) 剖面图

(b) 屋顶高侧窗

图 8-25　奥尔堡现代艺术博物馆天窗

（图片来源：https://zhuanlan.zhihu.com）

通过与展品结合，天窗也可以为展品提供重点照明。美秀美术馆在佛像的正上方专门设计了一个矩形天窗，光线透过窗洞进入展厅，并在六边形的内井侧壁上反射，配合从上而下投射的人工照明光线，突出佛像的神秘、庄严。美秀美术馆天窗如图 8-27 所示。鹿野苑石刻博物馆也采用了相同的手法，在重点展品上方开设天窗，形成重点照明，鹿野苑石刻博物馆天窗如图 8-28 所示。

图 8−26　利亚瓦赫斯（Liljevalchs＋）扩建项目天窗

（图片来源：https://weibo.com/ttarticle/p/show？id＝2309404835328593887257）

图 8−27　美秀美术馆天窗

（图片来源：http://www.360doc.com）

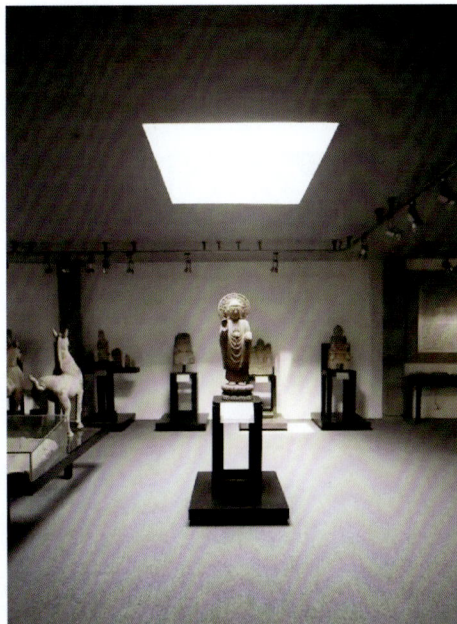

图 8−28　鹿野苑石刻博物馆天窗

（图片来源：https://www.meipian.cn/2drkrpmq）

天窗也可以与采光井结合，通过跨越隔层的楼板的竖向井道，将顶部天窗捕捉到的光线引入底层深处的展陈空间内。如位于深圳的大芬美术馆，通过将各种高宽比、倾斜度的采光井置入体量内，形成丰富而有特色的展陈空间。大芬美术馆天窗如图 8-29 所示。

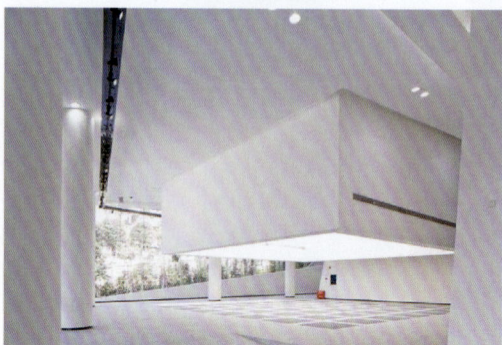

图 8-29　大芬美术馆天窗

（图片来源：https://www.zhulong.com/bbs/d/10045349.html）

8.3.3　中庭采光

在博物馆中利用中庭等通高空间，可以将顶部的光线引入建筑体量深处，为中庭侧向的展陈空间提供采光。

纽约古根海姆博物馆是展陈空间中庭设计的典范，六层螺旋形坡道展厅围绕中庭设置，中庭顶部的天窗采用透明玻璃使顶部的光线能够到达底层深处的空间。中庭形状采用了与外部造型相反上窄下宽的剖面形状，最大限度地利用了从中庭进入的天然光，光线通过顶部处理和坡道侧向栏板反射后，既满足了展陈区的照明要求，也避免了过强的光线对展品和环境氛围的破坏。纽约古根海姆博物馆采光中庭如图 8-30 所示。

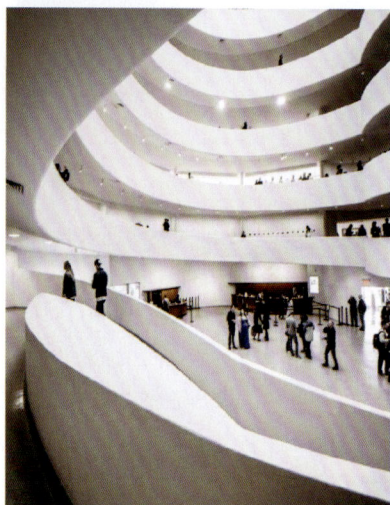

图 8-30　纽约古根海姆博物馆采光中庭

（图片来源：https://weibo.com/ttarticle/p/showid=2309404728113463689987）

8.3.4　新技术新理念

随着新技术、新材料的不断出现，新的采光方式和采光技术不断地发展、成熟，展陈空间的采光方式也出现了一些新技术和新的表现形式。

西班牙的维多利亚阿拉瓦考古博物馆，位于西班牙的古老历史街区中，立面较为封闭，为了尽可能地获得更多的采光，建筑师将白色的导光釉面棱镜窗插入展厅之内，将屋顶的光线通过棱镜引导至地板和天花板。在各层的展陈空间中，白色的玻璃光深入展厅内部，为展厅提供天然光照明，阿拉瓦考古博物馆导光棱镜如图 8-31 所示。

图 8-31　阿拉瓦考古博物馆导光棱镜
（图片来源：https://www.cool-de.com/thread-854449-1-27.html）

智能遮阳系统和新的玻璃材料的使用，为博物馆采光提供了更多的采光手段，可以使展陈空间使用大面积的玻璃幕墙等形式，如巴黎卢浮宫在法国北部建造的卢浮宫-朗斯分馆。卢浮宫-朗斯分馆是一座占地 28 000m² 的艺术博物馆，它位于法国北部朗斯镇的一块 20hm² 的前煤矿荒地内，靠近比利时边境。该博物馆由日本建筑师 SANAA 和纽约工作室 Imrey Culbert 设计。卢浮宫-朗斯分馆以不显眼和开放的方式呈现建筑，这座单层建筑与景观设计师 catherine mosbach 设计的公园和谐地融为一体，成为一个透明的玻璃立方体，展示了博物馆想要传达给人们的亲密和开放。其余部分使用了阳极氧化拉丝铝包层，这些抛光铝板饰面可反射起伏的建筑轮廓，淡淡地反映了周围的环境，公园的场景反映在这些外墙上，确保了博物馆和周围景观之间的连续性。建筑师保留了原来作为矿场的宽阔地块，长 306m、面积达 28 000m² 的建筑被分成若干更小的空间，由五个钢和玻璃相互连接的单层建筑组成，它们的位置是根据逐渐变化的地形而确定的。全玻璃立面展馆向基地开放，通过这种透明性设计创造了公共空间中的视线交流。两个主要展览建筑的屋顶是玻璃的，既可以为展出艺术品带来日光，又可以从建筑内看到天空。双层中空绝缘的落地玻璃窗为室内引入充足的自然光线，滚轴遮阳系统则用来保护艺术展品，涂白漆的细长钢柱用来支撑金属屋顶结构。

长 125m、宽 25m 的主展厅是博物馆的核心，不在墙上放置任何物体，而是利用房间的中心，这使得参观者可以分散开来，到处走动。长 125m 的空间中，没有设置任何隔墙，一个 1000m² 的玻璃展厅为参观者创造了轻松的空间氛围，可以举办一些主题展览。天然采光是该项目设计的核心，结合全天和四季的不同天然光的水平，开发了一个画廊采光系统：自然光从玻璃屋顶进入,在玻璃上方有一个固定的格栅,其几何形状由 Arup 开发,以确保在一天和一年中的任何时候都能阻挡阳光直射,同时最大限度地利用来自天空的天然光,并确保北向看天空的良好视野。特殊的天窗玻璃过滤了有害的紫外线,同时保持天然光的优良色彩品质。玻璃下面是可调节的百叶窗,与屋顶结构融为一体,同时与照明轨道处于同一个框架内。百叶窗可以被打开或关闭,以控制进入空间的天然采光量。为了简单起见,这些百叶窗可根据不同的季节,针对不同的展览,在需要的时候可以操作,创造一个更有趣、更有活力的空间,并与外部条件保持良好的联系。画廊空间的天然光通过精确控制,减少了阳光直射,避免了对展品造成损害。卢浮宫-朗斯分馆如图 8-32 所示。

图 8-32　卢浮宫-朗斯分馆
（图片来源：https://zhuanlan.zhihu.com/p/150141180）

在一些特殊的展陈空间中，天然光甚至本身就是展品的一部分，如上海天文馆在设计之初就紧扣天体运行的主题，在主体建筑中设置了"球幕光环""圆洞天窗""倒置穹顶"等一系列特色结构和功能空间，使建筑本身成为一台大型天文观测仪器，让建筑功能与形式自然而完美地融合在一起，在利用自然光以及科普的艺术化表达等方面做出了有益的探索。试图让观众通过建筑本身所特别营造的场所感和光环境去理解和切身感受天文历法知识。观众在馆内的旅程在某种程度上也是一次追光之旅，在光环境设计上，馆方希望引导观众去发现光、感受光，进而有兴趣去探索光。

1. "圆洞天窗"——记录时间

位于主入口的圆洞天窗的倾斜角度与太阳的日照角相对应，穿过天窗的太阳光束与地面铺装上的刻度相结合，可以像日晷一样起到记录时间的作用，让观众在入馆前的排队区就能感受到光与影的魅力，了解基本的天文学知识。上海天文馆圆洞天窗如图 8-33 所示。

图 8-33　上海天文馆圆洞天窗

（图片来源：上海天文馆）

2. "球幕光环"——感受历法

馆内的球幕影院像一个悬浮星球，阳光可以透过顶部一周的环状天窗在地面上画出时间的轨迹。不同季节，光环的完整性及位置也有所不同。每到夏至正午，日光所形成的光环会精确地投射在地下一层的黑色花岗岩拼花区域内。而此刻的球幕影院则化身为一座巨型圭表。上海天文馆球幕光环如图 8-34 所示。

图 8-34　上海天文馆球幕光环

（图片来源：上海天文馆）

8.4　公共空间采光设计

博物馆公共空间在本书中主要是指公共服务区域，包括门厅、休息室（廊）、茶座、餐厅、商店、教育等空间。公共空间是对博物馆内外空间以及内部各个空间之间进行相互串联的重要部分。在公共空间中将自然光引入，能将室外景色引入人们的视线之中。这可以使建筑空间与大自然更好地融合和连接，也为观众提供缓解视觉疲劳的缓冲地带。相对于展陈空间，公共空间采光的作用更多体现在视觉表现、空间氛围的创造、流线引导等方面。

8.4.1　连接引导空间流线

连续的展陈设置容易使观众产生乏味枯燥的心理，根据经验，大多数观众的观展极限时间在 90min 左右。因此，展陈空间在设计时应注意控制观展流线的整体节奏，密度不宜过大，要适当设置休息空间，引导观众在适当位置停留并休息，可以有效地避免流线过长而导致观众产生疲劳感。观众会倾向于在能够观察到自然环境的区域内停留和休息。利用自然环境景观设置序列节点，能够使观众接触到天然光线，注意到天空的日光循环，可以使观众获得对时间变化的感知；借助来自外环境的景观，可以让观众清楚自身处于建筑中的大致方位。增加观众与自然环境的接触，开阔的视野能够使人身心愉悦、舒适，容易引发积极的心理反应，可以缓解冗长、枯燥的封闭空间带给观众的压抑感。因此博物馆中很多休息空间都采用了天然采光的方式。

中国国家博物馆的西大厅是一个南北贯通 260m、面积 8840m^2、净高度 27m 的"入口大厅"，其周围与各层展厅立体相连形成的公共空间近 20 000m^2。入口大厅既是整个博物馆的交通枢纽，更是集中体现国家博物馆这一国家级殿堂其震撼气势的文化礼仪空间。在这个空间的上方，设置了 161 个方形天窗，提升了室内采光效果，使公共空间的平均采光系数达到 6%以上，采光效果良好（见图 8-35 和图 8-36）。这些天窗结合在藻井的整体设计里，藻井既传达了中国传统文化的意象，又将天然采光、人工照明、日光过滤、吸声处理、消防排烟、检修马道等功能融合（见图 8-37）。这些天窗的布置都是在入口大厅通往各层展厅的交通路线正上方，对应下部的自动扶梯、楼梯、环廊等，为观众提供了便捷、易识别、好记忆的交通路线引导，并布置在交通环廊上方，如图 8-38 所示。

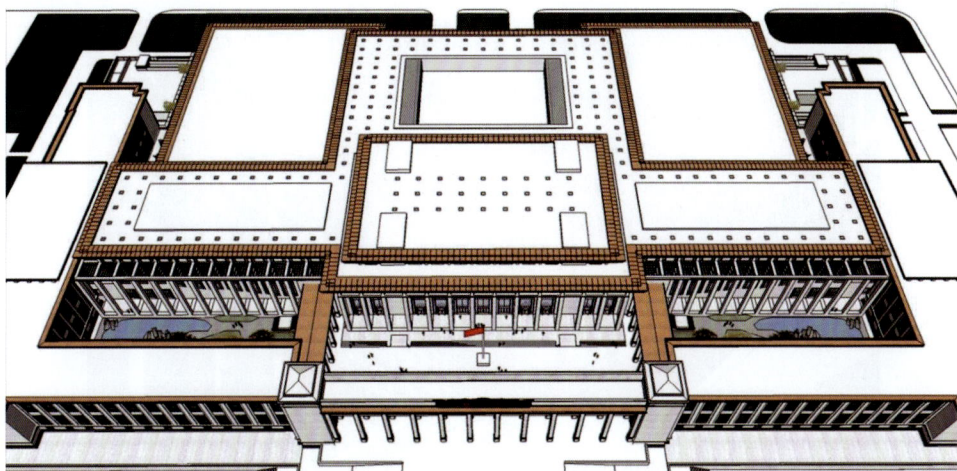

图 8-35 中国国家博物馆新馆入口大厅天窗位置示意图

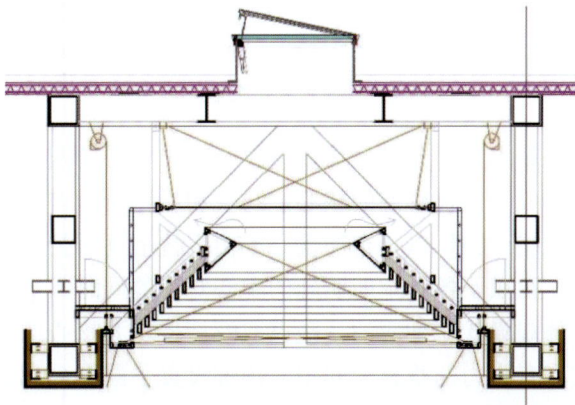

图 8-36 入口大厅天窗设计图

图 8-37　天窗布置在交通环廊上方与人工照明结合

图 8-38　天窗布置在交通环廊上方

　　和美术馆以"圆"为基本几何元素，像水波纹一样由中心向四周扩散，构成了建筑空间的效果，同时也自然地形成了建筑形态的核心，与"和"这一源自中国传统文化的理念形成了一种形态上的契合，这些"圆"以一定的偏心率由下往上逐渐扩大，四层圆环重叠交织。立体的"圆"随之偏移，在赋予各个空间明确的中心对称的同时，更丰富了这个序列的变化效果。与"圆"环叠层外观设计相呼应的，是以双螺旋楼梯为核心的五层挑空中庭设计和层次丰富的旋转空间。在富有张力的垂直空间中，顶部设置了圆形采光窗，结合螺旋楼梯成为整个空间的视线焦点，并连接各层展厅，和美术馆采光中庭双螺旋楼梯如图 8-39 所示。

图 8-39　和美术馆采光中庭双螺旋楼梯

（图片来源：http://www.hem.net.cn）

　　英国伦敦大英博物馆中庭顶部由一个巨大的玻璃钢架穹顶覆盖，中庭在整个空间中起到了交通枢纽的作用，与各展厅进行连接。其玻璃屋顶呈现微微隆起的形态，为公共空间提供了明亮的视觉感受同时，也与展示空间的光影效果形成了对比。大英博物馆中庭如图 8-40所示。

图 8-40　大英博物馆中庭

（图片来源：http://collection.sina.com.cn）

　　1998 年开馆的基阿斯玛现代艺术博物馆是赫尔辛基最具人气的博物馆之一。其本身就是一座艺术品，这座建筑由美国建筑师斯蒂文·霍尔（Steven Holl）设计，步入其中，仿佛进入一个光影组成的时空隧道，设计师通过楼梯与坡道所呈现的各种螺旋形与弧形元素将空间不断延伸。观众在观展时，沿着坡道缓缓移动，更能获得一种互动开放的观察方式。这种循环形式让观众在观展时可以自由暂停、观看和发现。展厅之间由蜿蜒、弯曲的楼梯、坡道衔接，结合顶部天窗柔和的自然光，整个空间呈现自然流动的状态。基阿斯玛现代艺术博物馆公共空间采光如图 8－41 所示。

图 8－41　基阿斯玛现代艺术博物馆公共空间采光
（图片来源：https://www.sohu.com/a/119603351_383705）

　　中国工艺美术馆和中国非物质文化遗产馆，其五层、六层分别是工艺美术和非物质文化遗产的常设展览层，沿展厅周围，幕墙与核心筒之间形成匀质而流通的内部空间，观众身在其中，既可观赏展厅内的展品，也可透过幕墙欣赏周边的城市景致，包括建筑东侧的党史馆和西侧的龙形水系，并可远眺奥林匹克中心区的整体风貌，极大地丰富了参观者的观展体验。此处采用了玻璃幕墙和金属格栅的双层处理，外层金属格栅的位置、疏密程度、颜色质感等都经过精心设计，既体现了传统工艺和经典纹样的深厚韵味，也使得自然光线穿过格栅幕墙和透明玻璃进入室内后，在不同的光影下，室内的光线产生丰富的变化；城市景观渗透进室内，景致也在发生变化，建筑与周边环境、与大自然彼此呼吸、彼此融合。传统博物馆建筑的封闭格局在这里被打破，内外空间交互一体。这个自然光手法的独特之处是和建筑本身的工艺、中国非物质文化遗产的理念和文化内涵结合得十分巧妙，中国工艺美术馆和中国非物质文化遗产馆展厅层双层幕墙如图 8－42 所示。

图 8-42　中国工艺美术馆和中国非物质文化遗产馆展厅层双层幕墙

（图片来源：http://52mqw.com/）

8.4.2　营造表达空间氛围

与自然光线不同的设计手法能够给室内空间带来不同的空间氛围和视觉感受，也能够给艺术作品创造一个良好的展示氛围，也可以利用采光窗的不同形式，辅助表达博物馆的主题，营造出明快、严肃、庄重、宁静等不同的氛围。

柏林犹太人博物馆在顶部以及侧面设置多个长条折线形状的采光口。自然光通过窄长且交叉错乱的采光口投入室内，加上建筑的外观以及内部空间的不规则形状、斜坡地面、不垂直的空间感受给人造成一种视觉上以及心理上的压抑感，充分体现了对生命和死亡深刻领悟的精神内涵。柏林犹太人博物馆室内空间如图 8-43 所示。

英良·石材自然历史博物馆位于福建省南安市，以石头的视角重现历史，讲述故事。在中庭中引入三个相互穿插的晶体，其倾斜的外墙面可以将一部分天然光反射到中庭四周的空间，而在晶体筒内，天然光则可以直达一层的博物馆大堂。围绕着这些垂直通高的晶体，一些横向的晶体与中庭纵向的晶体生长、穿插在一起，形成一个个化石展厅，博物馆内部呈现不停生长的晶体内部的复杂交错。整个中庭大厅成为晶体转译而成的空间，中庭倾斜墙壁反射的天然光自天窗进入，营造出一种晶体在地下生长的感觉，英良·石材自然历史博物馆中庭采光如图 8-44 所示。

贝聿铭设计的美秀博物馆以及苏州博物馆的中庭中，随处可见的是其标志性的几何式光影处理手法。在公共空间采用了大面积的顶部采光，金属构件、遮阳结构和玻璃的结合，为空间提供了特殊的光影效果，体现了与生态和谐共生的理念。自然光透过遮阳格栅形成柔和且有序的氛围，在保证室内光照的同时，光线在其中也使博物馆室内空间呈现独特的美感（见图 8-45）。苏州博物馆采用了"中而新，苏而新"的设计理念，公共区域中式传统园林窗与建筑整体风格和谐统一，通过窗的设计将建筑与景观更好地融为一体。苏州博物馆公共空间采光如图 8-46 所示。

图 8-43　柏林犹太人博物馆室内空间

（图片来源：https://zhuanlan.zhihu.com/p/258085820）

图 8-44　英良·石材自然历史博物馆中庭采光

（图片来源：https://www.uibim.com/242490.html）

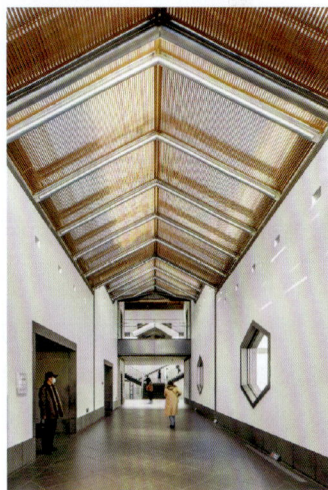

(a)　　　　　　　　　　　　　(b)

图 8-45　美秀博物馆大堂采光　　图 8-46　苏州博物馆公共空间采光

（图片来源：https://www.sohu.com/a/　　［图片（a）来源：https://www.sohu.com/a/279760101_99951071］
279760101_99951071）　　　　［图片（b）来源：https://stock.tuchong.com/］

中国工艺美术馆中国非物质文化遗产馆基于其展览内容的独特性，呈现独有的互动参与、互动体验的展览模式。其中庭不再是博物馆展览的附属服务空间，而是展览序列的一部分，人们在其中交流交往的功能与交通联系相互复合，形成公共性的社交空间。它在大型活动时是仪式空间；日常是观众的交通组织空间；但更多时候，它是传承人表演的舞台，是观众们席地而坐来欣赏传统艺术表演的展场（见图 8-47）。其顶部的天然采光，既营造了中庭戏剧性的效果，也符合传承人表演的自然状态。非遗传承人在入口大厅表演如图 8-48 所示。

图 8-47　入口大厅天窗天然采光

（图片来源：https://gmfyg.org.cn/）

图 8-48　非遗传承人在入口大厅表演

（图片来源：https://gmfyg.org.cn/）

8.4.3　联系自然环境

在建筑设计上充分利用生态以及周边景观的优势也会产生意想不到的效果，博物馆作为传播历史、文化的场所更是如此，博物馆、美术馆等通过恰当的设计手法与自然联系，会拉近人们与博物馆之间的距离，吸引更多的人走近博物馆、美术馆这类空间，美秀博物馆远离都市，由于地处自然保护区，为保护自然环境，建筑与周围景色融为一体。博物馆前端要穿过长达 200 多米被铝材披覆的隧道，整个隧道营造相对昏暗的氛围，隧道尽头的光亮指引着人们前行。走出隧道口时，翠绿的山林映入眼帘，紧接着就能远远地看见博物馆所在，其设计灵感正是来源于《桃花源记》中所描写的世外桃源，身处于城市中的人们对这座远离市区喧嚣、位于山中的博物馆产生浓厚兴趣，慕名参观的游客络绎不绝。博物馆前端隧道的设计以及对光线的处理，正是呼应了原文中的"复行数十步，豁然开朗"，是博物馆建筑与大自然相融合的杰出作品。美秀博物馆隧道如图 8-49 所示。

日本根津美术馆是日本隈研吾代表作之一，隈研吾称其设计主旨是"从都市的喧闹到静寂的美的世界"。室内空间的透明性、对自然材料的追求，以及日本传统的再生，是隈研吾一直以来的追求，这个美术馆甚至被称为集大成的代表作。该美术馆公共空间与庭院之间通过超大落地玻璃窗相隔，视线没有任何阻碍，园林既为艺术品做背景，也将户外庭院景观引导入室内，半透明材质的屋顶与室外景观在相辅相成中营造出光影交错的美，根津美术馆公共空间采光如图 8-50 所示。

图 8-49 美秀博物馆隧道

（图片来源：https://www.sohu.com/a/279760101_99951071）

图 8-50 根津美术馆公共空间采光

（图片来源：https://www.sohu.com/a/137851549_454708）

8.5 技术用房采光设计

博物馆中的一些技术用房也需要考虑采光问题，如书画装裱、文物修复等用房，对天然采光的要求如下：

（1）书画装裱及修复用房包括修复室、装裱室、裱件暂存室、打浆室。修复室、装裱室不应直接日晒，但应采光充足、均匀。

（2）实物修复室可包括金石器、漆木器、陶瓷等修复用房及材料工具库，要有良好的采光，且避免采用带颜色的玻璃而导致颜色失真，在有条件的情况下，可采用超白玻璃，保证良好的显色性。

（3）展陈设计、制作用房宜朝北设置并有良好的采光，避免日光直射。

第9章 可持续设计

博物馆照明设计不仅要满足展陈和观赏的需求，还要考虑尽可能减少能源和其他自然资源的消耗，实现可持续设计。可持续设计是从多方面综合考虑的一种活动，需要均衡考虑经济、社会、环境、道德等方面的问题，从本质上来说是一种构建和开发可持续解决方案的设计，意在以设计本身为切入点，促进人和环境的和谐发展，既能满足当前需要又兼顾未来持续发展。博物馆作为公众场所和宣传教育的重要窗口，倡导和践行可持续理念也具有十分重要的意义。

9.1 设计原则

博物馆照明的可持续设计，意味着要从全过程来考虑，以照明设计为切入点，不仅要考虑产品和材料的选择满足展陈和展品保护等功能需求，还要考虑后期的运维甚至是循环再利用。为了实现上述的可持续目标，博物馆照明设计应遵循以下三方面原则：

9.1.1 选择低碳产品和材料

低碳重点关注气候变化的应对，是当前人类社会可持续发展的重要方面。在博物馆的设计、建造和运行过程中，应尽量减少材料的消耗，优先选择低碳的产品和材料，选用无污染、利用率高、可回收的材料，促进产品的可持续利用，实现环境友好。低碳产品是在其全寿命周期中都应该贯穿的概念，它包括原材料采购，生产过程中的低能耗、低排放、低污染，运输中的节能，使用中的高能效、低碳排放，以及产品废弃后的处置方式等。衡量一个产品是否低碳，可以从其整个生命周期内是否低能耗、低排放、低污染和追求绿色这四个方面去衡量。

博物馆照明应用中，所涉及的产品和材料数量和类型都较多，比如各类灯具、窗户、支架等，如果考虑到展陈的布置，则还有饰面背景、展柜等。灯具是最基本也是最为典型的一类产品，目前我国尚无针对灯具的低碳产品标识或认证，以下从几个方面来分析低碳灯具产品的特点和要求。

（1）长寿命。长寿命灯具意味着在同样材料消耗条件下，使用时间更长，也就更加环保。传统照明灯具使用的是可替换光源，通常数千小时后就需要更换光源。LED 是当前应用最广泛的照明产品，而很多 LED 灯具是设计成一体式的，是无法替换发光光源的，当灯具损坏时需要替换整套灯具，因而灯具的长寿命无论从经济性还是环保性来说，都显得尤为重要。

LED 灯具的使用寿命的定义是从初始值工作，直到光通量衰减到初始值 70% 的累积燃点时间。当灯具接近或者超过使用寿命时，在相同的功耗条件下，光通量减少，往往已经不能满足照明的要求，而且还可能会产生颜色上的偏差，无法保证光品质。企业宣称的 LED 产品寿命往往是数万小时，但这只是在标准测试条件下的理论值而不是实际值。LED 灯具实际使用寿命受工作环境的影响，比如环境温度。环境温度越高，LED 的使用寿命越短。在使用过程中，定期监测灯具的使用状态是必要的。

（2）低消耗。灯具在生产过程中需要消耗相应材料和能源，从环保的角度考虑，使用更少的材料，消耗更少的能源，当然是更为有利的。但这需要兼顾使用寿命和将来的回收处理。另外，灯具在使用过程中也要消耗电能，选择节能高效的灯具可以减少其运行过程中的碳排放。考虑到 LED 灯具的寿命普遍都很长，因此降低运行过程中的能耗显得更为重要，一方面要选择高效的灯具，另一方面需要进行合理设计，以确保精准和更有效地用光，这是提高整体能效的关键。

（3）环境友好。作为新一代的光源，LED 具有很多优点：光效高、耗电少、寿命长、易控制等，但是也要关注未来 LED 灯具的回收再利用问题。自从 LED 开始进入主流市场以来，这个问题变得越来越突出。英国灯具回收商 Recolight 的首席执行官 Nigel Harvey 指出，在未来 10 年内，LED 将占照明产品废弃物的 30%～40%。据统计，目前在英国超过 90% 的荧光灯管材料已经可以回收使用，而 LED 灯具的使用比例目前还未达到 50%。LED 允许在产品制造方式上进行更多的创新，其所用材料的范围、形状、尺寸等都更加自由，包括塑料、玻璃、陶瓷、铝、铜以及 PCB 等都有应用。但是在回收利用方面，产品的异质性就会带来成本的增加。材料更多且粘在一起，将它们分离非常困难，这对于回收利用是不利的，势必会对环境造成不良影响。随着博物馆照明的发展，相关产品未来通过进一步优化，在一定程度上可以缓解这个问题。同时，博物馆行业通过建立相应的回收机制，加强管理，更有利于产品的回收再利用。

9.1.2　最大限度节能

节能减排有广义和狭义之分。广义而言，节能减排是指节约物质资源和能量资源，减少废弃物和环境有害物质的排放；狭义而言，节能减排是指节约能源和减少环境有害物质的排放。本书中涉及的是狭义的节能减排，即节约能源和减少环境有害物质的排放。节能减排包括节能和减排两大技术领域，二者既有联系，又有区别。《中华人民共和国节约能源法》所称节约能源（简称节能）是指加强用能管理，采取技术上可行、经济上合理以及环境和社会可以承受的措施，从能源生产到消费的各个环节，降低消耗，减少损失和污染物排放，制止浪费，有效、合理地利用能源。而减排则是减少有害污染物的排放，我国"十一五""十二五"期间已经基本完成了二氧化硫等主要污染物的排放和治理工作，随着全球变暖的严峻形势，目前我国减排的主要任务是减少温室气体二氧化碳的排放，实现承诺的"3060"碳减排碳中和目标。我国目前的能源结构仍然是以不可再生能源为主，能源消耗的增加必然会带来碳排量的增加，因此节能的同时也是在减排，节能和减排是相辅相成的，节能是减排的重要基础。

另外，从照明产品的生产、使用到废弃整个过程来看，特别是 LED 照明产品的长寿命，使用过程中的能耗和碳排放是主要的。经测算，按现有的能源使用结构，以使用寿命 40 000h 计算，LED 照明产品在使用过程中的碳排放占其全生命周期碳排放的 95% 以上。因此，最大限度地节能对于减少碳排放而言具有重要的意义。

具体到博物馆照明的实践来看，主要的节能措施包括：

（1）充分利用天然采光。

充分利用天然光，可以减少对人工照明的使用，从而降低人工照明的用电量，实现节能减排的目的。另外，天然采光可以提供良好的视野，人们通过光线照射来感知外面的信息，比如天气条件、周围环境等。良好的视野能够帮助人们获得更大的满足感、更专注和更高效。这也是可持续发展的一种体现。

但是，天然光引入室内需要考虑其对展品和环境的不利影响，避免造成眩光和室内过热等问题，特别是对直射日光进行控制。可在采光井上部设置光控百叶系统，其传感器设于采光井内，通过实时监测光环境参数，控制百叶的开启和关闭来调节日光。例如，伦敦国家美术馆在充分利用天然光、保护展品并维持足够照度的前提下，采用了计算机自动控制系统，通过安装在天棚的光传感器，根据日光测试值的变化情况调节格栅的角度，观众可以根据百叶的情况了解时间的变化。利用智能照明控制系统还可以根据天然光的变化情况进行补光，实现人工照明和天然光的混合照明，保证室内舒适的光环境。

（2）采用高效的照明产品。

合理使用高效的照明产品是节能的关键因素之一。用来表征能效高低的指标有光源光效、灯具效率和灯具效能等。光源的光效是指在规定的使用条件下，光源发出的光通量与其所输入功率之比，单位为 lm/W（流明每瓦特）。而灯具效能是指在规定的使用条件下，灯具发出的总光通量与其所输入功率之比。灯具是包含光源在内的，对于 LED 灯具，由于发光光源往往是无法与灯具分离的，只能用整体的灯具效能来评价。对于传统灯具，光源是可以分离的，最终灯具出射的光通量等于光源输出的总光通量与灯具效率的乘积。而灯具效率是指在规定的使用条件下，灯具发出的总光通量与灯具内所有光源发出的总光通量之比，也称灯具光输出比。现有国家产品标准一般将其分为三个等级：3 级（能效限定值，必须达到）、2 级（节能评价值）、1 级（目标值）。《室内照明用 LED 产品能效限定值及能效等级》（GB 30255—2019）中，LED 筒灯的能效等级见表 9-1，定向集成式 LED 灯的能效等级见表 9-2。

表 9-1　　　　　　　　　　　LED 筒灯的能效等级

额定功率/W	额定相关色温（CCT）/K	光效/（lm/W）		
		1 级	2 级	3 级
≤5	CCT＜3500	95	80	60
	CCT≥3500	100	85	65
＞5	CCT＜3500	105	90	70
	CCT≥3500	110	95	75

表 9-2　　　　　　　　　定向集成式 LED 灯能效等级

灯类型	额定相关色温（CCT）/K	光效/（lm/W）		
		1 级	2 级	3 级
PAR16/PAR20	CCT＜3500	95	80	65
	CCT≥3500	100	85	70
PAR30/PAR38	CCT＜3500	100	85	70
	CCT≥3500	105	90	75

其中，对于一般显色指数不低于 90 的 LED 产品，各等级光效规定值在表格中规定值的基础上降低 10lm/W。随着 LED 灯能效水平的提升，相应能效标准也将对各等级光效要求进一步提高。

对于博物馆照明，特别是展陈照明用的产品，除了产品本身的能效高低外，更重要的是更有效地用光。举个例子，对展品进行照明时，需要精准地控制用光的范围和强度，如果灯具产品本身的效能很高，但大部分的光都浪费在了展品外面，用光效率太低，对于节能也是不利的。因此，结合展陈照明的实际需要，合理进行产品选型，比如选择合适的光束角等，对于节能是有利的。

（3）确定适宜的灯具配光和布置方式。

通过选择适宜的灯具配光，并进行合理的灯具布置，一方面将光线准确地投射到被照面上，避免光的浪费；另一方面则是在设计过程中确定适宜的照度水平，避免过度照明引起能源浪费。照明功率密度是评价设计节能的重要指标，《博物馆照明设计规范》（GB/T 23863）规定了各主要场所的照明功率密度，一般照明功率密度限值见表 9-3。

表 9-3　　　　　　　　　一般照明功率密度限值

房间或场所	照度标准值/lx	照明功率密度限值/（W/m²）	
		现行值	目标值
序厅	100	≤4.0	≤3.0
编目室	300	≤8.0	≤6.5
摄影室	100	≤4.0	≤3.0
美术制作室	500	≤13.5	≤9.5
藏品库房	75	≤3.5	≤2.5
绘画展厅	100	≤4.0	≤3.0
雕塑展厅	150	≤4.5	≤3.5
科技馆展厅	200	≤7.0	≤6.0
临时展厅	200	≤7.0	≤6.0
展具储藏室	100	≤4.0	≤3.0

房间或场所	照度标准值/lx	照明功率密度限值/（W/m²）	
		现行值	目标值
会议报告厅	300	≤8.0	≤6.5
讲解员室	300	≤8.0	≤6.5
管理员室	300	≤8.0	≤6.5
青少年活动室	300	≤8.0	≤6.5

表 9−3 中规定的照明功率密度现行值是在设计时必须满足的要求，目标值是推荐值，为了进一步降低能源消耗，建议在设计时进行优化，尽可能满足照明功率密度目标值的要求。对于其他一般场所的照明功率密度，可参照《建筑照明设计标准》（GB/T 50034）执行。

（4）智能化的照明控制。

照明控制对于节能运行具有重要的意义，在有采光的区域，通过天然采光与人工照明的一体化控制，充分利用天然光，达到节能的目的。对于展陈区域，当无观众时，自动降低照度，既可以达到节能的目的，还能减少展品的曝光，更好地保护展品。根据闭馆时间和工作安排，及时关闭展厅、库房等空间的照明，避免因人员忘记关灯而造成浪费。同时，智能化的照明控制还能显示照明设备的实时状态，通知异常状况，以及对运行数据进行分析整理等，特别是对照明的时长和展品的曝光量进行定量的统计分析，从而为精细化的管理和运营提供基础数据。

（5）精细化管理和运营。

照明节能是一项系统工程，实施综合策略才能取得良好效果。精细化管理和运营是照明节能得以落实的重要保障，良好的照明维护管理具有显著的节能、环保和经济效益。在加强照明管理维护方面，需要运行维护人员遵循如下要求：

1）详细了解照明设计的意图和要求，熟悉照明设计图纸。

2）熟悉照明设备情况，并对照明设施（包括照明控制系统）熟练掌握。

3）制定照明节能的奖惩办法。

4）制定照明设备的定期维护计划并严格执行。

5）根据展陈要求和照明系统运行情况及时调整维护和运行计划。

9.1.3　确保照明系统的耐久性和易于维护性

好的照明设计的标志之一是整个照明系统应具有较强的耐久性，并要易于维护，这也是一种内在的可持续设计方法。一个能长时间使用而花费较少精力去维护的体系是经济的，并间接地具有很高的环保价值。

9.2 相关标准

目前博物馆照明领域低碳节能相关标准见表9-4。

表9-4 博物馆照明领域低碳节能相关标准

序号	标准名称及编号	主要技术内容
1	《环境管理 生命周期评价 原则与框架》（GB/T 24040）	本标准阐述了生命周期评价（LCA）的原则和框架，包括LCA目的和范围的确定、生命周期清单分析阶段、生命周期影响评价阶段、生命周期解释阶段、LCA的报告和鉴定性评审、LCA的局限性、LCA各阶段间的关系、价值选择和可选要素应用的条件。本标准涵盖生命周期评价研究和生命周期清单研究，但未详述LCA的技术，也不对LCA各阶段的方法学进行规定
2	《环境管理 生命周期评价 要求与指南》（GB/T 24044）	本标准规定了生命周期评价的要求，并提供了指南，包括LCA目的和范围的确定、生命周期清单分析阶段、生命周期影响评价阶段、生命周期解释阶段、LCA的报告和鉴定性评审、LCA的局限性、LCA各阶段间的关系、价值选择和可选要素应用的条件。本标准涵盖生命周期评价研究和生命周期清单研究
3	《温室气体 第1部分：组织层面上温室气体排放与清除量化及报告规范》（ISO 14064-1）	本标准详细说明了组织层级对温室气体排放与清除量化及报告的原则与要求事项，包括设计、开发、管理、报告和验证组织的温室气体清单要求
4	《温室气体 第2部分：项目层面上量化、监测和报告温室气体减排或清除的指南规范》（ISO 14064-2）	本标准规定了温室气体（GHG）排放或清除活动的量化、监测和报告的原则和要求，并在项目层面提供指南。包括规划温室气体项目、识别和选择与项目和基准情景相关的温室气体源、汇和水库（SSR），以及监测、量化、记录和报告温室气体项目绩效与管理数据质量的要求
5	《温室气体 产品碳足迹 量化要求和指南》（ISO 14067）	本标准规定了产品碳足迹量化和报告的原则、要求和指南，符合生命周期评价国际标准的相关逻辑
6	《建筑碳排放计算标准》（GB/T 51366）	本标准适用于新建、扩建和改建的民用建筑的运行、建造及拆除、建材生产及运输阶段的碳排放计算
7	《温室气体 产品碳足迹量化方法与要求 照明产品》（GB/T 45818）（即将实施）	本文件确立了照明产品碳足迹量化的原则、量化的目的和流程，描述了量化范围、数据要求、计算方法和报告的要求，适用于照明产品碳足迹和部分碳足迹的温室气体排放量化
8	《建筑节能与可再生能源利用通用规范》（GB 55015）	本标准规定了新建、扩建和改建建筑以及既有建筑节能改造工程的建筑节能与可再生能源建筑应用系统的设计、施工、验收及运行管理
9	《建筑照明设计标准》（GB/T 50034）	本标准规定了新建、扩建、改建以及装修的民用建筑和工业建筑室内照明及其用地红线范围内的室外功能照明设计要求

序号	标准名称及编号	主要技术内容
10	《博物馆照明设计规范》(GB/T 23863)	本标准规定了博物馆照明的基本规定、照明装置选择、照明数量和质量、照明标准值、展品或藏品的保护、展厅灯具布置及设置要求、天然采光设计、照明节能、照明供配电及控制，以及照明维护与管理。适用于新建、改建、扩建或利用古建筑及历史建筑的博物馆照明设计
11	《普通照明用气体放电灯用镇流器能效限定值及能效等级》(GB 17896)	本标准规定了管型荧光灯用镇流器、单端无极荧光灯用交流电子镇流器、金属卤化物灯用镇流器和高压钠灯用镇流器的能效等级、能效限定值及试验方法
12	《普通照明用荧光灯能效限定值及能效等级》(GB 19044)	本标准规定了普通照明用荧光灯的能效等级、能效限定值及试验方法
13	《金属卤化物灯能效限定值及能效等级》(GB 20054)	本标准规定了金属卤化物灯的能效等级、能效限定值、节能评价值、试验方法和检验规则。适用于透明玻壳的钪钠系列金属卤化物灯（单端 50~1500W，双端 70~250W），陶瓷金属卤化物灯（20~400W）。不适用于涂粉泡壳或防爆型金属卤化物灯
14	《室内照明用 LED 产品能效限定值及能效等级》(GB 30255)	本标准规定了室内照明用 LED 筒灯、定向集成式 LED 灯、非定向自镇流 LED 灯的能效等级、能效限定值、显色指数、光通量维持率和试验方法。适用于以 LED 为光源、电源电压为 AC 220V、频率 50Hz，灯头符合 GU10、B22、E14 或 E27 的要求，PAR16、PAR20、PAR30、PAR38 系列的定向集成式 LED 灯。适用于额定电压为 AC 220V、频率 50Hz，额定功率大于或等于 2W、小于或等于 60W 的非定向自镇流 LED 灯，不包括具有外加光学透镜设计的非定向自镇流 LED 灯。不适用于具有耗能的非照明附加功能或具备调光/调色功能的室内照明 LED 产品
15	《普通照明用 LED 平板灯能效限定值及能效等级》(GB 38450)	本标准规定了普通照明用 LED 平板灯的能效等级、能效限定值和试验方法。适用于以 LED 为光源、电源电压为 AC 220V、频率 50Hz，厚度不超过 85mm 的普通照明用 LED 平板灯，包括 LED 光源及其控制装置，外置控制装置的厚度不计算在灯具厚度内。不适用于具有耗能的非照明附加功能的 LED 平板灯、具有调光/调色功能的 LED 平板灯，以及在连续发光面上带有彩色、图案或装饰件等的 LED 平板灯

9.3 案例介绍

本节结合案例进行深入分析，对可持续设计原则进一步地阐述，并对其实施效果进行更直观的展示，以便相关方在实践中参考并制定适合自身的可持续策略。

9.3.1 江西省革命烈士纪念堂工程案例

江西省革命烈士纪念堂位于江西南昌，建于 1952 年，是融思想性、教育性、艺术性和参与性为一体的纪念堂建筑。纪念堂内设有前厅、序厅和 6 个展厅，展线约 700m，整个陈列按照革命历史时期顺序，分为 6 个部分、10 个专题。馆内收藏了 2412 名烈士档案资料、4100 余张烈士照片、1500 余件革命文物。展馆内照明设施经多年使用，设施陈旧，亮度不均匀，展陈呈现效果差。

为了改变过去单一的展示手法，2020 年开始对该纪念堂整体翻新改造，在增加多媒体、投影、幻影成像、场景复原、沙盘模型、电视、触摸屏等高科技声光电展示手段的同时对照明进行改造，而照明系统亦成为改造中的重要环节，该项目照明智能化及光环境改造同时被列入"十三五"国家重点研发计划绿色建筑及建筑工业化重点专项科技示范工程（公共建筑光环境提升关键技术研究及示范 2018YFC0705100）。

该项目改造前，原有照明采用荧光灯和普通的节能灯，无法实现亮度和色温的调节，照明控制是简单的开关面板，只能全开或全关，也未进行照明分区，照明设施及管理现状较为落后，且展馆内照明经多年使用，亮度不均匀，展陈呈现效果差。改造后，光环境比改造前有显著提升，不仅兼顾了光环境与视觉功效、情绪、认知、节律等健康因素，并结合展品和展陈环境特点，创造了呈现效果好、舒适、安全的展陈光环境，比改造前有显著提升，且系统控制灵活、操作方便，整体效果良好，使用人员满意度高。在满足光环境提升效果的同时，系统照明节电率可达到 64%。

项目采用全调光调色温光环境系统，照明系统分为三层，房间内的灯具设备利用原有供电线路与墙面开关连接，不需要重新布线；墙面开关、遥控器、无线开关、传感器、能源管理模块等与智能照明控制器连接；智能照明控制器将数据上传到云端。可根据使用需求对照明模式进行调整，并与展陈相结合进行智能控制。

9.3.2 产品碳足迹评价案例

碳足迹评价是一个评估产品从生产到废弃整个生命周期中对环境影响的过程。以下是一个灯具碳足迹评价的案例。

（1）评价对象与目标。

产品名称：LED 轨道灯。

评价目标：评估该 LED 灯具的碳足迹，并与市场上其他同类产品进行比较，优化产品方案，提高产品的环保竞争力。

（2）评价过程。

1）评价范围。

生命周期阶段：原材料获取、生产加工、运输、使用、废弃处理。

计算边界：直接和间接的碳排放。

2）数据收集。

原材料获取：铝、钢、塑料、电子元件等。

生产：产品加工的直接能源和资源消耗、工厂辅助设施的能源和资源消耗（空调、照明、输配系统等）。

分销：从工厂到仓库，再到用户的运输方式和距离。

使用：灯具的功率为 50W，预期使用寿命为 40 000h。

废弃物处理：回收、填埋或焚烧。

3）碳排放计算。

计算方法：生命周期评价方法，依据国际标准 ISO 14067:2018《温室气体 产品碳足迹 量化和通信的要求和指南》和《温室气体 产品碳足迹 量化要求和指南》（GB/T 24067—2024）。

排放因子：根据能源类型和原材料获取方式确定，该产品生命周期的主要碳排放源为原料铝生产过程的直接碳排放以及产品生命周期各阶段的电力间接排放。其中电力碳足迹因子按照生态环境部公布的 2021 年电网碳排放因子作为基础计算得到。

（3）结果分析。

经过上一步的数据收集与计算，得出该产品的碳足迹计算结果，见表 9-5 和图 9-1。

表 9-5　　　　　　　　　　生命周期各阶段碳足迹计算结果

生命周期阶段	碳排放量/ [kg（CO_2e）]	百分比（%）
原材料获取及生产阶段	53.64	3.83
运输阶段	0.670 8	0.05
使用阶段	1365.4	97.39
生命末期阶段	−17.75	−1.27

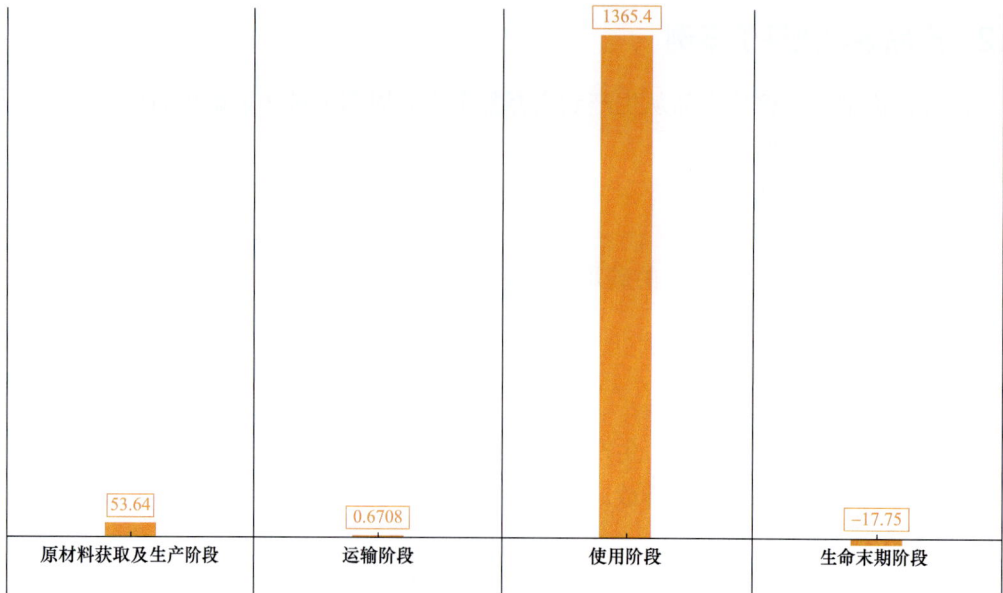

图 9-1　碳足迹

可以看出，该产品的碳排放主要为使用阶段，其次为原材料获取及生产阶段，因此在进行改进时可重点关注这两个阶段。

（4）改进建议。

设计优化：选用低碳材料，减少材料使用，优化配光方案，提高产品能效，考虑主要部件的循环利用，预留智能调控接口，为节能控制提供条件。

生产过程：采用清洁能源，减少废弃物，提升建筑能效。

使用阶段：开展节能调适，采取节能控制措施。

废弃物处理：促进回收利用。

这个案例展示了如何通过碳足迹评价来评估和改进产品的环境影响，同时也为消费者提供了更环保的选择。

第10章 照明配电与控制

博物馆照明供配电及控制系统的设计应遵循有利于展品观赏和展品保护的原则，达到技术先进、安全可靠、经济适用、节约能源、维修便利的目的。

10.1 照明配电

10.1.1 负荷等级

根据《建筑电气与智能化通用规范》（GB 55024—2022）相关要求，民用建筑用电负荷应根据其对供电可靠性的要求、中断供电所造成的损失或影响程度，将负荷等级分为特级、一级、二级、三级共四个等级。对于博物馆建筑，则直接反映为对人身安全、文物的展出与保护、文物研究与修复、观众的教育与娱乐等功能的影响。《博物馆建筑设计规范》（JGJ 66—2015）对博物馆建筑规模分类见表 10 - 1。

表 10 - 1   博物馆建筑规模分类

建筑规模类别	建筑总建筑面积/m²
特大型馆	＞50 000
大型馆	20 001～50 000
大中型馆	10 001～20 000
中型馆	5001～10 000
小型馆	≤5000

具体项目则需要依据建筑的规模、藏品的重要性等进行照明负荷等级划分。根据《博物馆建筑设计规范》（JGJ 66—2015）要求：① 特大型、大型及高层博物馆建筑应按一级负荷要求供电，其中重要设备及部位用电应按一级负荷中特别重要负荷要求供电；② 大中型、中型及小型博物馆建筑的重要设备及部位用电负荷应按不低于二级负荷要求供电。博物馆建筑照明用电负荷可按表 10 - 2 进行负荷等级划分。

表 10 - 2   博物馆建筑照明用电负荷等级划分

建筑物名称	用电负荷名称	负荷等级
博物馆	珍贵展品展室照明用电	特级
	特大型、大型及高层博物馆应急照明；展厅备用照明、文物库房照明、公共大厅备用照明、公共走道备用照明等重要场所照明	一级

续表

建筑物名称	用电负荷名称	负荷等级
博物馆	大中型、中型、小型应急照明；展厅备用照明、文物库房照明、公共大厅备用照明、公共走道备用照明等重要场所照明	二级
	停车库、机房区、办公室等场所照明	三级

10.1.2　供电原则

不同等级负荷对供电的可靠性要求不同，同时兼顾技术经济的合理性，各类负荷可采用以下供电方式：

（1）特级负荷采用 3 个电源供电，3 个电源由满足一级负荷要求的 2 个电源和 1 个应急电源组成。应急电源可以采用独立于正常电源的发电机组、专用馈电线路、蓄电池组等，并满足特级负荷对供电电源的切换时间、设备允许中断时间的要求。

（2）一级负荷由双重电源的两个低压回路在末端配电箱处切换供电。

（3）二级负荷可由双重电源的两个不同低压母线段供电，并在适当位置互设切换装置。当建筑物由双重电源供电，且两台变压器低压侧设有母联开关时，二级负荷可由任一段低压母线单回路直接供电。

（4）三级负荷对供电无特殊要求。

10.1.3　电能质量

博物馆建筑属于对照明质量要求非常高的场所，尤其是展厅、文物保护与修缮室、文物库房以及其他与文物相关的用房，且很多展陈灯具造价较高，因此供电系统电源的电压、频率和波形等参数应符合现行规范的要求，以满足博物馆建筑对环境照度、色温、显色指数、色容差及长寿命等指标的基本要求。

1. 电压偏差

供电电源的电压偏差会降低照明设备的发光效率，缩短灯具使用寿命。交流供电照明系统允许的电压偏差在一般工作场所为额定电压的 ±5%；对于远离变电所的小面积一般工作场所，当难以满足上述要求时，可为额定电压的 +5%、−10%。在电压偏差较大的场所，有条件时，宜设置自动稳压装置。

直流供电照明系统允许电压降应满足灯具允许最低运行电压值要求。直流供电照明灯具端电压的偏差宜在 −10%～5% 内。

2. 电压波动和闪变

电压波动和闪变与电压偏差相比，其电压的变化速度更快，多由冲击性负荷的启动运行引起，持续时间很短。虽然电压波动和闪变造成的电压波动时间较短，但依然会引起光源光通量输出和色温的波动，且色温对电压的波动更为敏感。

设计过程中，往往将博物馆照明供配电系统单独设置，如单独设置低压回路，与大功率冲击负荷分变压器供电等，可有效减少因其他大波动负荷启动对博物馆照明质量产生的影响。

3. 三相负荷不平衡

三相照明线路负荷的不平衡会导致系统损耗发热加大，电压偏高或偏低，影响照明灯具的正常运行。《民用建筑电气设计标准》（GB 51348—2019）要求，三相照明线路各相负荷的分配宜保持平衡，最大相负荷电流不宜超过三相负荷平均值的115%，最小相负荷电流不宜小于三相负荷平均值的85%。

博物馆照明配电设计过程中，应将各回路照明灯具功率按实际值计算（很多设计师都是将每回路统一取值，与实际功率值偏离较大），并将照明负荷均匀地分配在三相配电回路中，避免三相负荷不平衡对灯具造成不良影响。

4. 谐波抑制

博物馆照明多为单相负荷，且主要为 LED 光源，容易产生 3 次、5 次谐波。谐波电流的不断叠加，会引起许多干扰问题，例如，功率损耗、导体发热、故障跳闸等。因此，在设计过程中应充分考虑谐波治理措施，可根据谐波特点，在末端配电箱处设置谐波抑制装置。

10.1.4 配电系统设计

博物馆建筑照明配电系统的设计要点可归纳为用电安全、文物保护与便于管理，其配电系统可根据以下要点进行设计。

1. 负荷特点

博物馆展厅内元素一般包含展柜、文物及艺术品展品、挂画、模拟场景与互动空间。除展柜照明外，多使用轨道灯，一个电源点连接多个灯具点位。

2. 供电区域划分

在博物馆建筑中，其配电箱按照防火分区或区、厅、室进行划分。当同一防火分区内有多个厅室时，配电箱宜按照厅室进行设置。防火分区总箱可为二级配电箱，厅、室电箱为三级配电箱。厅、室一般不采用链式供电，以防止线路出现故障而对其他厅、室造成影响。

3. 配电箱的设置

博物馆建筑照明配电箱的设置一般需注意以下几点：

（1）展厅应单独设置照明配电箱，且宜设置在工作人员易于操作、维护处，配电箱的设置不应影响展品的展出。陈列区、展览区等公众可到达场所，不应有外露的配电设备，避免人员碰触，带来安全隐患。当展区内有公众可触摸、操作的展品电气部件时，均应采用安全特低电压供电。

（2）藏品库区需设置单独的配电箱，并设有剩余电流保护装置。配电箱应装在藏品库区的藏品库房总门之外，藏品库房的照明开关安装在库房门外。

（3）实验与修复区常根据功能划分为不同的工作室，如 X 射线探伤室、金属保护工艺研究室、X 射线衍射仪室、气相色谱与质谱仪室、扫描电镜室、各类文物修复室等，此类场所宜按照功能房间设置配电箱。

（4）熏蒸室、CT 室等需要大功率电源，应预留专用电源。其照明、插座电源可由防火分区内配电箱提供。

4. 保护设置

出于用电安全方面考虑，照明配电线路除需装设短路保护和过负荷保护外，还宜采取以下措施：

（1）照明配电箱（柜）进线处应设置剩余电流式、测温式电气火灾监控装置，剩余电流动作报警值不宜大于 300mA，测温式报警值宜按电缆最高耐温值的 70%～80%选取。

（2）展柜照明应单独设置配电回路，当采用交流配电时，应设置 30mA 剩余电流动作保护装置，无延时。

（3）文物库房内的照明、插座回路应装设电弧故障保护器；珍贵物品藏品库照明支路应增设具有探测故障电弧功能的电气火灾监控装置。

5. 线缆选择

博物馆建筑照明配电回路应选择燃烧性能不低于 B1 级、产烟毒性为 t1 级、燃烧滴落物/微粒等级为 d1 级的铜芯绝缘线缆；长期有人滞留的地下展厅应选择烟气毒性为 t0 级、燃烧滴落物/微粒等级为 d0 级的电线和电缆；当线缆采用导管敷设时，应采用金属导管。

古建筑改建时由于导线穿金属保护管暗敷可能破坏原有古建筑结构，故通常采用导线穿金属保护管明敷做法。

10.2 照明控制

博物馆建筑一般规模较大且内部功能较为复杂，通常电气照明系统耗电功率较大，灵活合理的照明控制方式能够在降低建筑能源消耗的同时提升室内环境的舒适度。

根据不同的展示需求从照明舒适度、保护文物、节能控制方面出发，针对环境照明、重点照明、展柜照明、场景照明采用不同回路进行控制，同时保障照明的连续性和可靠性。

10.2.1 照明控制方式

1. 手动与自动控制

手动控制适用于大部分照明场景，是最主要的控制方式。开关一般安装在靠近空间入口处或管理人员操作区域。将多个开关集成于一个面板上，不仅可以节省空间，还可以通过组合开关提供预设的照明场景。

手动控制与自动控制并非对立关系，在设置自动控制或集中控制的博物馆建筑中仍然需要设计现场手动控制界面或面板，且现场手动控制优先级设置最高，现场工作人员可以通过手动控制快速地获得想要的照明场景。

自动控制及集中控制可以弥补手动控制所不能实现的诸多功能，例如，集中或时钟自动控制开关，减轻工作人员的管理负担。

照明节能自动控制，需要时人为或传感器自动触发开启灯光，不需要时自动关闭。

2. 时钟控制

时钟控制是使用时钟定时输出控制信号并控制照明的一种控制方式。这种控制方式适用于空间使用规律、人员活动规律、空间照明场景使用较确定的空间。例如，博物馆公共区域根据空间开放作息时间定时开启、关闭、调光等。例如，存在传感器延时参数的定时设置修改，不同时间段对应的延时参数不同。

定时控制不仅适用于照明定时控制，也适用于照明相关设备的定时控制或参数设置。

3. 感应控制

感应控制包括存在感应、运动感应。感应器的感应功能目标是探测人员是否在被感应区域内。目前市场上常见的感应器技术如红外、雷达、超声波多为运动感应，感应器探测到运动后触发控制信号，延时一定时间内没有新的运动触发则视为人员不在被感应区域内。

采用毫米波雷达、视频检测技术可以实现真正意义的存在感应，即人员出现在被感应区域内即使无运动，仍然能够被探测，人员离开后能够快速做出判断。

存在感应相比运动感应成本高，存在感应是感应控制未来的重要发展方向，其中毫米波雷达探测技术已经较为成熟，采用视频检测技术对硬件及数据处理能力要求较高，同时采用视频检测技术需要考虑被检测区域是否存在隐私保护问题。

存在感应主要应用：公共区域的节能自动控制，在探测不到人员时延时后降低亮度或关闭灯光；光敏感展品的曝光量控制，在探测不到人员时降低展品曝光量，当有人进入展品区域后自动恢复照度。

4. 光感控制

光感控制是采用光敏传感器探测空间照度或亮度，根据探测值做出相应控制。光感控制通常用于具有天然采光的空间或区域。当天然光对设定的区域能提供充足的照度时，系统便进行遮阳，减少采光、调低或关闭人工光源等控制；反之，系统增强人工光源亮度来补偿照明效果。常见目的是维持预设的照度水平。除了可以根据环境采光调节人工光源亮度，该控制方式还可以在光源衰减老化后，通过光感反馈维持或补偿灯具照度输出水平。

5. 智能控制

智能照明控制系统是一种集中控制方式，即集中统一的控制管理平台或界面对所有灯光进行统一的控制管理，包括灯光状态、设备状态、交互控制、控制预案及策略、系统信息、曝光量数据、其他信息数据等。其交互控制具体典型的特征体现在系统可控制任意回路连续调光或开关，可预先设置多个不同场景，实现照明的艺术性和舒适性，可接入各种传感器对灯光进行自动调节，与楼宇智能控制系统或上级管理系统联网，使各系统协调工作。

智能照明控制系统可对博物馆展厅、门厅、综合大厅、走廊、车库等公共区域的照明进行集中控制，根据不同时段实现灯光的自动开关、照度的自动调节，并可对报告厅、多功能厅、展厅预设多种照明场景模式，根据使用需求进行场景智能切换。特别是临时展厅，往往要结合不同的展览主题营造不同的灯光效果，这就需要利用智能照明控制系统实现照明场景的切换，更好地将灯光与展陈设计相融合，以便为观众提供一个高质量的观展光环境。此外，还可设置布展、撤展等照明控制模式，以满足不同的使用需求。

6. 曝光量控制

展品的曝光量是指光照度和时间的乘积，包括展览和非展览时段的全部光照度。这与展品的受损程度成正比，曝光量越高，展品受到的损害越大。尤其是织绣品、纸质品、染色皮革等对光特别敏感的展品的年曝光量要控制在 50 000lx·h 以内。由于光辐射会对文物造成不可逆的永久性损伤，因此博物馆在展陈照明设计上，相对于观赏性和保护性，更偏向保护性，降低照度设计标准是最常用的曝光量控制实现方式，因此博物馆照明的整体照度一般设计得比较低，多采用不直接照射展品的间接照明手法。

曝光量控制是智能照明控制系统的重要内容之一，通过智能照明控制系统可以兼顾和平衡曝光量和展示效果之间的关系，通过智能照明控制系统不仅可以记录曝光量，同时可以达到减少展品曝光量，降低灯光对展品损害的目的。例如，设置合理的照明策略，通过调光降低展品的曝光度，同时结合传感设备，在观众靠近文物时打开灯光，减少不必要的照明时间，同时可根据文物的曝光量，设置光照时间，通过照明控制系统设置时序控制，允许按照文物最佳光照时间运行特定的时序表，对于有窗户的房间，还可结合不同维度的季节自动调节卷帘位置。同时还可设置曝光度预警功能，当达到曝光度安全值时，可通知管理人员，最大限度地控制展品的曝光时间。

10.2.2　照明控制策略

照明控制方式的选择基于能够更好地观赏展品和保护展品，设计师在进行照明设计时，需结合馆方需求、空间特性和使用需求确定控制策略，灵活运用合适的控制方式。

（1）环境照明为空间提供均匀的基础照明。同时考虑环境照明对展示物品的影响。为满足不同展示空间环境照明要求，小型空间可采用 0/1～10V、晶闸管或单灯旋钮调节技术，大型空间可采用更先进的智能控制技术，对灯具亮度进行调节控制。

（2）重点照明在博物馆中突显展示物品、展示内容，为参观者观看展品提供必要的光线，同时利用眼睛的趋光性，对参观者进行指引。

（3）不同类型的展示物品对光的敏感度不同，可分为不感光、低感光度、中感光度、高感光度。针对不同对光敏感度的展示物品采用不同的照度，光敏感度高的展示物品有条件的应采取曝光量控制策略。

（4）在控制重点照明的同时，不可忽略环境照明的影响，展面墙通常采用单灯调光灯具配备光学镜片的方式进行控光，而展柜则通常采用 0～10V、DALI、PLC 系统进行调光控制。在展柜照明设计时，为满足不同的需求会考虑采用不同类型的灯具，不同类型的灯具设置智能控制系统，以便更好地适应不同的展示需求。

（5）由于天然光的紫外线含量高，且日出日落照度水平变化大。屋顶和窗户若不具备智能感光系统，应避免使用天然光。

10.2.3　照明控制系统

1. 模拟调光技术

（1）单灯旋钮调光。

单灯旋钮调光是博物馆轨道灯常用的调光方式，灯具灯体上预留旋钮，通过手动旋转旋钮控制该灯具的灯光输出强度，同时也可通过增加旋钮数量来增加可控参数项。例如，增加色温调节旋钮，通过旋钮调节灯光的输出色温。单灯旋钮调光结构简单，不需要复杂的控制系统，可以用于固定展品或固定灯光模式的空间。缺点是需要手动在灯具安装位置调节，不便于后期进行灯光参数修改。

（2）晶闸管调光。

可控调光可以理解为通过电子开关元件进行调压，结构简单，性价比高。晶闸管是一种半导体器件，晶闸管导通过程中，改变其导通角，就可以改变其输出电压的有效值，从而实现调光功能。除了晶闸管以外，还有晶体管前沿、后沿调光等技术。调光过程中，随着导通角的变化，电压正弦波被破坏，从而降低了功率因数，通常 $\cos\varphi$ 低于 0.5，而且在调光时，随着导通角减小，功率因数越来越低，低亮度时功率因数甚至低于 0.2。调光过程中在低负载时很容易因为晶闸管导通维持电流不足而出现不稳定现象，同时会产生音频噪声和闪烁，通常仅限于小范围应用，大规模应用时会对电网电能质量产生严重影响。

（3）0/1～10V 调光。

0/1～10V 是一种最常见的模拟调光技术，常用于调光控制器与末端灯具之间的调光控制。0/1～10V 实际上是改变信号线上的 0/1～10V 的电压信号，从而控制灯光亮度。0/1～10V 调光技术应用广泛，结构简单，性价比高，调光效果好。缺点是需要增加信号线，模拟电压信号容易受到干扰，调光深度有限，信号线电压信号损失会影响灯光调节的一致性和准确性。

2. 总线通信技术

（1）DMX 512。

DMX512 协议是由美国舞台灯光协会（USITT）提出的一种数据调光协议，它给出了一种灯光控制器与灯具设备之间通信的协议标准。DMX512 采用 RS485 作为通信总线，主从结构，可控制 512 个通道的调光控制信号，波特率 250kbit/s，最长距离达 1200m。

DMX 512 系统特点：

1）采用 DMX512 的控制系统每个灯都需配置 DMX 解码器，同时具有独立地址。

2）DMX 主控设备通过刷新方式持续发送信号指令给每一个解码器，驱动每个灯工作于不同亮度和色彩，传输速度快，刷新率高，延迟性小。

3）DMX 系统灯具供电为弱电信号，传输信号错误率高。

4）单个控制系统可控制的照明回路数量有限，大系统需要加分控、信号放大器等设备。

（2）DALI。

数字可寻址照明接口（digital addressable lighting interface，DALI）是为实现照明控制产品之间的双向数字通信而制定的一种两线双向串行数字通信协议。DALI 采用低压载波方式作为通信总线，主从结构，固定通信速率为 1.2kbit/s，传输距离约为 300m，总线最大可提供 250mA 的电流给 DALI 控制设备使用。DALI2 是基于 DALI 做的升级，可提供额外的色温及色彩控制。

DALI 系统特点：

1）DALI 主控的 1 个 DALI 总线通道最多可以承载 64 个 DALI 地址。

2）DALI 主控与 DALI 电源依据 DALI 协议进行通信。

3）每个 DALI 电源都可被单独寻址。

4）每个 DALI 电源可储存 16 种灯光场景。

5）同一个 DALI 电源可以被编辑进 1 组或其他组，最大编组数为 16。

6）电磁干扰小，数据通信不受市电或无线电干扰，抗干扰能力强，需布信号线。

（3）KNX。

KNX（Konnex）是家居和楼宇控制领域重要的开放式国际标准，是由欧洲三大总线协议 EIB、BatiBus 和 EHS 合并发展而来。KNX 通过一条总线将各个分散的设备连接并分组和赋予不同的功能；系统采用串行数据通信进行控制、监测和状态报告。KNX 是基于事件控制的分布式总线系统，只有当总线上有事件发生时和需要传输信息时才将报文发送到总线上，KNX 通常不用于直接控制灯具，而是控制调光模块或调光设备。例如，DALI 调光器或 0/1～10V 调光器。

KNX 系统采用分层结构，搭建系统时，需划分成域和支线设计系统结构，系统可包括 15 个区域，每个域可包含 15 条支线，每条支线可接 64 个 KNX 设备（最多可扩展到 255 个），支线通过线路耦合器和主干线连接，且每条支线总长不超过 1000m，每两个设备间最长距离不超过 700m。同时主干线需要一个系统电源提供设备的工作电源。

KNX 系统特点：

1）布局清晰，布线简单，容量大，对各种类型的项目尤其是大型公建项目特别适用。

2）由于每个域和每条支路分别分配了 KNX 电源，使得系统的某个部分出现故障时，其他部分仍能继续工作。

3）一条线路或一个域内的数据通信不会影响到其他范围的数据通信。

3. 无线通信技术

基于无线通信技术的照明控制系统模块与模块之间没有实际信号线连接，通信通过电磁波传输，系统容易部署、配置灵活、拓展性强、售后便捷，但相对于有线系统而言稳定性较差。目前智能照明市场标准未定，多种无线通信协议并存，主要的通信协议有 Wi-Fi、ZigBee、BLE Mesh、Z－Wave、2.4G、RF 射频、4G、NBIoT 等。各种无线通信协议，无论是安全性、稳定性，还是流畅性、设备承载能力等方面，各有优势和缺点。以下主要对 Wi-Fi、ZigBee、BLE Mesh 进行介绍。

（1）ZigBee。

ZigBee 是一种低成本、低功耗的近距离无线组网通信技术，其特点是近距离（一般介于 10～100m 之间）、低复杂度、自组网、高数据速率、保密性好、可扩展性强、网络容量大（最多可组成 65 000 个节点），适用于自动控制和远程控制领域，可以嵌入各种设备。由于 ZigBee 主要采用 ISM 频段中的 2.4GHz 频率，其衍射能力弱，穿墙能力弱，同时其终端设备之间不能直接进行通信，如需通信需经过父节点进行多跳或者单跳通信。ZigBee 工作在 20～250kbit/s 的速率，分别提供 250kbit/s（2.4GHz）、40kbit/s（915MHz）和 20kbit/s（868MHz）的原始数据吞吐率，满足低速率传输数据的应用需求。ZigBee 通常采用网状网络结构，支持节点自动跳转，提高网络传输距离。目前 ZigBee 不能使用智能手机直接控制，需通过额外网关。

（2）BLE Mesh。

BLE Mesh 网络技术是低功耗蓝牙的一个进阶版，Mesh 网络属于网状网，BLE Mesh 扩大了蓝牙在应用中的规模和范围，理论上可同时支持超过 3 万个网络节点，低功耗蓝牙信号强度较弱，无线通信质量容易受 2.4GHz 频道占用等影响。虽然蓝牙存在安全性、组网能力和抗干扰能力不强的缺点，但随着蓝牙 5.0 的推出及支持 Mesh 功能后，不仅提高了传输速度（上限为 24Mbit/s），增加了有效工作距离（可达 300m），同时 MESH 蓝牙技术可实现设备间的沟通联动，多点连接自动进展以及远程控制。蓝牙与 Wi-Fi 一样，有大量的终端支持，因此，其系统配置简单，易部署和网络扩展。

（3）Wi-Fi。

Wi-Fi 是一种常用无线联网的技术，通常使用 2.4G UHF 或 5G SHF ISM 射频频段，采用星形网络。连接到无线局域网通常是有密码保护的，但也可以是开放的，这样就允许任何在 WLAN 范围内的设备连接。与蓝牙和 ZigBee 相比，虽然同属短距离无线传输，但 Wi-Fi 具有更高的传输速率（Wi-Fi7 最高速率可达 30Gbit/s）和更长的传输距离（50～100m 内），方便与现有的有线以太网整合，组网成本比较低。缺点是 Wi-Fi 模块成本和功耗都比较高，无线通信质量容易受 2.4G 频道占用等影响，星形网络结构对中心节点要求较高，中心节点发生故障容易导致大面积灯具失控。

4. PLC 电力线通信技术

（1）通用 PLC 技术。PLC 通信原理如图 10-1 所示。

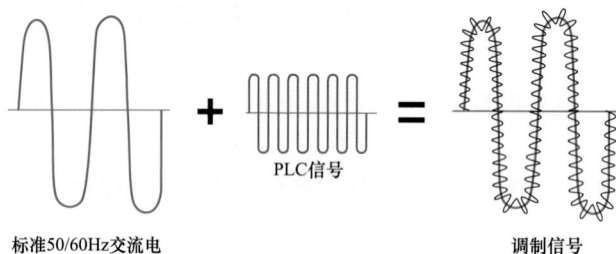

图 10-1　PLC 通信原理图

（恒亦朋提供）

PLC（Power Line Communication）电力线通信技术，是以电力线为信号传输媒介的通信方式，最早是电力系统特有的通信方式，其最大特点是不需要重新敷设通信信号线，只要有电线，就能进行数据传递，且通信速率高，传输距离远。PLC 照明系统所有模块通过一组电力线连接，电力线作为负载线的同时，也作为信号线传输信号，可实现单灯控制，不需单独敷设信号线。缺点是同一变压器下电力网络共用带宽，系统抗干扰性能差，需要设置隔离器防止受到干扰和干扰其他设备。

（2）专用 PLC 技术。

根据 PLC 应用领域及技术原理特点，延伸出多种专用 PLC 技术。例如，HPLC、BPLC、ZPLC 等技术。其中，ZPLC 是一种专门针对照明应用的新型电力线通信技术，利用已有供电线路，通过信号调制实现供电与信号复用线路的通信技术。ZPLC 可使同一灯具供电链路上实现灯光的亮度、色温、分组、场景等控制，也可扩展应用于电动窗帘、控制面板、传感器等通信控制或数据采集。ZPLC 具有通信距离远、抗干扰能力强、体积小、成本低等特点。与通用 PLC 技术相比，无须额外单独设置隔离器，内置信号隔离，信号只对照明控制器以下回路灯具有效，有效解决 PLC 回路间干扰及公用带宽问题，照明控制稳定性及同步性优于通用 PLC 技术。特点如下：

1）针对照明应用优化通信及抗干扰性能，系统可靠性高。

2）免布控制线，简化系统设计、施工，降低系统实施综合造价。

3）专用 PLC 技术配合 ZPLC 全数字化光源可实现灯光亮度、色温、场景可调，可实现建筑整体照明智能化。

4）数字化光源支持数字化编组，适应不同的灯光需求，设置编组不受供电回路的约束，具有更高的灵活性。

5）系统运行不依赖互联网，可脱网运行或局域网运行，不依赖中控计算机，系统安全性和可靠性高。

10.3　典型区域照明配电及控制方案

10.3.1　展厅、陈列室

展厅是用于举办展览、布设展品的房间，陈列室是陈列展览品的房间。在国内传统博物馆工作中一般对两者不做区分。

《博物馆建筑设计规范》（JGJ 66—2015）提出："展厅的照明应采用分区、分组或单灯控制，照明控制箱宜集中设置；陈列室内的照明宜分区控制。"合理选择照明控制方式，可有效节约照明用电，且能对不同区域的照明实施便利的管理。在展厅、陈列室照明配电及控制的设计过程中应着重考虑。展厅、陈列室的照明控制可采取以下多种方式：

1. 手动控制

手动控制是小型博物馆展厅照明控制的一种常见方式，开关一般安装在靠近空间入口处或管理人员操作区域。可以将多个开关集成于一个面板上。

手动控制方式主要是指单纯的翘板开关控制方式，可根据需要设置多组控制回路，达到控制效果。这种控制方式需要管理人员现场控制，且无调光功能，一般适用于对照明控制要求不高的博物馆建筑。

2. 0/1～10V 调光控制

0/1～10V 调光应用简单、兼容性好、精度高且调光平顺。

相对晶闸管调光电源，0/1～10V 调光的效率可以高达 88%以上，对调光器没有要求，功率大小对控制器也没有要求。然而，其受压降影响更明显，且需要单独敷设信号线。

3. Dali 调光控制

DALI 可以对 DALI 驱动的各个照明设备进行调光，DALI 总线上的不同照明单元可以灵活分组，实现多种场景控制和管理。

Dali 调光系统除强电回路外，需接入 DALI 控制线，每根控制线可控制 64 个整流器。通过软件编程可实现对单个或多个灯具组的开关控制及调光，并录入开关面板。

4. KNX 调光控制

KNX 调光控制因其结构简单、成本相对较低、安全可靠、集成能力强等优势在博物馆照明控制中应用广泛。

5. 感应控制

通常对光敏感的展品应尽可能减少暴露在灯光下的时间，采用照度和人体移动二合一传感器来开关灯光可减少在无人情况下的开灯时间，实现人走灯灭。感应传感器可每间隔 2~3 个灯具设置一个。

10.3.2 藏品库房

博物馆一般都设有藏品库区，是对藏品库房及为保管藏品而专设的配套用房、通道、运输场地等占用空间的总称。对于藏品库区，平时人员活动较少，其照明开关宜设置在藏品库区的总门之外，便于人员进出时管理。

10.3.3 熏蒸室

《博物馆建筑设计规范》（JGJ 66—2015）中提出："熏蒸室的电气开关应设置在室外。"熏蒸室通常由控制室、灭菌间、废气处理等房间组成，由于熏蒸室内往往存在大量的化学腐蚀品及废气，其照明控制开关不能设置在灭菌间、废气处理房间内，宜设置在控制室内，也可设置在房间外。需要注意的是灭菌间有电气防爆要求，其照明灯具、线路应按防爆场所设计。

10.3.4 文物修复区

根据《建筑照明设计标准》（GB/T 50034—2024）中博览建筑中博物馆建筑其他场所照度要求保护修复室和文物复制室照度要求为 750lx。博物馆的文物修复区包括青铜修复室、陶瓷修复室、有害工作室、照相室、计算机房等功能房间，宜采用独立供电回路。

10.4 应急照明

博物馆照明包括展厅照明、展品照明、应急照明、警卫照明等，博物馆不仅具有贵重的展品，也是人员密集的公共建筑，展厅、疏散通道、疏散楼梯等部位应设置应急照明。

10.4.1 应急照明概念与含义

根据《建筑照明设计标准》（GB/T 50034—2024），应急照明分为疏散照明、备用照明、安全照明。疏散照明是用于确保疏散通道被有效地辨认和使用的应急照明。备用照明是用于确保正常活动继续或暂时继续进行的应急照明。安全照明是用于确保处于潜在危险之中的人员安全的应急照明。

根据《消防应急照明和疏散指示系统技术标准》（GB 51309—2018），消防应急照明和疏散指示系统是为人员疏散和发生火灾时仍需工作的场所提供照明和疏散指示的系统。

综合上述两个标准，疏散照明由疏散照明灯和疏散标志灯构成，疏散照明灯强调了对疏散照度的要求，疏散标志灯包括出口标志灯、方向标志灯、楼层标志灯和多信息复合标志灯，标志灯表示对安全出口、疏散出口、疏散方向、楼层等信息的标志、标识的要求，标志灯主要强调对标志灯具表面亮度的要求。

备用照明是用于确保正常活动继续或暂时继续进行的应急照明。

消防备用照明主要对避难间（层）及配电室、消防控制室、消防水泵房、自备发电机房等火灾时仍需工作、值守的区域的场所的照明要求。消防备用照明是专业人员值守的场所，要求与正常照明相同的照度，应保证供电可靠性，消防备用照明可以与正常照明兼用相同的灯具。

非消防备用照明对于重要建筑物尤其是人员密集的高大空间、具有重要功能的特定场所的照明系统提出了更高的要求，要求除正常照明和消防应急照明外，设置一部分照明在正常照明失效时确保正常活动继续或暂时继续进行。

安全照明是用于确保处于潜在危险之中的人员安全的应急照明。例如，手术室、抢救室、游泳馆高台跳水区域、工业圆盘锯等场所，博物馆建筑没有安全照明的设置要求。

为人员疏散、消防作业提供照明和指示标志的各类灯具为消防应急灯具，包括消防应急照明灯具和消防应急标志灯具。消防应急灯具除主电源（市政电源）外，必须配置蓄电池电源作为应急电源，蓄电池电源可以是集中的，也可以是灯具自带的。图 10-2 表示了应急照明分类架构。

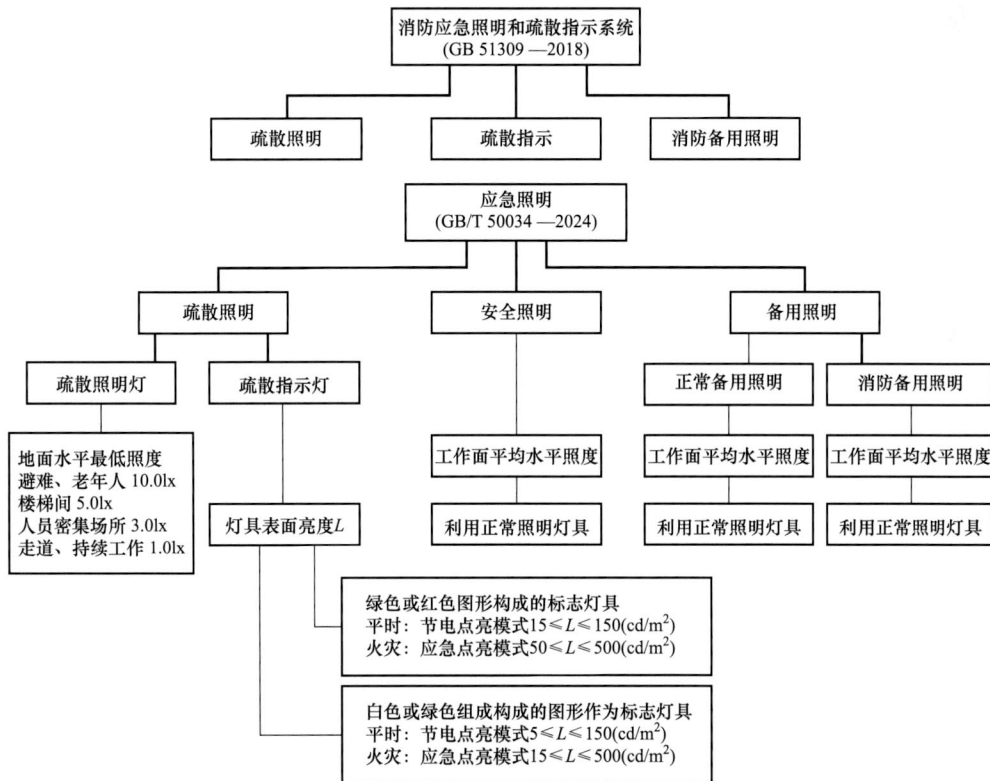

图 10-2　应急照明分类架构
（清华大学建筑设计研究院有限公司提供）
L—灯具表面亮度

10.4.2　疏散照明照度及设计要求

《消防应急照明和疏散指示系统技术标准》（GB 51309—2018）、《建筑防火通用规范》

（GB 55037—2022）均提出疏散走道、人员密集的场所，疏散照明不应低于 3.0lx。在布灯设计时，应进行照度计算，要求是在疏散照明区域内的点照度值，此值仅基于来自灯具的直射光，不考虑房间表面相互反射的影响，采用点照度计算方法计算，由于此方法没有考虑空间表面反射的影响，实际测量得到的值应比计算值大。

对于博物馆人员密集场所等区域，区域内能够划分出疏散路径的，照度测量范围按疏散路径范围，具有疏散路径的人员密集场所如图 10-3 所示。

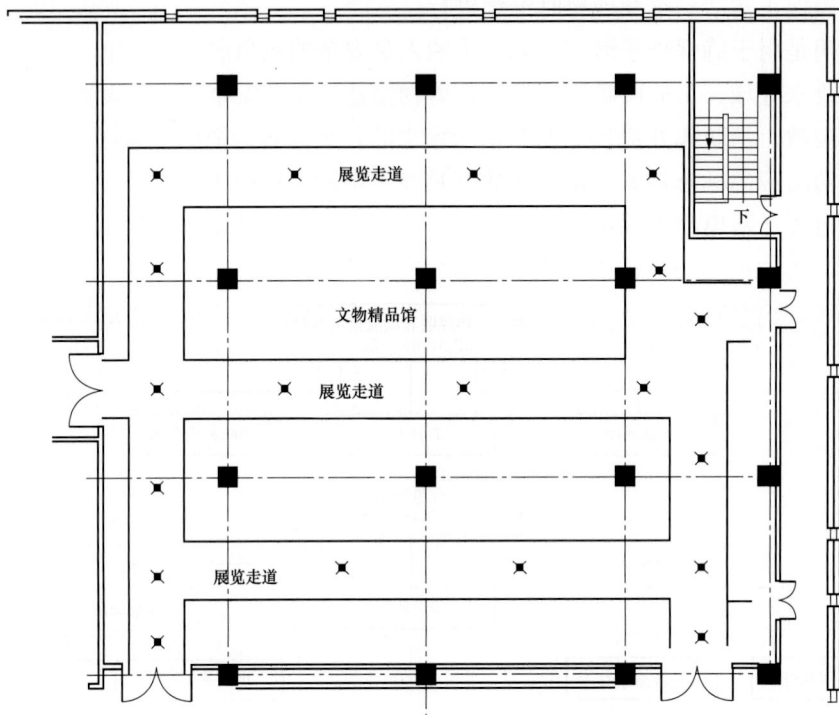

图 10-3　具有疏散路径的人员密集场所
（清华大学建筑设计研究院有限公司提供）

对于无法确定疏散路径的区域场所，在区域四周各减少 500mm 的范围内，满足疏散照度要求，图 10-4 为无疏散路径的展厅测量范围。

10.4.3　系统分类

消防应急照明和疏散指示系统按消防应急灯具的控制方式可分为集中控制型消防应急照明和疏散指示系统（以下简称"集中控制型系统"）和非集中控制型消防应急照明和疏散指示系统（以下简称"非集中控制型系统"）。

1. 集中控制型系统的组成

集中控制型系统是设置应急照明控制器，由应急照明控制器集中控制并显示应急照明集中电源或应急照明配电箱及其配接的消防应急灯具工作状态的消防应急照明和疏散指示系统。根据消防应急灯具蓄电池电源供电方式的不同，集中控制型系统分为灯具采用集中电源供电方式的集中控制型系统和灯具采用自带蓄电池供电方式的集中控制型系统。

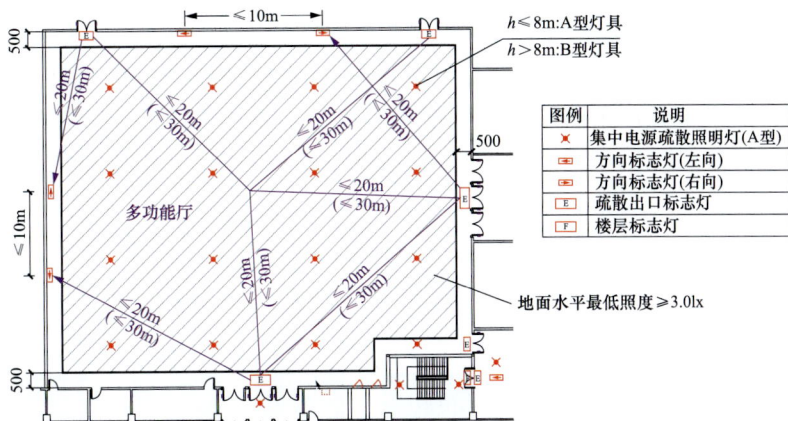

图 10-4　无疏散路径的展厅测量范围

（清华大学建筑设计研究院有限公司提供）

（1）灯具采用集中电源供电方式集中控制型系统的组成。

灯具的蓄电池电源采用应急照明集中电源供电方式的集中控制型系统中，消防应急灯具自身不带蓄电池电源，灯具的主电源和蓄电池电源均由消防应急照明集中电源提供。系统由应急照明控制器、应急照明集中电源、集中电源集中控制型消防应急灯具及相关附件组成，如图 10-5 所示。

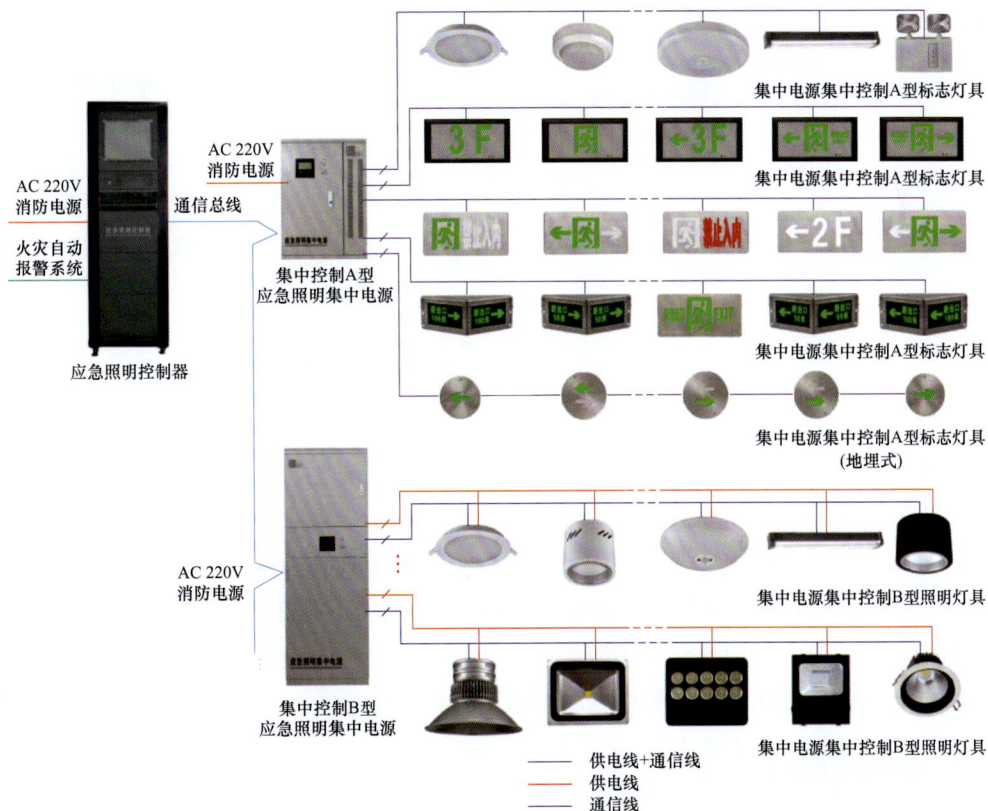

图 10-5　集中电源集中控制型系统

（清华大学建筑设计研究院有限公司提供）

179

（2）灯具采用自带电源供电方式集中控制型系统的组成。

灯具的蓄电池电源采用自带蓄电池供电方式的集中控制型系统中，消防应急灯具自带蓄电池电源，灯具的主电源由消防应急照明配电箱提供。系统由应急照明控制器、应急照明配电箱、自带电源集中控制型消防应急灯具及相关附件组成。自带电源集中控制型系统如图 10-6 所示。

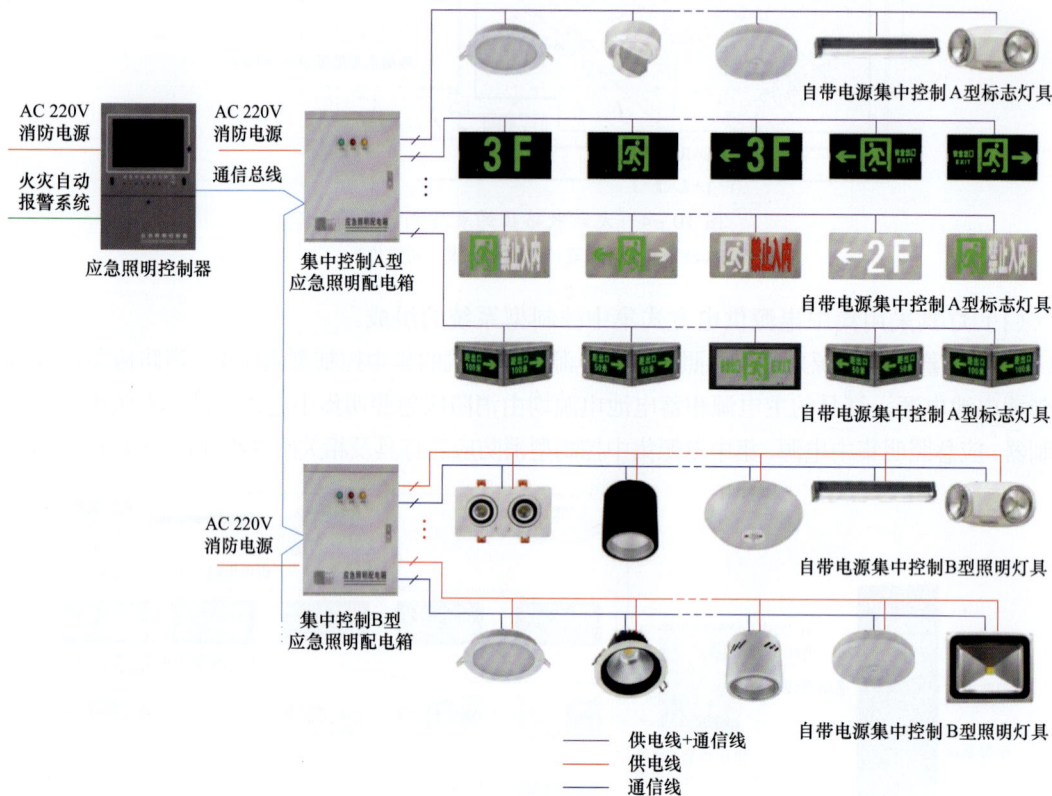

图 10-6　自带电源集中控制型系统
（清华大学建筑设计研究院有限公司提供）

2. 非集中控制型系统的组成

系统未设置应急照明控制器，由应急照明集中电源或应急照明配电箱控制其配接的消防应急灯具光源工作状态及主电源和蓄电池电源转换的消防应急照明和疏散指示系统。根据消防应急灯具蓄电池电源供电方式的不同，非集中控制型系统分为灯具采用集中电源供电方式的非集中控制型系统和灯具采用自带蓄电池供电方式的非集中控制型系统两种形式。

对于博物馆建筑，一般均设有消防控制室或消防值班室，设有消防控制室的建筑均应采用集中控制型系统，因此，对非集中控制型系统不再赘述。

10.4.4　供电与控制

《消防应急照明和疏散指示系统技术标准》（GB 51309—2018）对消防应急照明的供电和控制提出了明确的要求，供电与控制的正确与否关系到系统的可靠运行，集中控制型系统的架构如图 10-7 所示。图中应急照明配电箱是为自带电源型消防应急灯具供电的供配电装置。应急照明集中电源是由蓄电池储能，为集中电源型消防应急灯具供电的电源装置。

普通照明配电在火灾状态下根据消防控制要求可被切断。消防电源是指为消防设备供电的市政电源或柴油发电机电源，与正常电源独立自成系统。

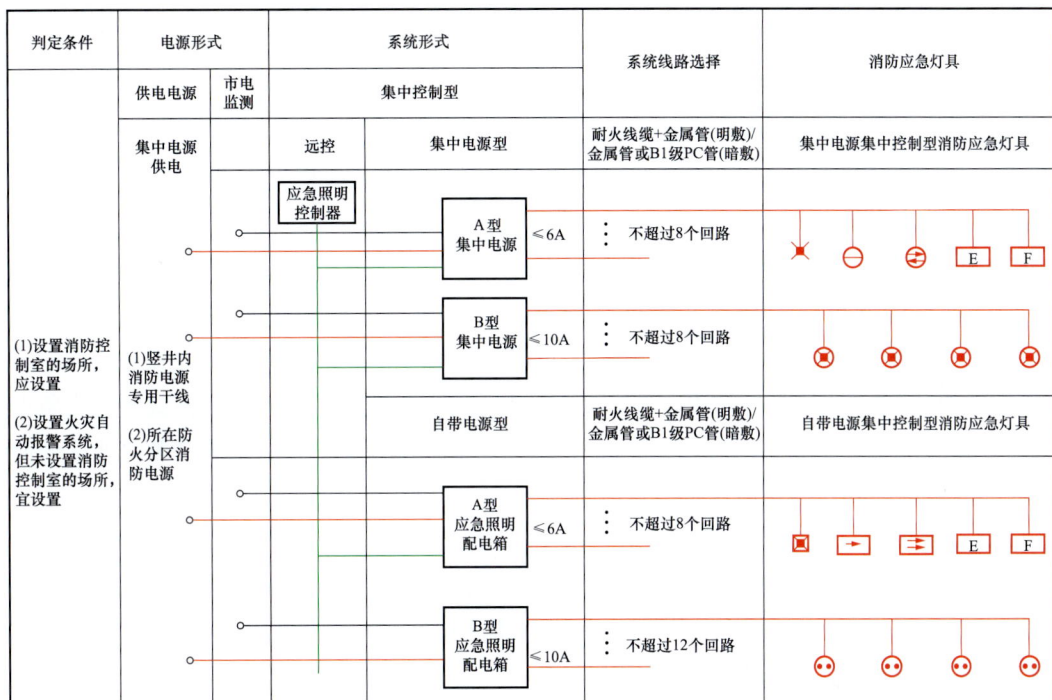

图 10-7　集中控制型系统架构

（清华大学建筑设计研究院有限公司提供）

1. 消防应急灯具的供电

疏散照明及疏散指示标志灯具的供配电设计应符合下列规定：

（1）灯具应由主电源和蓄电池电源供电。蓄电池组正常情况下应保持充电状态，火灾情况下应保证蓄电池组的供电时间满足安全疏散要求。

（2）集中控制型系统，其主电源应由消防电源供电。

（3）非集中控制型系统，其主电源应由正常电源供电。

2. 消防应急灯具的控制与通信

（1）集中控制系统中，对每个灯具可以进行监测和控制，对于 A 型消防应急灯具，电源线与控制线可以采用二总线，即电源线与控制线采用两根线，如果控制线与电源线不采用二总线，则电源线与控制线可以共管敷设。对于 B 型集中控制型消防应急灯具，每个灯具应具有 2 根电源线和 2 根通信线，如果应急照明集中电源或应急照明配电箱的通信回路与电源回路均采用了安全隔离措施，满足电磁兼容要求，并且电源线路电压等级、线路绝缘等级与控制回路保护等级均满足要求，则电源线和通信线可共管敷设，否则应分管敷设。

（2）非集中控制系统中，不要求对每个灯具进行监测和控制，系统仅仅控制到集中电源或应急照明配电箱，在火灾情况下，确保切断集中电源或应急照明配电箱的市政电源，启动蓄电池供电。

10.4.5 蓄电池供电持续工作时间

根据《建筑防火通用规范》（GB 55037—2022）要求，建筑内消防应急照明和灯光疏散指示标志的备用电源的连续供电时间应满足人员安全疏散的要求，且：

（1）建筑高度大于 100m 的民用建筑，不应小于 1.5h。

（2）总建筑面积大于 100 000m² 的其他公共建筑和总建筑面积大于 20 000m² 的地下、半地下建筑，不应少于 1.0h。

（3）其他建筑，不应少于 0.5h。

此三项与博物馆建筑相关，另外，根据《消防应急照明和疏散指示系统技术标准》（GB 51309—2018），在非火灾状态下，系统主电源断电后，集中电源或应急照明配电箱应联锁控制其配接的非持续型照明灯的光源应急点亮、持续型灯具的光源由节电点亮模式转入应急点亮模式；灯具持续应急点亮时间不应超过 0.5h；集中电源的蓄电池组和灯具自带蓄电池达到使用寿命周期后标称的剩余容量应保证放电时间满足火灾和非火灾状态下规定的持续工作时间。

根据上述规定，在非火灾状态下，主电源断电后，蓄电池可以点亮照明灯，但点亮时间最长不能超过 0.5h，如果这段时间内主电源没有恢复供电，则系统需要把疏散照明灯熄灭，以保证一旦此时发生火灾，蓄电池供电的时间应满足《建筑防火通用规范》（GB 55037—2022）的要求，《消防应急照明和疏散指示系统技术标准》（GB 51309—2018）要求蓄电池供电时间要满足火灾和非火灾情况下供电时间，但非火灾时间在 0~0.5h 之间没有具体指定，按照《建筑防火通用规范》（GB 55037—2022）分类情况，结合《消防应急照明和疏散指示系统技术标准》（GB 51309—2018）非火灾状态下的时间要求，推荐蓄电池供电持续工作时间见表 10-3。

表 10-3　　　　　　　　　　蓄电池供电持续工作时间

（蓄电池电源供电持续工作时间 $t = t_1 + t_2$）

火灾工况条件，持续应急时间		t_1	非火灾状态，主电源断电持续应急时间 t_2（推荐值）
建筑高度大于 100m 的民用建筑		≥1.5h	30min
建筑高度不大于 100m 的医疗建筑、老年人照料设施、总建筑面积大于 100 000m² 的其他公共建筑 水利工程、水电工程、总建筑面积大于 20 000m² 的地下或半地下建筑		≥1.0h	15min
城市轨道交通工程	区间和地下车站	≥1.0h	15min
	地上车站、车辆基地	≥0.5h	10min

续表

火灾工况条件，持续应急时间		t_1	非火灾状态，主电源断电持续应急时间 t_2（推荐值）
城市交通隧道	一、二类	≥1.5h	30min
	三类	≥1.0h	15min
城市综合管廊工程、平时使用的人民防空工程，除上述规定外的其他建筑		≥0.5h	10min

注：清华大学建筑设计研究院有限公司提供。

在此还需明确，这是系统设计要求，不是产品要求，蓄电池初装容量应根据电池充放电特点确定，产品应符合《消防应急照明和疏散指示系统》（GB 17945）的规定。

10.4.6　设计需要注意的问题

1. 消防应急照明和疏散指示系统设计依据

建筑是否设置消防应急照明和疏散指示系统，主要依据是《建筑防火通用规范》（GB 55037—2022），如果设置了系统，具体做法主要依据《消防应急照明和疏散指示系统技术标准》（GB 51309—2018）。

2. 系统选型及疏散照度

设置了消防控制室的建筑或建筑群均应采用集中控制型系统。

疏散照明的照度是点照度，不是平均照度，该照度不考虑房间表面反射的影响。

3. 疏散照度的测量范围

对于走道、楼梯，测量范围为楼梯中心线两侧各楼梯宽度的一半。

对于人员密集场所，区域型疏散照明的照度，关键看区域内有无疏散路径。区域内有疏散路径，照度按疏散路径测量；区域内无疏散路径，照度按四周各减小 500mm 后的范围测量。

4. 灯具电压等级的选择

设置在距地面 8m 及以下的灯具的电压等级及供电方式应符合下列规定：

（1）应选择 A 型灯具。

（2）地面上设置的标志灯应选择集中电源 A 型灯具。

（3）未设置消防控制室的住宅建筑，其疏散走道、楼梯间等场所可选择自带电源 B 型灯具。

5. 保持视觉连续的方向标志灯的设置

《建筑设计防火规范》（GB 50016—2014）（2018 年版）第 10.3.6 条规定，总建筑面积大于 8000m² 的展览建筑，应在疏散走道和主要疏散路径的地面上增设能保持视觉连续的灯光疏散指示标志或蓄光疏散指示标志。

《消防应急照明和疏散指示系统技术标准》（GB 51309—2018）规定，地面上如果设置了保持视觉连续的方向标志灯，应符合下列规定：

（1）应设置在疏散走道、疏散通道地面的中心位置。

（2）灯具的设置间距不应大于 3m。

地面上的保持视觉连续的方向标志灯，是增设的辅助标志，是侧墙或顶部标志灯的补充，不应仅采用地面上的保持视觉连续的蓄光型指示标志替代消防应急标志灯具。

从上述要求可知，博物馆地面上不宜设置保持视觉连续的电光源型方向标志灯，特别是临时展厅，疏散路线是随着不同展览变化的，很难保证方向标志灯在疏散通道地面的中心位置，而间距不大于 3m，也会影响展览效果，对于临时展厅，特别适合采用蓄光型指示标志作为保持视觉连续的标志灯。图 10-8 和图 10-9 中地面疏散指示灯在布展后，并不能起到疏散指示作用。

图 10-8　地面疏散指示灯指向隔断
（徐华　摄）

图 10-9　地面疏散指示灯指向展墙
（徐华　摄）

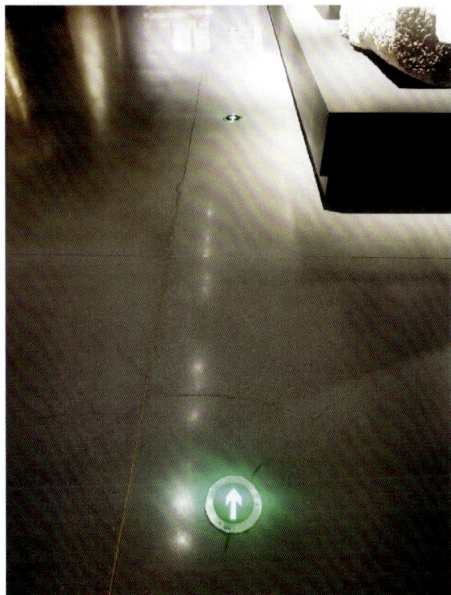

图 10-10 地面疏散指示灯
（徐华 摄）

图 10-10 地面疏散指示灯不在疏散路径中心位置，亮度影响展览效果。

6. 借用相邻防火分区与"智能疏散"

需要借用相邻防火分区疏散的防火分区，应根据火灾时相邻防火分区可借用和不可借用的两种情况，分别按最短路径疏散原则和避险原则确定相应的疏散指示方案；仅在借用防火分区的通道上安装双向的方向标志灯，此双向标志灯根据相邻防火分区情况改变方向，其示意图如图 10-11 所示，其他通道均采用单方向的方向标志灯，以最短路径原则设置。"智能疏散"均为宣传，标准不认可。

7. 灯具配电回路设置要点

（1）水平疏散区域灯具配电回路。

1）应按防火分区、同一防火分区的楼层为基本单元设置配电回路。

2）避难走道应单独设置配电回路。

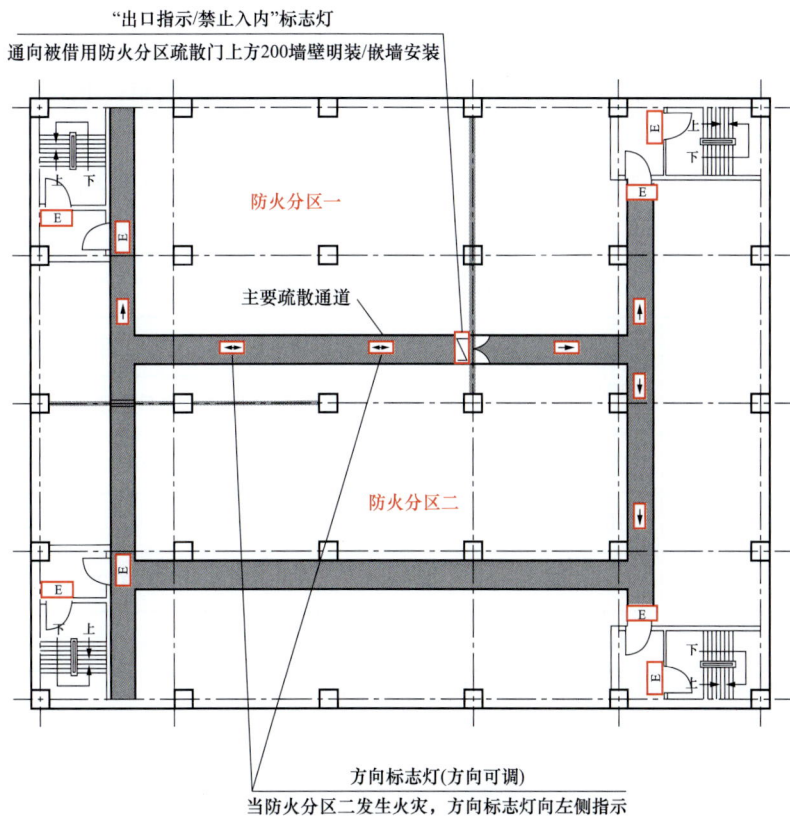

图 10-11 借用防火分区疏散方案示意图
（清华大学建筑设计研究院有限公司提供）

185

3）防烟楼梯间前室及合用前室内设置的灯具应由前室所在楼层的配电回路供电。

4）配电室、消防控制室、消防水泵房、自备发电机房等发生火灾时仍需工作、值守的区域和相关疏散通道，应单独设置配电回路。

（2）竖向疏散区域灯具配电回路。

1）封闭楼梯间、防烟楼梯间、室外疏散楼梯应单独设置配电回路。

2）敞开楼梯间内设置的灯具应由灯具所在楼层或就近楼层的配电回路供电。

3）避难层和避难层连接的下行楼梯间应单独设置配电回路。

8. 集中电源或应急照明配电箱供电范围

沿电气竖井垂直方向为不同楼层的灯具供电时，应急照明配电箱的每个输出回路在公共建筑中的供电范围不宜超过 8 层。集中电源的每个输出回路在公共建筑中的供电范围不宜超过 8 层。每个集中电源箱或应急照明配电箱有 8 个回路，可供电的范围可以很大，但还需要注意，安装在竖井中的每个集中电源箱的容量不能超过 1kW，每个回路不能超过 6A，这就限制了供电的范围不能太大，需要综合考虑，不能只从一个限定条件考虑。根据《消防应急照明和疏散指示系统技术标准》（GB 51309—2018）对输出回路数和电流的限制条件，实际允许每台集中电源或应急照明配电箱配接的最大灯具容量见表 10－4。

9. 应急照明配电箱、集中电源设置

（1）应急照明配电箱的设置。

1）宜设置于值班室、设备机房、配电间或电气竖井内。

2）人员密集场所，每个防火分区应设置独立的应急照明配电箱；非人员密集场所，多个相邻防火分区可设置一个共用的应急照明配电箱。

3）防烟楼梯间应设置独立的应急照明配电箱，封闭楼梯间宜设置独立的应急照明配电箱。

表 10－4 每台设备配接的最大灯具容量

系统	类型	回路数	单路容量/A	功率因数	额定容量/W			实际可接灯具容量/W		
					DC 36V	DC 24V	AC 220V	DC 36V	DC 24V	AC 220V
应急照明配电箱	A 型	8	6	1	1728	1152		1382.4	921.6	
	B 型	12	10	0.9			23 760			19 008
集中电源装置	A 型	8	6	1	1728	1152		1382.4	921.6	
	B 型	8	10	0.9			15 840			12 672

注：1. 安装在竖井中的集中电源箱的容量不能超过 1kW。

2. 清华大学建筑设计研究院有限公司提供。

（2）集中电源的设置。

1）应综合考虑配电线路的供电距离、导线截面、压降损耗等因素，按防火分区的划分情况设置集中电源；灯具总功率大于 5kW 的系统，应分散设置集中电源。

2）应设置在消防控制室、低压配电室、配电间内或电气竖井内；集中电源的额定输出功率不大于 1kW 时，可设置在电气竖井内。

3）设置场所不应有可燃气体管道、易燃物、腐蚀性气体或蒸气。

4）酸性电池的设置场所不应存放带有碱性介质的物质；碱性电池的设置场所不应存放带有酸性介质的物质。

5）设置场所宜通风良好，设置场所的环境温度不应超出电池标称的工作温度范围。

10. 疏散照明灯和出口标识灯具安装

《消防应急照明和疏散指示系统技术标准》（GB 51309—2018）规定，灯具在顶棚、疏散走道或通道的上方安装时，应符合下列规定：

（1）照明灯可采用嵌顶、吸顶和吊装式安装。

（2）标志灯可采用吸顶和吊装式安装；室内高度大于 3.5m 的场所，特大型、大型、中型标志灯宜采用吊装式安装。

（3）灯具采用吊装式安装时，应采用金属吊杆或吊链，吊杆或吊链上端应固定在建筑构件上。

（4）室内高度不大于 3.5m 的场所，标志灯底边离门框距离不应大于 200mm；室内高度大于 3.5m 的场所，特大型、大型、中型标志灯底边距地面高度不宜小于 3m，且不宜大于 6m。

从条文要求可看出，照明灯可采用嵌顶、吸顶和吊装式安装，但对于安全出口外面的照明灯，如果没有雨篷，也可采用壁装形式，如图 10-12 所示。

对于高大空间，出口标志灯安装底边离门框距离不应大于 200mm，高度应在 3～6m 范围内，才有利于人的视线。

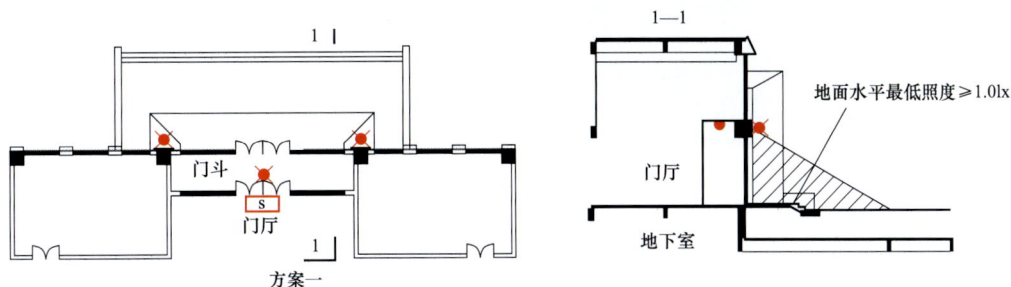

图 10-12　安全出口外侧疏散照明灯壁装形式
（清华大学建筑设计研究院有限公司提供）

11. 方向标志灯的安装

方向标志灯安装在疏散走道、通道两侧的墙面或柱面上时，标志灯底边距地面的高度应小于 1m；安装在疏散走道、通道上方时：① 室内高度不大于 3.5m 的场所，标志灯底边距地面的高度宜为 2.2～2.5m；② 室内高度大于 3.5m 的场所，特大型、大型、中型标志灯底边距地面高度不宜小于 3m，且不宜大于 6m。

由此可见，方向标志灯并不一定是安装在 1m 以下的墙上或柱面上，当安装在通道上方更有利时，可以安装在通道上方。对于高大空间，由于视线的关系，方向标志灯如果安装在通道上方，高度应在 3～6m 之间，如果是二三十米高的大堂和中庭，吊装的吊杆或吊链长达 20m 左右，安装困难，并有安全隐患，此时，采用地面立柱式安装，方向标志的标识距地 2.2～2.5m，下部 2.2～2.5m 支撑部分还可综合利用用于其他相关的标识，也可利用通道边墙壁装，更有利于方向指示。

当安全出口或疏散门在疏散走道侧边时，在疏散走道增设的方向标志灯应安装在疏散走道的顶部，且标志灯的标志面应与疏散方向垂直、箭头应指向安全出口或疏散门，其安装示例如图 10-13 所示。

图 10-13　走道增设指向疏散出口的方向标志灯
（徐华　摄）

10.5　标识照明

10.5.1　标识

所谓标识，就是标示识别，是用来识别的记号。在公共建筑空间环境中，通过视觉、听觉、触觉或其他感知方式向使用者提供导向与识别功能的信息载体。标识有以下几个特性：

1. 功用性

标识的本质在于它的功用性。标识虽然具有观赏价值，但标识主要不是为了供人观赏，而是为了实用，标识具有不可替代的独特功能，具有法律效力的标识尤其兼有维护权益的特殊使命。图 10-14 为贵州省博物馆新馆"多彩贵州"展厅标识。

图 10-14　贵州省博物馆新馆"多彩贵州"展厅标识
（徐华 摄）

2. 识别性

标识最突出的特点是易于识别，显示事物自身特征，标示事物间不同的意义、区别与归属是标识的主要功能。图 10-15 为洗手间标识。

图 10-15　洗手间识别
（徐华 摄）

3. 显著性

显著性是标识又一重要特点，除隐形标识外，绝大多数标识的设置就是要引起人们的注意。因此，标识的色彩应强烈并醒目，图形应简练清晰，如图 10-16 所示。

4. 多样性

标识的种类繁多，用途广泛，无论从其应用形式、构成形式、表现手段来看，都有着极其丰富的多样性。其应用形式，不仅由平面的、立体的，以及具象、意象、抽象的图形构成，还可以由色彩构成。多数标识是由几种基本形式组合构成的，如图 10-17 所示。

图 10-16　2008 北京奥运标识——会徽
（设计：张武、郭春宁、毛诚）

图 10-17　同济大学标识
（徐华 摄）

5. 艺术性

经过设计的标识都应具有某种程度的艺术性。标识既要符合实用要求，又要符合美学原则。一般来说，艺术性强的标识更能吸引和感染人，给人以强烈而深刻的印象。上海世博会标识如图 10-18 所示。

6. 准确性

标识无论要说明什么、指示什么，无论是寓意还是象征，其含义必须准确。尤其是公共标识，首先要易懂，符合人们的认识心理和认识能力。其次要准确，避免意料之外的多解或误解，尤其应注意禁忌。让人在极短时间内一目了然、准确领会无误，这正是标识优于语言、快于语言的长处。2008 奥运会志愿者标识如图 10-19 所示。

图 10-18　上海世博会标识

（设计：邵宏庚）

图 10-19　2008 奥运会志愿者标识

（设计：张武）

7. 持久性

标识与广告或其他宣传品不同，一般都具有长期使用价值，不轻易改动，如图 10-20 所示。

图 10-20　九寨沟游客中心标识

（徐华　摄）

因此，做标识设计时应满足上述特性要求。

10.5.2 标识种类

公共建筑标识系统是服务于公共建筑的全部标识的总称，包括导向标识系统、非导向标识系统和无障碍标识系统。导向标识系统是传达方向、位置、距离等信息，帮助人们认知起始点，且具有公共属性的标识系统；非导向标识系统是传达非导向信息的标识系统；无障碍标识系统是为残疾人、老年人、儿童以及行动不便者传递各种信息的标识系统。

标识面一般由图形和文字表示，这些图形和文字应满足人们的视看要求，标识图形、文字底边距地高度应符合下列要求：

（1）室内高度不大于3.5m的场所，标识图形、文字底边距地高度宜为2.2～2.5m。

（2）室内高度大于3.5m的场所，标识图形、文字底边距地高度宜为3.0～6.0m。

标识版面图形、汉字大小的最小尺寸应根据最大观察距离确定，应满足最大观察距离内视看性要求，标识图形最小尺寸应满足表10-5的要求；汉字标识最小尺寸不应小于表10-6规定的要求，条件受限时可采用高度极限值。

表10-5　　　　　　　标识图形最小尺寸　　　　　　（单位：m）

设计最大观察距离	图形最小尺寸
$0<L\leqslant2.5$	0.063
$2.5<L\leqslant4.0$	0.100
$4.0<L\leqslant6.3$	0.160
$6.3<L\leqslant10.0$	0.250
$10.0<L\leqslant16.0$	0.400
$16.0<L\leqslant25.0$	0.630
$25.0<L\leqslant40.0$	1.000

表10-6　　　　　　　汉字标识最小尺寸　　　　　　（单位：m）

设计最大观察距离	汉字高度极限值	汉字高度一般值
$1\leqslant L\leqslant2$	0.020	0.020
$4\leqslant L\leqslant5$	0.030	0.050
10	0.070	0.120
20	0.130	0.260
30	0.190	0.390

标识版面上图形、文字、符号及边框等之间的比例、间距应合理、协调，具体要求应符合《公共建筑标识系统技术规范》（GB/T 51233）的规定。

10.5.3　标识照明

标识照明是标识带有照明装置，并利用光电信号来显示和传递信息（如文字、符号、图形等）。电光源标识是在标识本体内装有照明装置，采用透光方式使标识体发光的标识，如图 10-21 所示。

非导向标识

导向标识

图 10-21　电光源标识
（徐华 摄）

博物馆库房、展陈空间等场所，大多是封闭空间，因此，在这些封闭空间内设置的标识应采用电光源型。

导向标识分为应急导向标识和服务导向标识。

应急导向标识系统用于消防应急照明和疏散指示系统时，其设置应符合《消防应急照明和疏散指示系统技术标准》（GB 51309）及《消防应急照明和疏散指示系统》（GB 17945）的规定，具体做法参见本章第 10.4 节。对于空间比较复杂的博物馆，应急导向标识系统在非消防情况下的导向标识，宜参考《应急导向系统　设置原则与要求》（GB/T 23809）的规定设置。

应急导向标识供电要求严格，一般除正常电源外，应配蓄电池作为应急备用电源，在火灾情况下一般由蓄电池供电。

服务导向标识系统采用电光源时，应与应急导向标识系统采用不同配电系统配电和控制，宜采用双电源供电。

10.5.4　标识照明性能要求

为了加强标识照明的辨识度，标识照明光源色温宜采用冷色温，但不应大于 6500K，显色指数 R_a 不应小于 80，闪变指数 P_{st}^{LM} 不应大于 1。

当标识照明采用 LED 光源时，由于 LED 灯的驱动电源一般是恒压或恒流输出的，因此，标识照明输入的端电压与额定电压的偏差值在 −20%＋5%，是不影响标识照明点亮的。

标识照明宜集中控制，为了不影响观看展览，展厅内的标识表面亮度宜可调节，亮度调节应符合下列要求：

（1）室内标识照明亮度与周边环境亮度对比度宜为 3～5，且不应超过 10。

（2）室内标识照明表面亮度均匀度 U 宜为 0.6～0.8。

（3）绿色或蓝色图形构成的标识在暗环境下亮度最大不应超过 150cd/m²，最小不小于 15cd/m²；在亮环境下亮度最大不应超过 500cd/m²，最小不小于 50cd/m²。

（4）白色或蓝色组合构成的图形标识在暗环境下亮度最大不应超过 150cd/m²，最小不小于 5cd/m²；在亮环境下亮度最大不应超过 500cd/m²，最小不小于 15cd/m²。

10.5.5 交互式标识系统

所谓交互式标识系统就是通过固定或可移动、可携带设备等，与使用者在特定场景下进行人机信息交互的标识系统。对于大型博物馆，其空间、功能复杂，如建筑面积大于 2 万 m² 的博物馆宜采用交互式标识系统；对于博物馆临时展厅、科技馆，交互式系统成为标配，交互式标识可根据不同展览进行变换，体现出现代博物馆的科技、方便、安全、协调性。

一般情况下，博物馆标识是一般导向标识与交互式标识系统共存的，在变换的场所、互动的场所设置交互式标识系统，此时，交互式系统不应干扰一般导向标识的正常功能，特别应注意避免其对主要空间流线的影响。交互式标识的显示界面在无效操作的情况下，宜在 60s 内自动返回初始页面。交互式动态信息显示标识系统应具有联网功能，应预留联网接口，联网时应设置防火墙，交互式标识系统如图 10－22 所示。

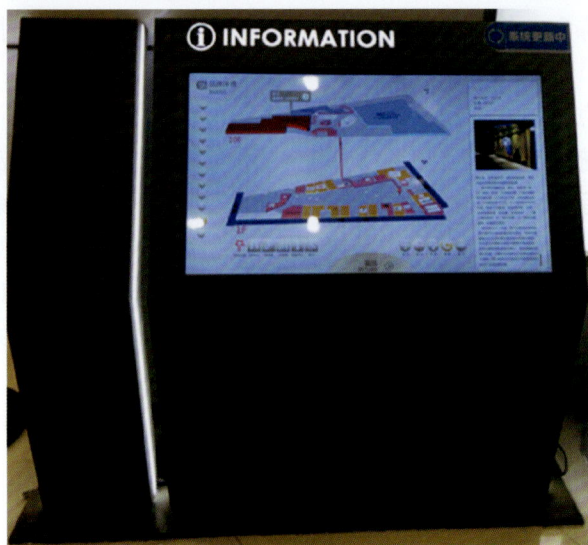

图 10－22　交互式标识系统
（徐华　摄）

10.5.6 标识照明安全

众所周知，采用特低电压供电，即供电电源电压不应大于交流 50V，直流 120V 时，是人体免受电击的重要措施。随着 LED 技术的发展，LED 低压、直流、易控制特性正好可满足特低电压规定，因此，对于安装在 2.5m 以下的标识，如落地安装及人员能触及的标识照明本体，推荐采用特低电压供电的直流供电系统。

如果标识照明采用交流 50V 以上的电压供电，配电回路应做短路、过负荷和接地故障防护，保障接地良好。

对于室内电光源型标识的防护等级要求不应低于 IP 44，其防火性能应符合《建筑防火通用规范》（GB 55037）和《建筑内部装修设计防火规范》（GB 50222）的规定。

第 11 章　照明调适与运行维护

11.1　新安装调适

相较于其他建筑照明应用，博物馆照明的建设和实施的复杂度和专业化要求更高，且在安装过程中需要提前考虑展馆可能展陈的展品特征以及布置需要。因此，除了需要科学合理地做博物馆照明专项设计，博物馆室内照明工程（包含展陈专业照明和功能照明）安装完毕和安全验收后，对照明设备及控制系统进行调适也是保证博物馆照明工程效果和质量不可或缺的重要环节。

11.1.1　调适目标

根据业主设计要求，对照明设备的光学性能、机械性能、电气性能等进行调适和检测，记录调适数据，形成调适报告，并针对调适过程中发现的问题提出相应的改进建议。将新安装调适应作为项目质量验收的一部分，其记录应存档。调适团队应根据展陈设计方案及项目特点，合理地制订调适计划和调适技术要求。

11.1.2　调适计划

调适计划应以书面的形式规定调适的目标、组织、文件要求、测评工具及时间计划。项目启动时，调适团队应在项目团队利益相关者的参与下，完成调适计划初稿，并随着项目进展而不断对该文件进行更新。调适计划应包括以下信息：

（1）拟调适系统的基本说明。

（2）根据设计文件确定的调适范围和目标。

（3）调适团队成员在整个项目中的角色和职责。

（4）参与调适相关人员的沟通及组织架构的调整。

（5）详细描述项目在调适期间要完成的具体任务、时间计划及相关责任人。

（6）调适中使用的仪器、工具和供应商的清单及相应要求。

（7）为确保关键工作核查能够有效执行的调适评测清单。

（8）在项目执行过程中用于沟通和关键调适事项跟踪的测试表格、调适日志和调适进度报告的模板和列表。

（9）调适评测中出现无法满足设计文件时应遵循的程序。

11.1.3　调适技术要求

调适技术要求是在博物馆照明设计图纸、设计技术要求、不同控制方式照明系统的计算报告、控制系统图纸、控制策略、照明系统各组成部件的技术要求等设计文件基础上制定的。调适技术要求应至少包含以下信息：

（1）设计文件所规定的照明系统在不同照明场景的详细性能参数。

（2）传感器和控制装置等照明系统部件的详细性能标准及公差。

（3）大型照明系统检验的抽样方法。

（4）组件、控制点之间的交互验证程序。

11.1.4　调适方法

1. 机械性能调适

本部分调适主要针对轨道灯具变换安装位置的安装性能、可调节灯具的照射角度调节性能以及有关灯具配件的安装更换性能（如防眩配件、各类光学器件等）进行调适，检查其是否符合相关要求，具体包括以下两个方面：

（1）灯具从导轨上摘取和重新安装的便捷性和安全性检查，对今后博物馆的运行工作至关重要。在前述进行所有灯具 24h 通电点亮测试时，可同时记录轨道灯具的安装性能情况，如有问题，真实记录，并做好标记。

（2）对专业展陈灯具上安装的控制眩光的光控片、各类防眩光格栅或套筒等配件，和不同配光的光学透镜或反射器的拆卸和安装便捷性和安全性进行检查，对其可靠性和实际效果进行调适确认。

2. 光学性能调适

光学性能调适主要针对照明灯具的光学性能进行描述，比如照明灯具的明暗调节、不同照射光型效果、不同配光角度的变换等等方面进行调适和记录。

（1）博物馆展陈照明灯具一般具备调光功能以适应不同展品的展示要求，这种功能可以是通过智能控制系统来实现，也可以是通过灯具上自带的调光旋钮来实现。灯具光通量调节通常用灯具出射光通量与额定最大光通量的比值来表示，例如 1%～100% 或 10%～100% 描述来表达调光范围。对某一功率规格灯具的最小光通量和最大光通量进行调适和检测记录，并对其调光过程进行影像记录，是确保所用灯具调光性能符合设计和技术要求的重要手段。

（2）为了适应不同类型和尺寸大小的展品展陈需要，灯具应具备不同配光，通常来说有极窄配光、窄配光、中配光、宽配光、拉伸配光及洗墙配光等。因此在调适中验证灯具配光角度的真实性和准确性，是灯具光学性能调适的重要工作。在调适现场应根据灯具标识配光角度类型进行实际验证，并对光型效果进行测试和拍照；在灯具数量较多时，可采用抽样检测法。应对各类防眩光配件的防眩效果进行检测和调适，并给出改进建议。

3. 电气性能调适

本部分调适主要针对照明设备的电气性能进行调适，包括回路开关、智能调光、场景编制等。应核对设备应该安装的部位和所要控制的灯具回路及控制方式与控制设计图纸要求的一致性。控制器安装在照明配电箱内的，需要会同控制器和配电箱厂家进行功能调适，使之确保控制器安装的方式方法和使用功能符合设计和采购要求。

所有控制设备及系统在安装完毕后，应与灯具试运行进行同步测试，并做好运行记录，并为业主单位相关人员提供培训。

11.1.5 其他功能照明调适

除了专业展陈区域的展陈照明调适之外，对博物馆其他功能区域的主要在功能照明进行调适，调适应依据设计文件进行，对相关功能照明灯具进行外观、光学参数、电气参数、控制性能等方面进行调适和检测，并提出改进建议。

11.2 布展后调适

本章节的照明调适区别于照明系统安装结束后的工程调适，它是结合展览或者活动内容的调适。它调适的最终目的是呈现最佳的展览效果。在展品就位的情况下进行调适，展品保护是调适实施的首要原则。

博物馆和美术馆中的不同类别的展陈对于照明效果和照明方式的需求也存在差异。我们将从展陈的形式、区域的不同来对照明的调适进行说明。其中相较于临时展览，陈列展览是展期相对较长的展览，其照明系统可以根据展陈大纲内容进行针对性地设置和调适。因此本节将重点介绍展厅照明、临时展览照明和其他展示区域的照明调适。

11.2.1 展厅照明调适

在展厅照明调适中，一般需要从展品呈现、展览效果和展厅氛围等方面综合考虑，应根据展品的大小、材质以及展示空间的特征来合理地运用照明系统，来构建舒适的展陈照明空间。

陈列展览中展期较长，且没有采用叙事、还原场景等展示手段的展览，建议在保证展品和展览效果的基础上，可以适当营造展厅灯光氛围。在单个展品在调适过程中，应依据《博物馆照明设计规范》关于展览照明入射角的规定，避免展品面出现观众影像、光幕亮点、墙面地面过亮等问题。在保证将所有展品照明都均匀照亮的基础上，还应根据突出展品本身的内在含义的需要，通过窄光、中光、宽光、拉伸、洗墙等光束角的合理选择，以达到展品呈现的最佳效果。例如，一幅以山水为主题的作品，山的表现有明有暗，我们可以运用不同的光形调节照明光亮的强弱，让作品本身的明暗对比更具冲击力，给观众带来更强烈的观展体验。在现场调适中的典型问题可采取以下措施：

（1）眩光可以通过灯具增加防眩光配件、调节出光明暗、改变入射方向、变换光束角度等方法来解决。

（2）反光的问题，一般会根据展品的特性、展品与灯具的空间关系，通过变换灯具位置、调节照明强弱、增加特定配件等方法，来尽量避免展品的正面反光，以确保正常观展，如图 11-1 所示。

展品本身的照明解决后还需考虑整个展览的光环境效果，不能出现同一区域内大小光斑、明暗过于凸显等问题，最终一个展览的呈现需要给观众一个舒适的照明环境，同时又能凸显出展品本身的效果。另外，如果展厅入口处内外照度差异过大，可以适当营造展厅入口处的环境照明，让观众进入展厅时视觉有一个较为缓和的适应过程。

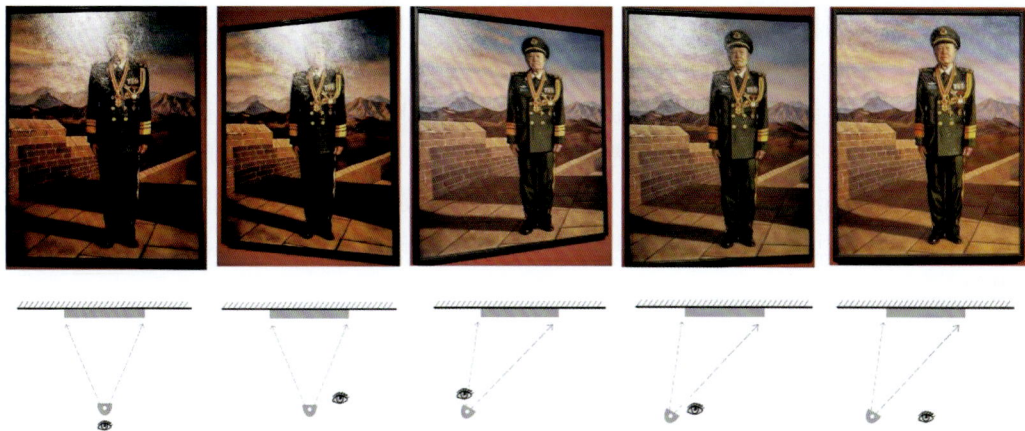

图 11-1　改变入射角度改善画面眩光
（江苏省美术馆提供）

另一类陈列式展览，其展品布置较为固定，一般采用故事性叙述、场景还原等展示手段，进行段落形式的展示。该类型展览的照明调适需要优先考虑展览效果和展厅氛围的营造。在这类展览中，作为故事叙述或场景中的一部分，就不能只考虑单个展品的调适，而是需要从场景的要求和环境效果等方面进行照明调适。例如夜晚街道场景的还原，可能采用房屋内透光、路灯发光等方式，整体环境一定是无光或者较低的照度。中午和傍晚的场景还原，整体环境的照明应采用均匀照亮，并根据场景要求对重点展品采用不一样的照明手段。

展览中超大超长展品照明系统调适时，应充分考虑展品照明亮度的均匀性，可合理使用洗墙、拉伸等灯具，同时需特别注意灯具间颜色一致性问题，如图 11-2 所示。

图 11-2　拓片和长卷
（江苏省美术馆提供）

11.2.2　展柜照明调适

展柜照明区别于展厅照明，展示的空间受到展柜的深度、高度的限制。展柜照明需要在一个受限的区域内进行照明系统调适，对照明灯具的照射角度、展品本身、策展的方式都提出了较高的要求。展柜一般分为沿墙柜、立柜、平柜三种类型的柜体，其照明系统调适也存在各自的特点：

（1）沿墙柜一般就是对普通展墙限制后的一种展示空间，它的照明调适方法与展墙照明基本相似，但对于柜体内墙面和底面都有展品的情况，需考虑两者照明相互干扰的问题。柜体内照明灯具的配光选择需考虑整体效果，一般情况可以考虑洗墙照明加窄光或中光的组合方式。如采用柜外照明形式，必须考虑照明灯具的照射角度问题、反光问题、观展人影问题等。

（2）立柜主要采用独立放置，四面通透，均可观展，它的照明可以设置在柜内，也可以在柜外。

1）当采用柜内照明时，它的照明设计现有多种解决方案，例如，多点投射照明、上下打光照明、立杆照明等。采用多点投射照明时，如投射点较多，在调适后需要注意每一个投射点在展品投射区域内的效果，投射区交接处的处理，由于多点投射容易造成多重阴影，所以在调适时应该尽量消除或者弱化阴影，同时也应避免眩光问题。上下打光照明一般用来解决形体复杂的展品，下打光一般采用辅助照明或多点照明的方式，下打光采用辅助照明时，第一照度不能过亮，否则上部的重点照明无法表现展品层次，同时也容易造成底部细节无法观赏，第二容易产生眩光，需要注意合理选择灯具瞄准点及配光，以避免对人产生不必要的眩光影响。立杆照明分为单头立杆和多头立杆，对此类照明进行调适，在布展方案制定时就须考虑展品形态的问题，形态过于复杂不适合此类照明形式的展品建议采用其他的柜内照明形式。不管是单头还是多头，水平方向灯具本身的位置是无法改变的，容易限制照明效果，在调适时一定要注意限制眩光，照明重点必须覆盖在展品上，特别是中部和底部进行平射和上射时，照射区不应超出展品本身。

2）立柜采用柜外照明时一般采用重点照明或发光模块照明方式，采用重点照明进行调适，需注意展品阴影的问题，同时也要注意照射角度问题，不能产生观众人影。发光模块在使用时只需考虑照射到展品的亮度即可。上述照明形式如采用轨道式照明，调适时所有灯具应避免放置于裸露展品正上方，确保展品的安全。如局部产生眩光，有条件给灯具增加减弱眩光配件，如在调适时展品本身发生反光，应尽量减弱照明亮度或改变灯具照明方向。

（3）平柜照明的调适，平柜由于高度受到了一定的限制，照明系统的选择相对比较困难，一般会采用多点投射、立杆条形照明、柜外照明，但都有弊端。

1）多点投射多见于面积较小的平柜，照明系统主要设立于平柜的四角，对于此类灯具调适，需保证展品整体的亮度均匀性、眩光和玻璃反射光。

2）立杆条形照明在之前使用就存在一定的弊端，当平柜过宽时，需要注意统筹解决展品整体的亮度均匀度和眩光之间的矛盾问题，同时还需要考虑控制玻璃反光。

3）采用柜外照明调适时需考虑的因素较多，眩光、反光、观展人影、光斑大小等问题都会影响最后的展示效果。在调适时可以通过增加防眩光配件（如遮光片、蜂窝片等）、改变照明入射角、改变灯具的距离和方向、改变灯具的照度等方式来改善上述问题。

很多的博物馆和美术馆等场馆里都会有一些沙盘展示的区域，本章把该类型的照明调适纳入平柜照明调适内，一般的沙盘展示面较大，所以顶部一般是开放式的，建议照明灯具应设置在沙盘垂直面外，根据内容选取合适的灯具进行照明，并通过变换位置，防止入射角产生眩光的眩光问题。

11.2.3　临时展览照明调适

临时展览照明的调适具有时间较紧，工作量大，往往与展品的展陈布置同步进行等特点，因此对调适人员的经验、技术能力提出了更高的要求。

相较于临时展览照明，陈列展览照明通常都配有专业的展览照明设计，直接可以做照明和展品的点对点。在临时展厅内的照明调适过程就是展览照明设计的过程，每调适一次相当于展览照明再设计一次。

临时展览在照明调适时不仅仅是照亮展品，更需考虑点和点的关系、点和面的关系、区域和区域之间的关系，以及不同照明系统（一般指专业照明系统和工作照明系统）之间效果的过渡。

单个展品照明调适，要根据展品的内容和形状通过照明的明暗、光形的调适来凸显出展品本身的特点。

点和点的关系主要指展品和展品之间照明效果，在照明调适时不能仅考虑单个展品的照明效果，当两个差异较大的展品在一起进行展示时，照明的调适需综合考虑两个展品的效果，例如大小差异较大的两个展品放在展墙上一起展示时，不仅在亮度、光斑大小等展示上都应该考虑整体效果。

点和面的关系主要指单个展品和整面展墙的照明效果，之前讲到了展品和展品，在照明调适时单个展品的照明调适效果虽然非常重要，但不能光考虑单个展品，而忽略整面展墙的效果，所以整面展墙调适结束时应对调适的照明进行整体效果检查，同一面展墙内不能出现过于个性化的照明现象，也不能出现为了追求效果而忽略单个展品的情况。

区域和区域的关系一般分两种情况：一个展厅内区域和区域相连没有遮挡或遮挡不严，这种情况下虽然是不同的主题或展示方法，依然需要考虑区域和区域之间整体的照明效果；另一种为区域和区域之间不相连或者完全遮挡，这种情况我们可以视为两个展厅或者两个展览，调适时不需过多考虑它们之间整体的照明效果。

不同照明系统主要是指专业展陈照明和工作照明之间的混合使用，因为是多种光源之间的配合使用，所以先要确定谁是主要照明。如专业展陈照明为主要照明时，我们的工作照明只作为环境光或底光使用，应控制它的亮度。工作照明作为主要光源时，不建议大面积使用专业展陈照明，对特定展品可以适量使用。

天然光单独或者和其他照明混合使用时，天然光一定需要进行专业的处理，在满足展厅内相关展陈标准的前提下才可使用。

11.2.4　其他展示区域照明调适

其他区域照明调适特指非展厅内，但和展览相关的展品或者附属设施的照明调适，一般指公共区域内的雕塑、装置、海报等。如果有专业展陈照明，可以适量使用，防止发生反光、眩光等问题。混合用光如图 11-3 所示。

图 11−3　混合用光
(江苏省美术馆提供)

11.3　照明检测与反馈

11.3.1　照明效果目测

展厅照明调适结束后，应通过目测的方式对展厅灯光环境做出主观评价，观察展品的照明效果是否满足点对点、点对面、区域对区域的调适要求。同时观察展厅环境是否有眩光、反光、光斑重影，是否存在部分展品过亮或过暗等现象。

如果采用调光系统，调适结束后必须对调光系统进行开关测试，同时对展厅所有展品的照明进行一次检查，应确保调适时和开关测试后结果一致。

在照明调适及照明调适后检测时，可合理使用照明测量设备，对目测存在差异化的照明进行一次初检，便于迅速找到问题并解决问题。

照明测量设备进行初检时仅仅是对目测有质疑的展品光环境的初步复核，其检测结果比较粗糙，只是让调适者尽量调适准确，符合相关要求。调适后，还需参照本章后续章节介绍的检测方法，并进行记录和反馈。

11.3.2　光环境参数评估

1. 检测仪器准备

在展览过程中，常用的测量设备仪器包括光照度计、紫外照度计、亮度计、光谱仪、频闪仪等。

2. 灯具基本信息统计

在选择测试灯光性能参数时，要熟悉展厅中现有灯具的空间位置（展柜、展厅）、光源和灯具的类别（LED、卤素灯等），以及灯具的基本特征（电压、功率等），同时应备注是否可调光等信息。

3. 抽检方法

根据展品的数量和类型进行全检和抽样检测，具体过程如下：

（1）对某一展厅的展品的尺寸大小和数量进行统计，比如取展品的长和宽中的最大值 $x = \max(L, W)$。

（2）将展品尺寸大小分为 $x \leqslant 1.5$、$1.5 \leqslant x \leqslant 2.5$、$2.5 \leqslant x \leqslant 4$、$x \geqslant 1$（单位为 m）四类，分别计为 A、B、C、D 类。

（3）当同类展品数量不超过 8 件时，通常可采取全检的方法进行统计。当同类展品数量超过 8 件时，根据国标《计数抽样检验程序》中的方法，当数量范围 9～15 件时，选取样本大小为 5 件；数量范围 16～25 件，选取样本大小为 8 件；数量范围 26～50 件，选取样本大小为 13 件。

（4）确定四类展品的抽样数量，通过仪器进行检测。

为了反映展馆的总体灯光优劣性，需要对所有展厅的展品进行采样测试。

4. 展品表面的光环境参数的测量

展品表面照度的测试常用照度计，将照度计探头（感光头）放在展品表面，探头朝向展品的主要视看方向。对一件展品可选取若干关键的测试点，为了快速方便地进行测量，可选取五个点（上下边缘和中间点）进行测量，具体测试点可选取展品的长宽各 1/10 处水平和垂直方向的交点和对角线的交点，如图 11-4 所示。

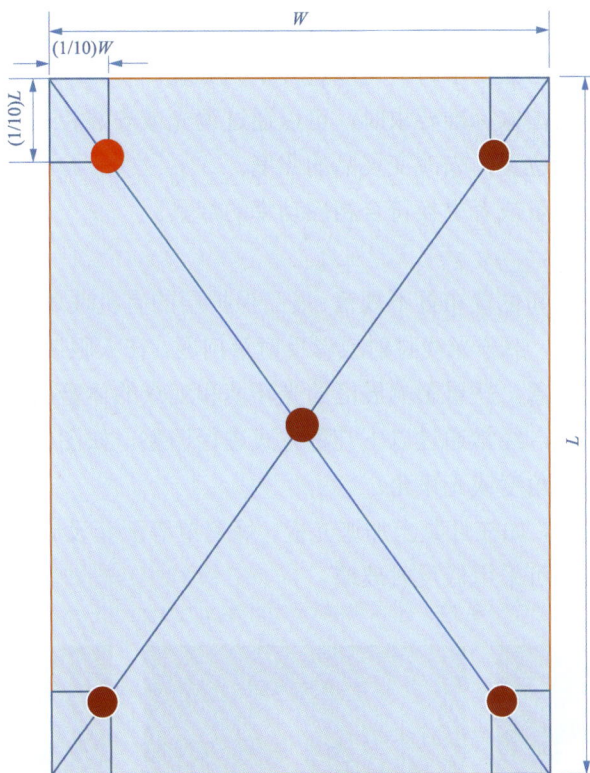

图 11-4　展品测试区域的选择
（江苏省美术馆提供）

按照测点进行照明测量，如图 11-5 所示，并整理测试结果，比对具体工程设计要求中的参数值，对展厅的光环境是否符合标准值进行判定。

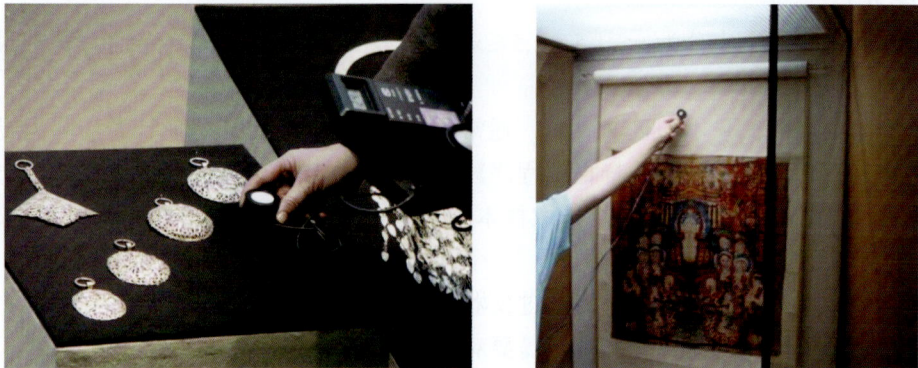

图 11-5　照明质量测试

（江苏省美术馆提供）

必要时，可委托专业的第三方照明检测机构对展厅的光环境进行全面的检测评估。

5. 调适效果修正方法

（1）对于灯具性能参数不满足照明项目设计要求的给予相应的调整。

比如灯具色温、显色指数、频闪等不符合照明设计值时，要及时维修或更换。

（2）灯光照度不符合国家要求时，可以进行下列处理：

灯光照度过高不符合国家标准要求时，可以通过调光或安装相关配件来降低照度。

适度调整灯具的空间位置，来改变展品的照度。

增减展品用光灯具数量或者更换符合相应功率的灯具。

（3）眩光的调整。

展馆中由于灯光空间和位置布置不规范、展品保护层的有机玻璃以及光线投射角不合理。使灯光在照射展品的同时，部分光线直射或者反射等问题，在人眼或灯光附近就会产生眩光、不均匀的光斑等一系列现象，严重影响展区的光环境和观众的体验感。

对于眩光严重的灯具，经常通过以下几种方式进行调整，如图 11-6 所示。

合理地调整灯具投射角度或光束角。

增加遮挡光源的设施，如在灯具上加遮光板、蜂窝罩等配套设施，减少灯光眩光的发生。

对于展品表面的玻璃可采用低反射玻璃。

图 11-6　常见的防眩光方式

（江苏省美术馆提供）

11.4　照明运行与维护

11.4.1　照明运行

为了保证展馆照明设施安全可靠运行，应定期对灯具及相关配套设施进行检测和巡查，内容主要包括以下几个方面：

（1）定期检测照明灯具的电气属性，包括灯具轨道工作电压是否在额定范围内、灯具外壳是否有漏电现象、轨道端子连接处是否有破皮、短路或接触不良现象等。

（2）定期检测灯具相关机械属性，包括灯具轨道的固定杆是否松动、灯具开关锁扣是否断裂、灯具外壳或镜片是否破损等。

（3）对于由于温湿度变化导致的结露、建筑本体损坏、设备设施穿越而导致有漏水风险的区域，需要定期查看轨道和灯具附近是否潮湿或漏水状况。

（4）为了保证展品达到展览效果，需对灯具定期检测相关光照参数（光通量、色温、显色指数、红外线和紫外线含量等）。

1. 展览区域的监测与控制

运行中照明的检测，根据各单位的实际需求可采用人工或自动化的方法进行。

人工方法常需要建立一系列关于巡检和检测的记录表格，按照一定的周期时间进行测量和统计，以下可供参考。

（1）监测记录。

负责相关检测和统计的工作人员，需要在规定的时间内，对灯具及其配套设备的性能参数及时统计和记录，统计时应两人一组，进行检测和记录，保证检测数据相对准确。

（2）信息反馈。

从实测数据出发，分析灯具及其配套设备的工作状况和相关数据，进行综合评判，制订合理的维护维修方案，确保照明系统的正常运行。

（3）常见问题。

当前部分展馆还采用传统的卤素灯来进行展览展示照明。虽然卤素灯有较好的显色性，但光源在照明过程中会产生高热量，尤其是能产生大量红外线和紫外线。在展陈照明中应尽量减少非必要的光辐射引起展品损坏，因此，定期监测灯具的红/紫外线含量具有十分重要的意义，解决传统卤素灯的红/紫外线的防护方法主要包括：

1）降低光线的照度，在符合《博物馆照明设计规范》（GB/T 23863—2024）中照度要求的同时，调整射灯与展品之间的距离，距离越远，危害越小。

2）在卤素灯产品的射灯上加装防红/紫外线辐射的滤镜，使用防紫外线的材料（钛白粉）对展墙进行刷粉，对于展柜玻璃的采购也可以是防红/紫外线的特种玻璃。

3）减少展品，特别是文物级展品的年曝光量，根据展品每年展出时间，计算年曝光率，合理地制订展览计划。对于有条件的展柜可安装自动灯光调节控制系统，当观众走近展品时，灯光开启。观众离开时，灯光亮度降低。

4）采用反射光投射展品，降低红/紫外线的强度，同时做好展柜的通风和散热处理，比如安装恒温恒湿、空气换热设备。

2. 其他区域照明的监测

（1）藏品库房及备展区。

藏品库房和备展区的主要功能用于展品的长期或临时存放。该区域的安全需首要考虑。在选择灯具时应考虑以下原则，采用低电压的灯具，以防止灯具过热，发生燃烧现象；选择不含有或少含有红/紫外线的灯具，防止灯具对敏感性展品的长期损害；具有较好的显色等性能的灯具，方便管理和相关工作人员观察、整理展品；为防止盗窃者破坏库房系统的监控和照明系统，还需要独立安装应急照明灯具和隐蔽式监控系统，需要对以上方面的问题进行监测和布置。

（2）办公与公共教育区域照明监测。

办公和公教区的照明主要功能是为工作人员提供良好的办公照明，为社会观众提供良好的活动照明为需求。定时定期地监测灯光的品质，及时更换老化和不符合《建筑照明设计标准》的光源是保证办公和举办活动的前提。

11.4.2 照明维护

1. 展示区照明维护

展区的照明效果对于展览效果和观众的体验感有非常重要的作用，照明的维护对于提升美术馆的照明的专业化水平有着深远的意义。因此，照明的重要性对于专业管理人员和相关维护制度的建立有严格的要求：

（1）专业管理人员要求。

专业人员要具备一定专业素养、专业知识和专业技能。专业素养是指对展品的美学鉴赏、文物知识等方面有知识储备和学习能力。专业知识是要求专业人员具备一定的理工科背景，对于光学、电学、材料学、计算机科学以及照明产品的应用和发展具备一定的了解和掌握基础原理。专业技能是指在灯光调适过程中具有一定的工作经历，对于不同类型的展品采用不同光束照明的能力，接触到用电或者登高设备时须持证上岗。

（2）专业管理人员的工作内容。

展览过程的前后对于损坏的灯具或光源能够及时更换，恢复到正常展览照明的效果。其次有一定的照明设计能力，在选用灯具类别、调适和安装的过程中，具备一定的指导和参考性。同时对于后期展馆照明系统改造，专业灯具厂家的技术人员能够进行专业化沟通交流，将工作经验和实践转化为专业知识进行输出。

（3）展区照明维护制度建立。

1）建立专业照明灯具及配件的领取登记制度。

领取登记主要包含展区的照明相关的设备进行登记造册，主要包含对不同类型射灯的进行区分（颜色标记）、对同种类型的射灯进行数字标号并统计灯具的数量、对灯具的状态（好、坏）、位置（展厅使用、库房存放）均需做好统计和记录。灯具配套设备（如不同类型的灯具灯珠、遮光板、防眩光蜂窝罩、各种拉伸镜片、导轨等）都要详细地做好记录。

2）建立灯具更换或更新保障制度。

在展览过程中因软硬件和机械故障损坏的灯具需要及时做好统计，并将其单独存放于库房中的某块区域，做好标识，以防与无故障灯具混在一起。同时故障灯具达到一定数量时，可联系厂家维修或更新更换相关射灯的软硬件，做好维修方案的制订。

由于展区的灯具长时间暴露在空气中，需要定期对灯具进行擦拭、保养等，具体可参考《建筑照明设计标准》中的年最少擦拭次数和维护系数，因展厅射灯的特殊性，对擦拭次数和维护系数比较苛刻，应高于规范中的要求。更换光源（灯珠或灯管）时，应采用与原设计或实际按照相同的光源，不得任意更换光源的主要特性参数。

传统灯具（卤素灯）由于使用年限多长、硬件老化等现象，已无法进行维修升级，很多展馆都相继补充了新型的灯具来替代损坏的灯具，比如采用高显色性能的 LED 灯具代替卤素灯和低显色 LED 灯具，高显色的 LED 灯具由于发光损耗小、使用寿命长、红紫外线含量低等特点已成为美术馆的一种新型灯具。因此对于安装的新型 LED 灯具做好相关指标的测定和管理是很有必要的，及时将技术指标反馈给厂家，以进行进一步研发和更新。

2. 典藏区和备展区照明维护

美术馆典藏区域是展馆最重要的场所，收藏了大量有价值的展品和文物，因此对该区域的照明维护和保养至关重要。

（1）照明方案设置。

库房内有大量展品，其中有不同材料的展品（如纸质书画、油画、雕塑、木刻版画），同时部分展品，比如明清时期的书画作品，对安放环境有着严格的要求，对于库房照明来说，不仅要考虑照明参数特征和规范要求，而且要兼顾灯具运行安全可靠、绿色、节能、便于维护等特点。在选择灯具类型时可采用 LED 光源作为当年的主要参考对象。LED 灯具由于红/紫外线含量较少，很大程度上降低了光源对于展品的危害。同时 LED 灯具具有发热量少、低压、灯具尺寸较小、寿命长等特点，这些是传统荧光灯、卤素灯所不具备的性能优势，因此在库房中宜采用合理的灯具。

灯具同时可以和建筑楼宇自动化系统相结合，实现当工作人员进入库房时照明灯具亮起、离开库房时熄灭的功能；不仅能够降低能耗，同时还能减少展品的曝光量，提高展品的生命周期。

（2）照明维护流程和方法。

考虑典藏区域的重要性，在日常灯具维护中，要制定严格的进出流程和规范，各场馆可以根据自身的情况制定维护流程，其示意图如图 11-7 所示。

（3）特殊工作空间照明维护，如文物修复室，书画室，可以参照典藏区照明维护要求实施。

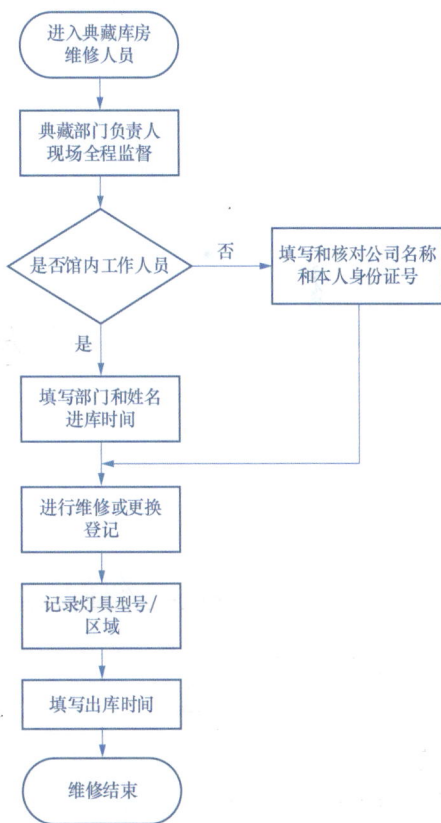

图 11-7 照明维护流程示意图
（江苏省美术馆提供）

3. 其他区域照明维护

包括公共区域和办公区域。

（1）日常巡检和维护的总方案。

专业管理人员需要定期对该区域内的照明设备进行巡查，巡查内容包括配电柜和控制箱、照明灯具和配电线路。配电柜可每月进行一次检查，清扫除尘。照明灯具一般是每天巡查一次，及时更换故障灯具。每季度可对馆内所有灯具进行一次表面清洁，以保持较高的维护系数。

配电柜巡查主要包括：照明配电箱接线端子是否松动、自动空气开关温度是否异常、仪表数据是否正常、每月需对剩余电流动作保护器进行试跳。

照明灯具巡查主要包括区域内所有光源是否正常、是否频闪、灯具是否有异响等。配电线路巡查包括线路是否完整（无破皮）、线路绝缘是否良好等。

（2）公共区域照明维护。

公共区域的灯具一般分为公共照明、应急照明、景观照明。公共照明的开关可采用楼宇控制 BA 系统，结合本单位的实际情况按时间区域设置。应急照明正常为常开状态，由于在发生火灾或自然灾害时，应急照明可为疏散人群和消防救援提供有效的备用照明，因此在公共区域照明中应急照明的优先级更高。对于损坏或者故障的应急灯具和应急照明电源（如 EPS 蓄电池组），要在有限的时间内给予处理和更换。景观照明一般用于美化建筑或相应环境，可根据展馆实际需要进行开启，并定期进行维护。

（3）办公区域照明维护。

办公区域除根据日常巡查的总方案实施以外，办公人员在遇到灯具故障时，应及时反映给馆内维修人员，以便及时更换灯具，保障办公区域的照明环境。

（4）设备区域照明维护。

设备机房因长期运行一定数量的强弱电仪表和设备，尤其在夏季易产生高温。为方便散热，并在设备维修和故障处理时保证较好的照度，需要适当提高巡查频率（一天可巡查两次），对于故障灯管需要及时更换，离开机房时随手关闭灯具，降低灯具热量和节能。

（5）场馆大楼照明应急预案。

图 11-8 为某美术馆大楼的照明应急流程示意图。

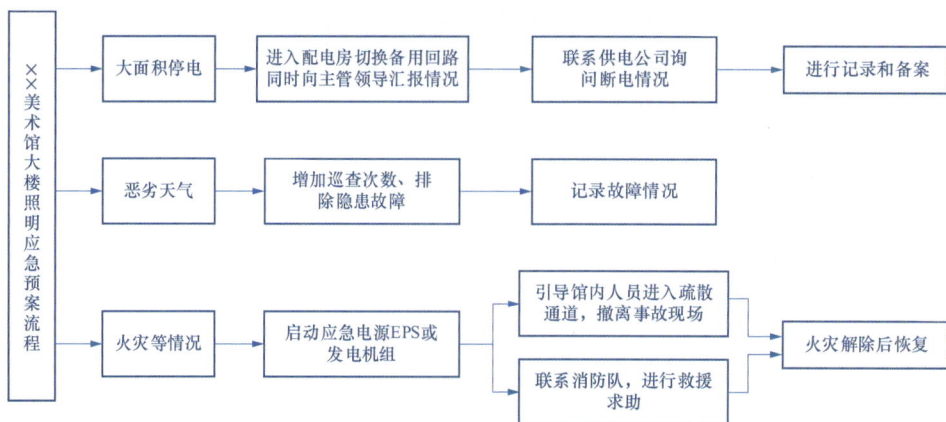

图 11-8 某美术馆大楼的照明应急流程示意图
（江苏省美术馆提供）

第12章 典型案例

本章精选了博物馆展陈照明的经典案例，涵盖了不同展陈内容、不同类别的博物馆，供读者参考。

12.1　中国共产党第一次全国代表大会会址纪念馆

12.1.1　基本情况

中国共产党第一次全国代表大会会址纪念馆简称为中共一大会址纪念馆，位于上海市黄浦区黄陂南路 374 号，是中国共产党的诞生地。为建党百年献礼，该纪念馆于 2021 年 6 月 3 日正式开馆，整个展馆的展陈空间位于地下，为了营造天然舒适的光环境，在光环境规划上区别于一般纪念馆的照明环境设置，提升了整体环境照度水平，避免了地下空间给观众带来的沉闷、压抑的视觉感受，呈现明亮通透、庄严有序的光环境效果。

12.1.2　照明方案

整个展览内容按照时间轴分为五个部分，展陈灯光随着内容的变化和空间划分在照度上进行分级设计：第一部分和第二部分展陈照度为垂直面照度 200lx，地面照度 100lx；第三部分和第四部分展陈照度为垂直面照度 350lx，地面照度 200lx；第五部分展陈照度为垂直面照度 550lx，地面照度 300lx，其整体照明模拟计算图如图 12-1 所示。

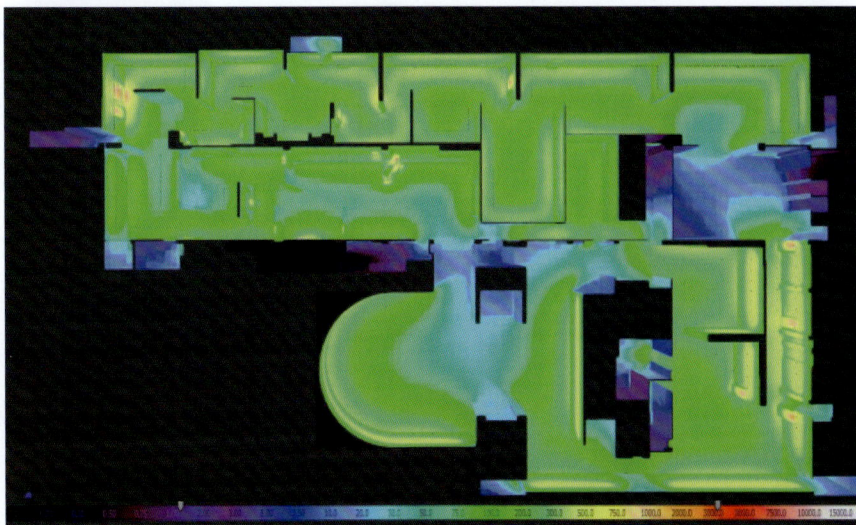

图 12-1　中共一大会址纪念馆整体照明模拟计算图

纪念馆序厅是一个大面积、高空间的展陈区域，为了避免眩光对观众的影响，我们在充分考虑天花板形式和空间结构的基础上，选用了防眩光筒灯，它能够很好地表现穹顶侧墙的肌理，如图 12-2 所示。

图 12-2　中共一大会址纪念馆序厅照明效果

十三位中共一大代表雕塑作为展厅的重点展项，其照明效果也做了细致全面的分析，从雕塑材质、形状纹理、位置高度、投射角度和观看视角等各个方面进行了现场灯光实验，鉴于铜像材质的颜色和受光性，最终决定采用 3000K 色温的灯具来表现雕塑效果。暖色调的雕塑与整体光环境的中性色调形成美妙的色彩对比，既保证了序厅空间光环境均匀通透的视觉感受，也进一步突出了十三位中共一大代表雕塑视觉中心的效果，如图 12-3 所示。

图 12-3　雕塑的视觉效果

整个展览的照明实现智能控制管理，能实现分布式控制、灯具保护、场景控制、远程控制等功能。整个中共一大会址纪念馆的照明控制系统接入了纪念馆楼宇控制系统，能够利用楼宇控制系统来控制照明系统，设置了各种模式和场景，比如常规展览工作照明、清扫模式、安全照明和节假日模式等。

12.1.3　技术特点

重点照明：展陈照明实现在天窗上的电动窗帘开启的情况下，瓷板画能得到突出表现。在整个空间照度对比中，瓷板画成为视觉焦点，吸引观众的目光。同时，针对瓷板画的重点内容，采用极窄配光的灯具进行重点表现，增加瓷板画的空间进深感，并丰富其视觉空间层次。

瓷板画照明采用整体铺光提高瓷板画与环境照明的亮度对比，同时针对性地对瓷板画上的重点内容进行细节性的突出表现。瓷板画灯具布置在顶部预留点位，采用 LED 导轨射灯，功率 40W，光束角 7°灯具突出重点，光束角 15°灯具进行均匀光的布置，灯具采用色温 4000K，同时显色指数 R_a＞90，灯具能实现单灯调光，如图 12－4 和图 12－5 所示。

图 12－4　瓷板画照明

图 12－5　大面积油画照明

组合式照明：不同配光的灯光组合对平面展品和雕塑群的表现也使照明表现力更具层次感，先利用洗墙灯或宽配光的灯具对瓷板画进行整体灯光塑造，再利用较窄配光灯具对重点人物和细节进行二次刻画，使整个画面看上去更加立体，增加其观赏性。选用宽配光灯具对雕塑群进行集体表现，再用极窄配光灯具计算好投射距离和投射角度去照射正面人物面部，刻画面部神情的同时，避免产生面部阴影，如图 12-6 所示。

图 12-6　立体与平面的组合照明

12.2　故宫博物院雕塑馆

12.2.1　基本情况

北京故宫博物院是在明、清两代皇宫及其收藏的基础上建立起来的国家级综合性博物馆。慈宁宫是中国古代宫殿建筑之精华，始建于 1536 年，明清两朝曾为皇太后的住所。慈宁宫改造为雕塑馆，是故宫近年规划的最大常设展览。根据原有的古建筑格局，分为六个展厅，共展出近 400 件古代作品的雕塑馆是目前国内博物馆界规模最大的古代雕塑专馆。故宫博物院雕塑馆项目自 2008 年开始设计，2016 年建成并开放展览。建成后已获得 WA 中国建筑奖技术进步奖佳作奖、中国照明学会第十一届中照照明奖一等奖、西班牙 LAMP 照明奖终选入围奖。

12.2.2　照明方案

改造为雕塑馆的慈宁宫为典型的清代皇家建筑群，中轴对称式的院落布局，正殿朝南，用于展示雕塑精品；其南侧的东、西庑分别展示石雕佛像和古代陶俑。保留天然光，通过模拟确定各雕塑文物（曝光量要求不同）的合理位置。利用人工光与天然光的精心配比，保持传统的清代宫廷室内氛围，兼顾雕塑文物和建筑空间的呈现。

1. 天然光环境设计

为营造理想的天然光环境，设计团队通过大量试验，模仿传统窗纸特造了"纸玻璃"，既在室内保留了天然光的感觉，又严格控制天然光的数量，同时将室内天然光的分布均质化，利于空间表现，并隔绝紫外线，消除展柜表面的反射眩光。从"纸玻璃"表面感受到的色温和强度的呼吸变化，暗示着朝向、时间与天气信息，将美学的审视、历史的思考与现实的感悟紧密结合起来，图 12-7 是"纸玻璃"的实际效果。

图 12-7 "纸玻璃"的实际效果

基于北京典型气象年的逐时参数，对展厅天然光曝光量进行模拟，并得到每件文物的曝光量参数，其分布图如图 12-8 所示。

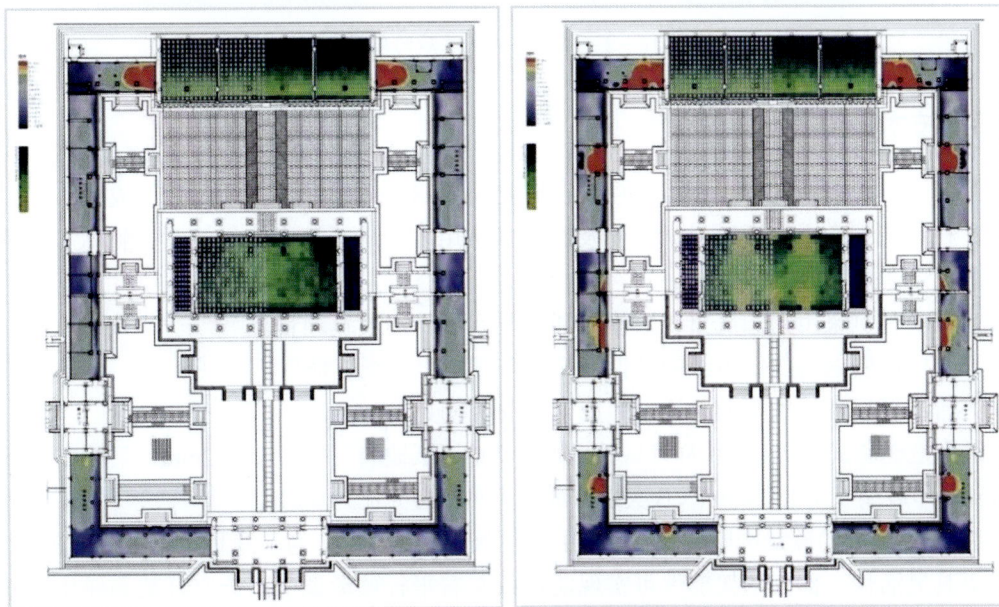

图 12-8 展厅不同区域的天然光曝光量分布图

213

2. 人工照明系统设计

本项目采用定制的吊装碳纤维灯具支架减轻了荷载，从上部空间入电的方式保护了原有金砖地面，并整合了多组照明系统，包括照亮藻井、天花板、墙面、匾额等既有室内装饰的系统，以及悬吊且可平行移动的雕塑照明系统。通过亮度比例的控制营造细腻而丰富的视觉层次。专门研发的灵活整合射灯模组的管状灯具，直径 63.5mm，将灯具对空间的影响最小化，从统一的高度上照亮各种雕塑。展柜内部无灯保障了顶部透明的展陈方式，实现了雕塑与空间的仰视视觉融合，其效果如图 12-9 所示。

图 12-9　照明系统安装后的效果

12.2.3　技术特点

作为跨多学科的研究型设计，本项目在博物馆照明领域形成了多项开创性成果：

（1）在设计理念上，通过科学研究及新技术运用，精确平衡古建保护、文物保护与现代展示间的复杂矛盾。

（2）国内首例采用动态气象参数模拟辅助展示设计的展览项目。

（3）专门研制的仿传统窗纸的高性能控光玻璃——"纸玻璃"。

（4）首次采用碳纤维框架结构，集成供电与照明系统。

通过大量现场试验和上百块样片试验，确定特造"纸玻璃"厚度为 7.52mm，采用双层 3mm 数码陶瓷打印玻璃以及 1.52mm PVB 夹层合成，可见光透光比为 0.2%。

安装于 10m 高的碳纤维网架系统，采用工业级碳纤维材料，为了满足一定范围内的照明，让调光更具灵活性，部分网架部件可实现前后或左右平行移动调节。选取灯架系统中极限长度为 6.2m 的主梁进行计算，计算模型材料选用碳纤维增强环氧树脂基复合材料，主梁两端铰接固定，经过有限元分析计算，其最大承载能力为 500kg。碳纤维支架系统采用耐高温树脂成分，碳纤维复合材料本身就有一定的防火功能，后期在表面喷涂防火功能层，这样使产品具有双重防火功能。其现场实验照片如图 12－10 所示。碳纤维框架结构示意图如图 12－11 所示。

图 12－10 "纸玻璃"现场实验照片

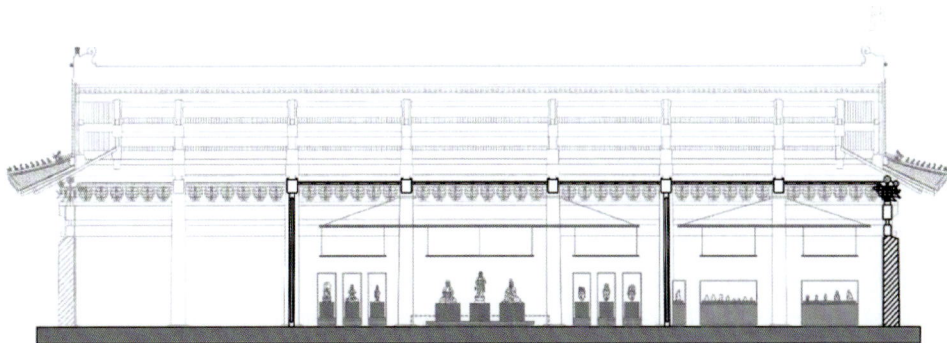

图 12－11 碳纤维框架结构示意图

专门研发了一款灵活整合射灯模组的管状灯具构成了雕塑照明系统。管状灯具直径 63.5mm，悬于展柜之上，长度根据展柜长度定制，从统一高度照亮各种雕塑，其自身在空间中近乎消隐。所有 2W/3000K 的 LED 模组（10°或 30°）可在管内任意位置安装，角度可调，并可实现单模组调光。LED 模组完全缩于管内，暗光反射器和防眩格栅的配置，可以最大限度地避免眩光。LED 发光模组通过 QC 适配器与轨道系统连接，可安装于轨道上任意位置。QP 吊挂系统特有的供电设计，无须额外导电线，如图 12－12 所示。

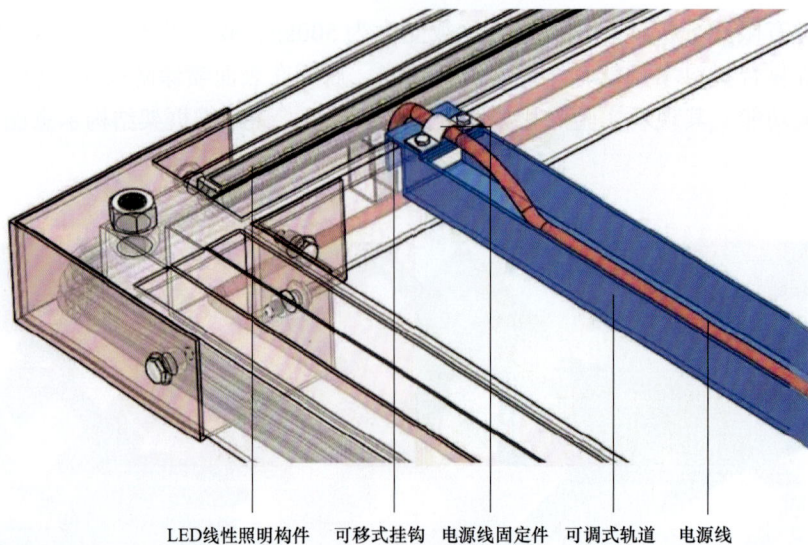

LED线性照明构件　可移式挂钩　电源线固定件　可调式轨道　电源线

图 12-12　定制的集成供电与照明系统

12.3　郑州博物馆　微观之作——英国 V&A 博物馆馆藏吉尔伯特精品展

12.3.1　基本情况

《微观之作：英国 V&A 博物馆馆藏吉尔伯特精品展》是郑州博物馆牵手世界顶级博物馆，联袂向中国观众推出的欧洲艺术珍品专题大展。这是英国 V&A 博物馆藏吉尔伯特夫妇精品首次来华展出，也是其亚洲巡展的第一站。展览聚焦欧洲古典艺术，在展品选择、陈展设计、宣传推广等方面追求精工，匠心独具，较全面地解读了 16～20 世纪欧洲手工技艺和历史文化。

展览充分考虑公众对欧洲经典文化艺术了解的需求，精心选择吉尔伯特夫妇收藏的 90 件（组）欧洲宫廷艺术精品，从尊贵庄严的宗教礼器到奢华璀璨的金银器具，从精巧绝伦的袖珍艺术品到色彩斑斓的微观杰作，生动反映了 17～19 世纪欧洲宫廷和贵族的生活方式与交际礼仪，展现了欧洲精湛的技术和工匠精神，是一场关乎欧洲历史、文化和艺术的视觉盛宴。2022 年，该展览荣获第十九届（2021 年度）全国博物馆十大陈列展览精品推介——国际及港澳台合作奖。

12.3.2　照明方案

照明是展览最具挑战的部分。展览文物数量较多，种类丰富，既有拉法耶特瓶、谢列梅捷夫金杯及托盘等金银器，海螺杯、野山羊角银杯等珍稀材质，也有花鸟图案柜、黑夜与白昼桌面等木制品、中国风晚礼服、燕尾服等服装，还有鼻烟盒、珐琅彩肖像画、微型马赛克等，其中不乏与众多历史风云人物相关的欧洲王室珍品。每件文物都有具体的照明要求，需要对灯光进行精准调控，在符合标准的要求下，将展品的璀璨夺目及精湛的工艺细节呈现出来。微观之作展厅入口如图 12 – 13 所示。

图 12 – 13　微观之作展厅入口

针对展览需求，我们把灯光调适分为环境照明和展品照明两个部分。将文物照明与环境照明综合协调，合理搭配多种灯具及照射角度，精微控制不同展品的最佳照度。

在环境照明方面，我们综合调度展厅灯光，使环境照明整体协调。针对灯光照度不同带来的明暗反差问题，我们通过设计构建欧式建筑形式隔墙及拱门巧妙划分空间，合理运用展厅柜外射灯，以光造景，渐变有序，在展厅内营造出与展品相协调的古典审美风格。展览序厅中央以英国 V&A 博物馆 logo 和展览主标题为引，并在周围安装醒目的线条灯光，凸显展览的核心主题。对于亚瑟·吉尔伯特蜡像，因其尺寸较大，柜内灯光难以满足照明需要，我们通过加装柜外射灯，并调整好灯光亮度及角度，将其细节凸显出来；对于教堂之门，我们采用构筑欧式拱门建筑的形式，将其嵌入其中，并运用多组轨道射灯，将教堂之门的恢宏大气展现出来；开放展区顶部，我们设计制作"美丽的意大利天空"灯箱，与展品相映成趣，带给观众沉浸式体验。

在展品照明方面，我们严格按照此次展览的文物照明要求，把照度控制在 50～200lx。布展时我们采用灵敏照度仪器，对每件展品均进行照度参数检测。对于漆器、贝母、山羊角及象牙、丝绸等特殊材质展品，将灯光照度控制在 50lx 以下；对于金银器、陶瓷类展品照明照度最高可达到 200lx。在保证照度符合标准的情况下，通过提高灯光照度和控制射灯角度，来表现展品的精湛工艺及艺术美感。

针对同一通柜之中不同文物照度要求不一致的情况，如光敏感较高的海螺杯、野山羊角银杯和光敏感较低的金银器、瓷器，通过背板及尺寸各异的展台将其间隔划分成相对独立的区域，并按照不同照度要求精准调整灯光；对于有重要意义的精美文物，如拉法耶特瓶、特威代尔表彰纪念物等，采用独立柜对其进行重点照明，并多角度对灯光进行调节，将文物的立体感、细节及美感更加鲜明地展现出来；对于具有重要价值或较为精细的文物，如鼻烟盒、袖珍肖像等，采用增设壁龛柜或平面柜的展示方式，在狭小的空间内对灯光进行精细化调节，突出文物独特的艺术价值和魅力；对于水果和花卉静物、圣彼得大教堂内部等马赛克镶嵌画，通过构筑造型墙，减少通柜的纵深，并选择合适高度将马赛克镶嵌画悬挂其上，使灯光能更加均匀地照射在画面上，让观众更易领略马赛克镶嵌画所展现的镶嵌工艺和艺术美感。各种展品如图12-14～图12-16所示。

图12-14　展品海螺杯

图12-15　展品拉法耶特瓶

图12-16　展品鹰形杯

12.3.3　技术特点

展厅灯光照明调度有序，布点科学细腻，精雕细琢，使色彩与光线保持和谐统一，营造一种精心雅致的艺术氛围，搭配高贵绮丽的艺术设计风格，让观众沉浸式进入到欧洲宫廷艺术氛围中。

在展厅照明方面，我们严格按照英方提出的展品照度标准，使用专业测光仪器将展厅环境内光线调整柔和、均匀，展柜内展品照度保持在 50～200lx，特定展品光线照度保持在 50lx以下。

对于许多立体类的展品，为更好地展现出展品的形状、纹理、色调和质感等，利用光的方向性产生一定的阴影，通过调整定向照明和漫射照明的合适比例，产生较好的立体效果。

为避免、减少玻璃展柜出现眩光的情况，采用在灯具前增加防眩光配件，调节光源的位置和照射方向，将射灯安装在物品的斜上方照射等方式，使得玻璃展柜的反射现象得到较好的改观，如图 12－17 所示。

图 12－17　玻璃展柜的展陈效果

12.4　安徽美术馆　韩美林艺术展

12.4.1　基本情况

安徽省美术馆开馆推出的"韩美林艺术展"，包含书法、水墨、雕塑、陶瓷、紫砂、木雕、铁艺、民间工艺等多种创作类型，全面展现了韩美林丰富多样的创作面貌。展览力图通过展示韩美林数百件艺术新作，并借助文献资料、回忆影像等，还原韩美林在安徽工作生活的历程和收获，重温韩美林与安徽 22 年的情缘与故事。

目光所及，皆来自光，在美术馆展览中欣赏到的艺术品所产生美好的视觉感受，并形成良好的观赏氛围，离不开灯光的审美性语言表达。本次展出的作品450件（套），尺寸悬殊，门类较多，既有十几米的鸿篇巨制，又有方寸之间的精美邮票，特别是尺寸各异的陶瓷、紫砂、染织、木雕等艺术作品，给展陈照明布置增加了相当大的难度。怎样在注重展品特性的同时，营造一种艺术审美视觉体验，用科学严谨的技术手段创造舒适优雅的参观环境，是一项重要工作。

此次展览以"保护、还原、舒适、便捷"为原则进行灯光设计和调适，展现展品的细节与质感，通过灯光语言审美性的表达，将展品的唯美之处诠释在观众视野之中。

12.4.2　照明方案

展厅照明基调以暗环境展示为主，因作品、天花板部分灯具较多，为避免天花板漫反射造成展厅环境过亮，结合展览的几大章节进行了照度划分，展厅的照度分布图如图12-18所示。

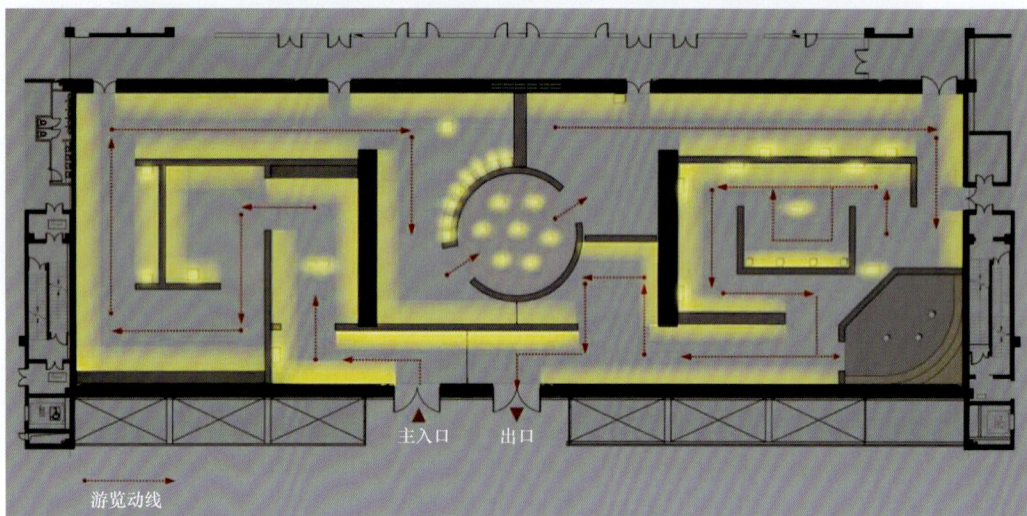

图12-18　展厅的照度分布图

展厅入口受天然光影响，为避免过强的明暗对比，主题墙面照度定在300lx，展览主题文字使用椭圆拉伸、窄角度灯具来彰显内容。另外，配2盏极窄灯具突出"安徽省美术馆"与"韩美林艺术基金会"的文字logo，利用照明布光形式来描绘主题墙内容，重点突出，富有层次，如图12-19所示。

六尊佛像采用了2排轨道灯进行照明，靠近佛像的轨道选用窄光束，照亮佛像全身；后一排轨道选用超窄角度，照亮4个佛首，形成佛像的光环，佛像照度设定在150lx，展厅照明效果如图12-20所示。

步入中间区域之后，照度值逐步下降，数值为80～100lx，雕塑区域略有提高，在120～150lx之间。大幅的书法作品采用洗墙照明，垂直面均匀布光，营造空间的延伸感，这种氛围让大幅作品在空间内显得协调，观众亦能看清作品细节。对同系列小尺寸的作品，采用相同光束角（如极窄光束）的灯具照射陶器作品，配光精准，无溢出光。中部区域的展陈效果如

图 12-21 所示。

图 12-19 展厅入口的效果

图 12-20 展厅的照明效果

针对横向大幅作品，采用多套拉伸配光的灯具，进行光斑拼接，形成与作品大小合适的精准光斑，墙面无多余光斑，使观众在观展时将注意力集中在画面上。大幅画作的照明效果如图 12-22 所示。

图 12-21　中部区域的展陈效果

图 12-22　大幅画作的照明效果

　　展柜封闭之前，顶部的小射灯对陶器进行重点照明，柜内基座添加一组底光照明，会消除柜内陶器腹部的阴影以及反射的眩光，观展效果会更好。陶器的照明效果如图 12-23 所示。

图 12-23　陶器的照明效果

尾厅区域，展品数量较密集，作品的照度值也随之有所提高，数值在 150～170lx 之间。

12.4.3　技术特点

博物馆、美术馆的照明设计非常关注艺术品的保护和真实再现，注重对展品进行有效的信息传播，现如今提倡展览为观众服务，考虑空间表现和展品之间的平衡。而在照明设计方面，对观众视觉舒适度引导与营造愉悦的观展氛围已经成为当前展览照明设计发展的方向。

此次"韩美林艺术展"着重考虑灯光、展品、观赏者三者之间的联系，把现代展览灯光照明的新技术、新概念更多地应用于展览的照明设计中，力求搭建观展带来的视觉审美享受，营造出富有生命、充满活力、整体优化的光环境。通过这种合理科学的照明设计，像是给作品配备了讲解员，无声地对展品色彩、形态、材质和故事进行全面的艺术表达。

12.5　中国人民革命军事博物馆　新时代国防和军队建设成就展

12.5.1　基本情况

为迎接党的二十大胜利召开、庆祝建军 95 周年，"领航强军向复兴——新时代国防和军队建设成就展"于 2022 年 7 月 27 日在中国人民革命军事博物馆开展，展出 1400 多件文物实物、630 多张照片，展陈面积 4534m²，展览生动展示了新时代国防和军队建设的壮阔历程和伟大成就，充分展现了人民军队忠诚维护核心、矢志奋斗强军的昂扬风貌。

该展览的灯光设计，不仅仅要从常规展馆照明设计体系出发，保证最终视觉观展效果，更要注重对展览艺术情境与精神能量的打造，不仅要为观者展示新时代国防和军队建设的丰硕成果，更要向每一位观众传递伟大的爱国精神，引导观众产生情感共鸣。

12.5.2 照明方案及技术特点

在此展览中，灯光设计主要突出了四大特点：向光看齐、军魂、强军、强军荣光。通过光的强弱、对比、色彩、冷暖等元素，构建起一个使所有观众沉浸其中的视觉空间"气场"，让观众不仅在"观看"展陈，更是在全身心地"感受"展陈。

1. 向光看齐

该展览灯光设计坚持"向光看齐"的原则，"光"即光明、光荣、正确、希望之象征，可见光不仅是重要的视觉造型要素和气氛渲染要素之一，还具有更深一层的视觉隐喻作用。在对展览中重点雕塑人物布光时，要求布光方向来自雕塑人物的眼神方向，让雕塑人物看向光源，向"光"看齐。这一布光方法一方面用聚光造型光，刻画了雕塑人物俊朗的脸部结构，另一方面又使其"眼睛"充满了"眼神"，突出了军人雕塑的"英气"与"神态"，让雕塑所展示的精神面貌得以彰显、军人气魄得以升华，其照明效果如图 12-24 所示。

图 12-24 雕塑"看齐"的照明效果

2. 军魂之光

"军魂"的视觉体现更是本展览中的重要组成部分，展览中利用了大量的雕塑作品、艺术装置语言，用以突出中国人民解放军的军魂、气质。在此展项的布光中，不仅用重点照明聚光灯具对所有雕塑人物进行了重点造型布光，布光区域通过调节，控制在每一个人物的上半身，让他们脱颖而出。除此之外，利用大量染色泛光型灯具，向该区域投射金色与红色光，将整个展项的红色与金色的饱和度提高，突出了氛围感，让观众观看时更能感受到"激情""热烈"的气氛，其照明效果如图 12-25 所示。

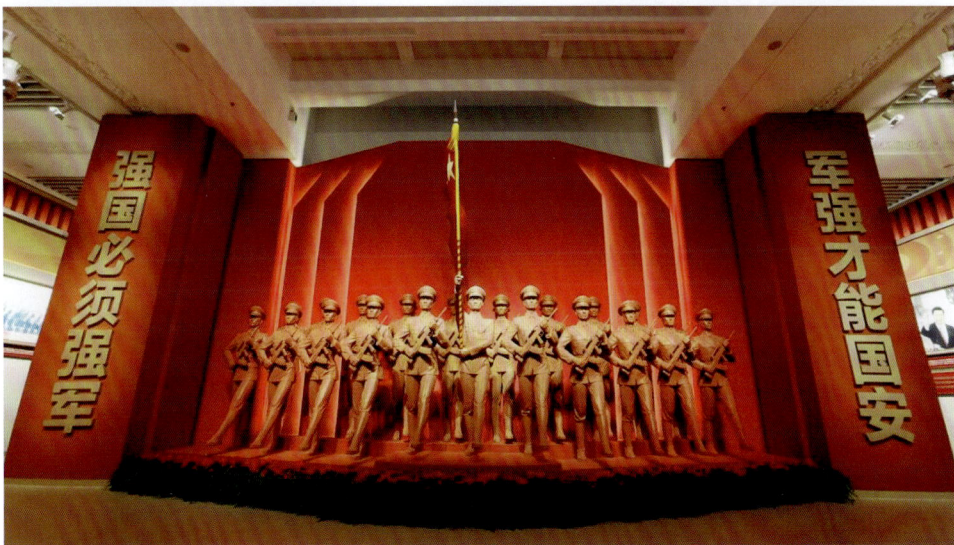

图 12-25　雕塑作品"军魂"的照明效果

3. 强军之光

通过直接照明、间接照明等不同的投光方式，结合具体展项，充分利用灯光的"方向""角度""光强""色温""光色""光比""光质""光影"等重要灯光要素，在宏观上力求展现整个展厅的空间气质；在微观上，利用各种灯光造型要素，突出重点人物与场景造型的材质感与雕塑感，同时注重灯光的强弱对比、冷暖对比、光色对比、光质对比。

第六单元以中心展台的形式，展示了科技强军的重要成果。照明方面，顶部的天花板张拉膜灯箱模拟蓝天效果，地台的场景塑形采用动态灯光结合水面造型，营造较为真实的海面氛围；整个空间以冷光为主，使空间更加浑然一体，展示出海天一处的壮阔景象，战机模型、航母模型、陆军装备模型、导弹模型以小角度重点照明光进行重点照明，使其在"海""天""陆""基"之中脱颖而出，既突出壮阔的空间场景，又重点强化了军事化设备的立体感与真实感，其照明效果如图 12-26 所示。

第七单元中采用了"场景再现"和"情境演绎"的艺术手法，营造了多军种联合作战的战斗景象，整个场景以动态展演的方式，不仅可以创造出"移步换景"的观展效果，同时按照特定脚本，通过灯光、视频、投影、音响多种媒体技术的实时联动，为观众营造出沉浸式的观展空间，在进行动态展演的同时，利用视频、投影等手段，展示重点展览内容，从而达到以展览内容为主体，以场景为支撑，以多媒体展演为手段的光随景动、情景交融的艺术化效果。其动态展陈效果如图 12-27 所示。

图 12-26 军事装备中心展台的照明效果

图 12-27 多媒体的动态展陈效果

4. 强军荣光

序厅空间采用了以中间的 LED 大屏为视觉中心,顶部造型、两侧雕塑向四周辐射的空间形式,突破了传统展陈的照明标准,以视频内容为主体,以 LED 屏幕的亮度为基准,对整个空间进行布光,让空间在照度上恢宏且壮丽、在色彩上和谐且振奋,其照明效果如图 12-28 所示。

图 12-28 序厅空间的照明效果

12.6 上海天文馆

12.6.1 基本情况

上海天文馆（上海科技馆分馆）是上海市"十三五"期间的重大市政文化公益项目和重要的科普基础设施，总建筑面积 38 164m²，是目前全球建筑面积最大的天文馆。上海天文馆具有教育、研究、收藏、展示等基本功能，以"塑造全面的宇宙观"为愿景，以"激发人们的好奇心"为使命，充分应用各种最为先进的展陈技术和丰富的陨石、文物、航天用品等藏品资源，通过精彩的展示体验和丰富的教育活动，帮助观众完整、清晰、准确地建立起对宇宙的总体认识，鼓励人们感受星空、分享发现、理解宇宙、思索未来。上海天文馆室内照明工程于 2022 年荣获中国照明学会第十七届中照照明奖一等奖。

12.6.2 照明方案及技术特点

上海天文馆以"连接人和宇宙"为展示主题，设置了"家园""宇宙""征程"三大主题展区以及"中华问天""好奇星球""航向火星"三个特色展区，每个展区都有各自的展示主题和表现形式，此外还有青少年观测基地、观测塔、临展区及藏品库房。结合天文馆的空间环境设计，将馆内的灯光设计类型归纳为四个大类，即展示陈列照明设计、特殊效果场景照明设计、公共空间及功能性照明设计、剧场演播厅照明设计，如图 12-29 所示。

1. 展示空间的特点及照明应对策略

整个天文馆的基调是"暗"的，象征了浩瀚的宇宙与天体之间的关系和构成。

暗环境的考验在于，在暗环境中体现单一展品的"亮"是容易实现的，但是将体量庞大、数量众多的展品展项聚集到一起的时候，要维持展厅整体的暗环境并体现空间光环境气氛则是重大的考验。

图 12-29 各类空间的展陈效果

通过选用光区控制性能好的灯具，精准控制出光范围，确保光线不会四散外溢；选用能够通过控制系统进行精确调光、调色的灯具，像绘画一样通过亮度控制明暗关系，通过色彩来表现冷暖和色彩关系；所有灯具配置防眩光配件，如防眩网、遮蔽等，以减少眩光及不必要的光线外溢；通过调整材质，控制反射光线的颜色，与空间环境协调统一起来，不破坏环境色调和气氛。

针对展区灯光色温跨度大、色彩应用丰富的特点，如"家园"展区虽然大空间环境色调是深邃蓝，但是地球的海蓝、月球的灰、太阳的橙、金星的土黄都彰显了该展区冷暖对比、色彩层次丰富的特性。针对不同色调的展项，配合恰如其分的色温和色彩，才能更完美地还原和表现展项应该呈现的视觉效果。

"星空"是上海天文馆的一个亮点，是贯穿了三个主展区的重要空间元素，以呼应星河浩瀚的主题。整个天文馆的星空点阵具有面积大、跨度大、光点数量多、控制范围广等特点。1.7 万多个光纤发光点位，光纤敷设总量 21 万余米，通过使用不同材料、施工工艺、光点大小配比、点阵布局方案以及不同色温的组合，将这样一个能带来沉浸式体验的浩瀚星空呈现在观众眼前。

天文馆除灯具外，还有投影机、发光装置、LED 屏、显示屏幕、内置光源的展品展项、图文灯箱、发光字、激光发生器等众多的发光媒介共存于同一展示空间。通过控制好光区，降低投影区域周边灯具的亮度，增加挡光的遮蔽，合理安排灯具安装位置，避开投影光路，以免与媒体画面冲突；通过合理控制 LED 室内屏的亮度，同时通过视频内容的制作进行"软性调整"，做到了互不干扰、相辅相成。

2. 三大主题展区重点展项照明方案

（1）A1 家园——地球变迁，如图 12-30 所示。

地球的直径长 20m，球冠高 12m，球冠表面设定为一半白昼一半黑夜的主题。白天的一半面积有投影媒体画面覆盖，黑夜的一半点缀有光纤点阵模拟地球夜晚的灯光分布，并由染色灯具进行辅助染色，日、月、地三球螺旋则笼罩在点点繁星之下。地球夜半球的染色照明选用了舞台染色 PAR 灯，光束角 45°，两盏灯为一组，上下衔接布光，共计 14 组 28 台。日半球玻璃平台下部安装彩色柔性灯带，为地球球冠与地面衔接部分的过渡，边上的月球采用七色 25°～50° 变焦舞台成像灯投射，同时参与地球主秀的联动。侧墙上另有 15°～35° 变焦舞台成像灯进行问题墙的循环演绎。照明效果的模拟计算结果如图 12-31 所示。

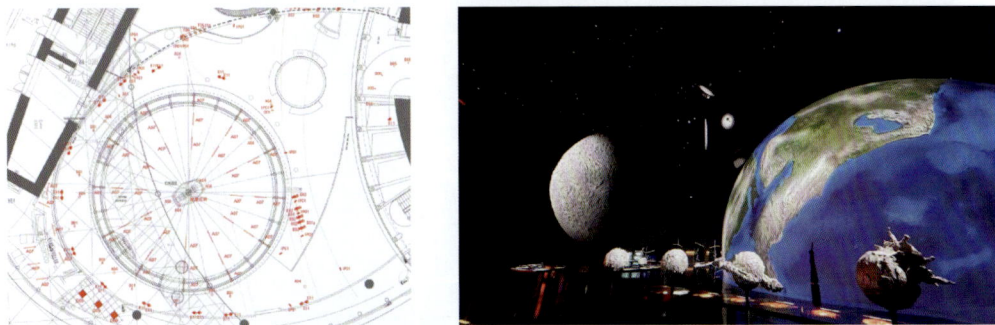

图 12-30　家园展区的照明效果

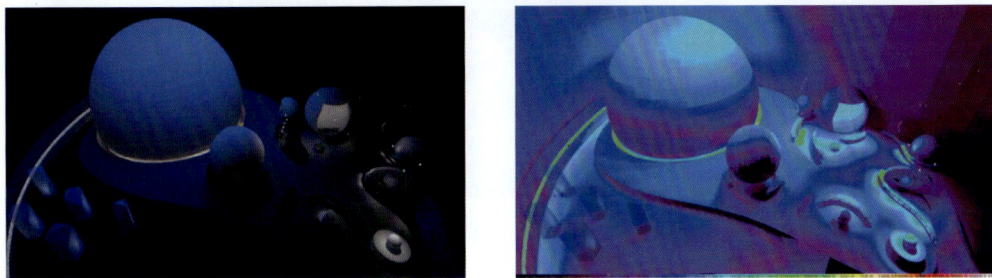

图 12-31　地球球冠与周边环境的照明模拟效果

地球的夜晚那一面色彩以深蓝色为主，布光区域会延伸到白天投影面的边界并越过一点，便于在视觉上做到投影画面和灯光投射面的自然过渡和交融。月球的受光面采用冷灰色调。PAR 灯和成像灯均采用 RGBLCYB 七色 LED 光源，能够配合多媒体演绎更细腻的色彩变化。地球外面的步道下部、玻璃扶手边缘装有 LED 柔性发光灯带，均为 RGBW 彩色灯带，接受 DMX512 控制，根据环境的主色调混色出最合适的色调。所有灯带均接受程序控制，地球下部的灯带还按照所演示的媒体脚本提取时间轴相应的主色调编程，光色变化与媒体演示同步，参与主秀演示。

入口处倾斜弧面墙体上设有图案文字投影，展项名为"问题墙"。采用大功率七色 LED 成像灯远距离投射，制作对应内容的玻璃图案 GOBO，通过灯具程序编辑实现亮度与色彩变化，通过明暗与色彩的交替实现六个问题的淡入淡出及叠画演绎。

为保证布局的科学性，每一个光纤的点位都是有安排、图谱化的，依照星系、星云的观测照片布局放样，可通过图纸锁定相对位置。做到看似无序实则有序，结合周边展品展项的内容，疏密分布得当。另外，通过灯光程序编辑，完成模拟星空的明灭闪烁的呼吸效果。关于光纤点阵色彩的问题，采用 2 台 8000K 加 1 台 RGBW 为一组的光源机，穿插分管同一片区，片区面积按 100m² 左右一组光源机分配，8000K 色温的光源机承担基础高色温冷白光铺垫，RGBW 光源机根据效果呈现需要混色得到浅蓝、暖黄、橙红等其他色彩，从而增加色彩层次的丰富性。每个位置的光纤末端形态都有差异，地面采用裸纤芯，墙面采用黑色包胶光纤，天花板采用钻石切割面水晶端头。整个展厅的效果对比如图 12-32 所示。

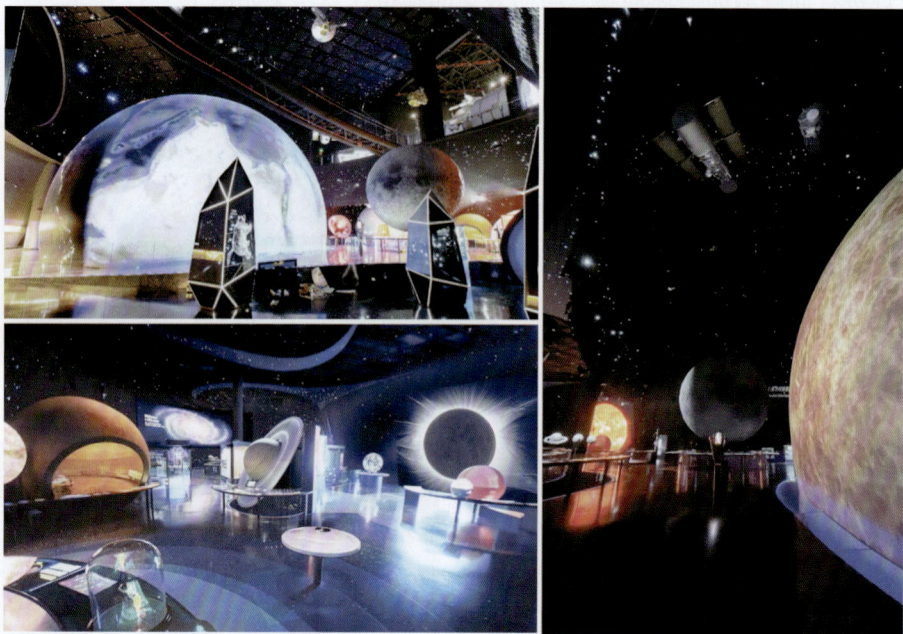

图 12-32 星空与星体的整体效果对比

（2）A2 宇宙——时空、引力。

"宇宙"展区的主题是在世界上首创的从时空、光、引力、元素和生命五个角度全景式地呈现宇宙的奇妙现象，探索天体演化及运行的法则。其中"时空"和"引力"最具代表性。

时空区域的立面与顶面由超细发光线性灯条组成的 800mm×800mm 的经纬结构覆盖，经纬格框间穿插排布了图文灯箱、显示屏、媒体展示面、立体展柜等。我们自主研发了一整套效果完美的超细发光线性灯的解决方案，超细线性灯具发光面仅 2mm，型材整体面宽 10mm，高 12mm，定制开模 14 款组件，并设计制作连接组件 5 大类，灯体背面附磁吸条以供定位，其照明效果如图 12-33 所示。

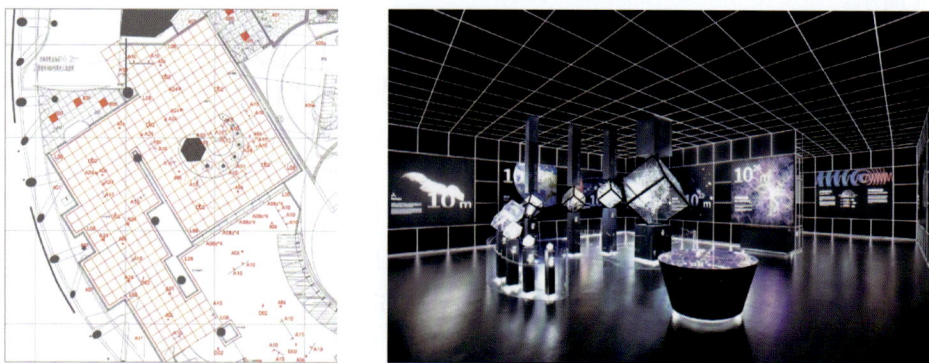

图 12-33 宇宙展区的发光线性灯效果

引力展区是一个整体白色调、相对较为明亮、高度一体化、极为简洁的空间，展示了天体在引力影响下的运动和演化，空间环境意象是弯曲的宇宙空间，因此整个环境中能看到向远处黑洞延伸汇集的线条，其照明效果如图 12-34 所示。

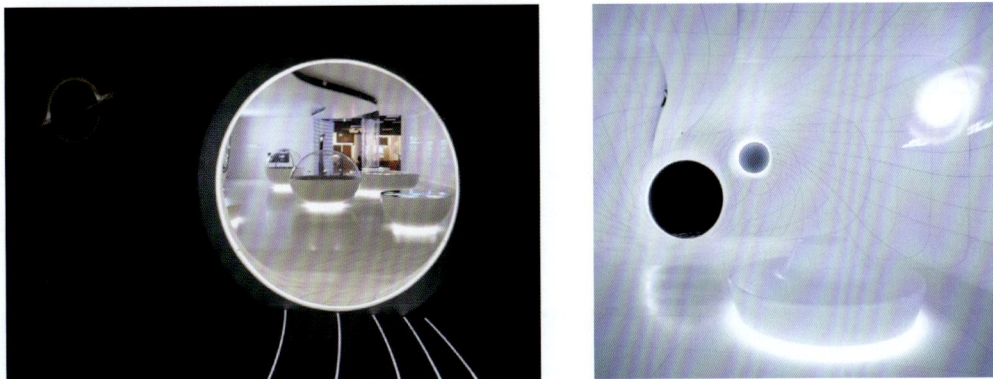

图 12-34　引力展区的照明效果

（3）A3 征程——深空探测器。

展区前半部分的星河主题区是以图文结合实物展柜的形式为主，后半部分的飞天和远方展区以大型沉浸式体验和太空场景展项为主。其中最大的挑战是悬挂在天顶上空的探测器模型。其照明效果如图 12-35 所示。

探测器模型悬挂于展区上空，宇宙展区的观众观察视角为仰视，而征程展区的观众则接近平视。采用上下部结合的方式对单个探测器主体进行照明，投射探测器上部的灯具选用冷色调，一方面作为观众视角的"逆光"光位，为整个探测器机型轮廓勾勒，另一方面可以用以体现宇宙空间环境色彩。由探测器下部朝其腹面投射的光线选取 6000K 左右的色温，作为主光源照亮观众仰视视角的探测器底部。从光比上来说，下部朝上投射的光线略亮于从上部朝下投射的光线。

图 12-35　探测器模型的照明效果

由于探测器是悬挂在展区上空，使用的照明灯具必须具有非常好的聚光性能，且可以自由切割出光形态，因此，采用可 DMX 调光的迷你舞台成像灯，能够通过光阑和 GOBO 的制作，最大限度地解决不必要的光线溢出。通过反复调适，给每一个探测器制作高精度的"抠像"图片。

12.7 浙江自然博物院安吉馆

12.7.1 基本情况

浙江自然博物院安吉馆位于浙江省安吉县梅园路 1 号，占地 20 万 m^2，建筑面积 6.1 万 m^2，展览面积 1.91 万 m^2，设置了地质馆、生态馆、海洋馆、恐龙馆、贝林馆和自然艺术馆六大主展馆，其中设计和制作了步入式生态场景 23 个、生态景箱 51 个。安吉馆基本陈列荣获第 17 届（2019 年度）全国博物馆十大陈列展览精品奖榜首。现以生态馆对古田山亚热带常绿阔叶林生态场景的照明设计及运用进行解析与探讨，其室内效果如图 12−36 所示。

图 12−36 浙江自然博物院安吉馆室内效果

12.7.2 照明方案

1. 生态场景设计说明

生态馆第一单元主要展示生态系统组成及其复杂性，其中选用了浙江古田山亚热带常绿阔叶林的大样地进行生态场景复原（秋季），设计了白天场景 A、夜间场景 B、倒木场景 C 和崖壁沟谷场景 D 四个不同的场景。将复杂的森林生态系统各个生物种群一一剥离出来，以群落及背景进行还原，其分布图如图 12−37 所示。对这四个场景照明进行专项设计，不同的生态场景表现采用了相应灯光解决方案，以模拟真实情境效果。通过色彩、温度、光线的协调过渡，融入光照、溪流、土壤等环境因子，形成一个生态系统，串联起生物群落与非生物环境，同时设置了森林气味触动装置、动物叫声模拟装置，从视觉、听觉、嗅觉等营造生动的感知氛围和全方位沉浸式的参观环境。不同区域的照明效果如图 12−38 所示。

2. 生态场景照明设计

（1）景深灯光运用。

在古田山白天场景制作中，通过二维背景画结合三维仿真场景，把场馆有限的空间在观众参观的视觉呈现中，实现场景中空间的视觉延续和扩展，同时结合灯光的设计营造场景的层次和意境。

图 12-37　生态馆场景分布图

图 12-38　不同区域的照明效果

1）利用线性洗墙灯的背景匀光照明，以及前景与背景画错叠，实现二维接三维的结合。

2）泛光照明、线性洗墙灯和重点照明通过控制系统，实现场景灯光的演绎，景深照明效果如图 12-39 所示。

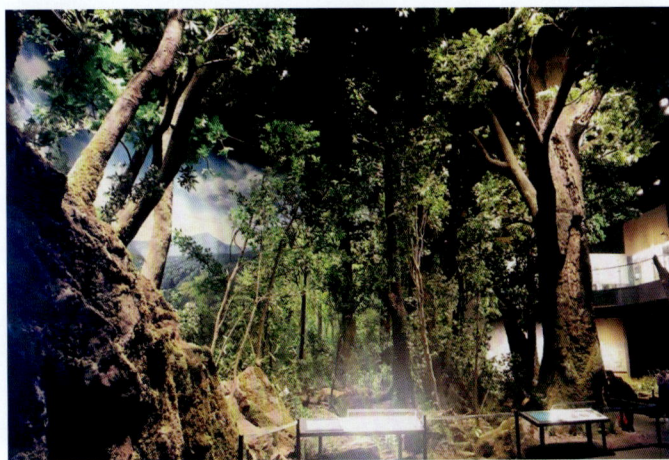

图 12-39　景深照明效果

3）通过窄角射灯对主要展品（标本）进行重点照明，形成舞台化主角的特写。

通过以上照明设计，在白天场景约 120m² 有限空间中，模拟相机的景深原理，营造出多层次及虚实意境。

（2）演绎照明运用（整体环境灯光营造）。

白天场景通过顶部模拟天光的泛光照明，利用 DMX512 控制系统产生主光源方向变化、亮度和色温控制结合舞台灯光实现一天（黎明—早晨—中午—晌午—傍晚—夜晚）的循环变化，实现模拟一天的光线变化，古田山常绿阔叶林的夜间场景如图 12-40 所示。

| 夜晚 | 黎明 | 早晨 | 中午 | 晌午 | 傍晚 | 夜晚 |

图 12-40　古田山常绿阔叶林的夜间场景

（3）舞台灯光运用。

在基本场景的灯光运用的同时，为营造独特的夜晚效果，整体场景的光源的色温采用 5500lx，模拟冷色环境，同时增加舞台染色灯，对场景进行蓝色的罩染，使场景形成整体的夜晚星空下的蓝色调。

（4）"余光互补"原理的运用。

在展示物种间关系上，采用"小景箱呈现大视野"设计方法。在灯光上主要运用余光互补的原理，在泛光照明基础上，结合人的余光效应，从中间至两侧逐渐降低亮度值，将视觉中心有效地聚焦在小景箱视觉中心部分，从而实现小景箱呈现大视野的视觉错觉。同时通过窄角射灯的重点照明强化展品（标本）舞台中心主角，将观众的注意力集中到所设定的聚焦点上。舞台灯光的运用效果如图 12-41 所示，小景箱呈现大视野的效果如图 12-42 所示。

图 12-41　舞台灯光的运用效果

图 12-42　小景箱呈现大视野的效果

12.7.3　技术特点

1. 艺术内容的综合性

生态场景灯光运用以模拟真实环境为主要照明目标,通过不同场景的灯光设计方案,利用人体视觉的特征和格式塔心理学(完形心理学)原理,充分模拟场景的各种形态及演绎,给观众"视觉暂留"现象,达到真实还原效果。通过灯光艺术营造丰富视觉效果,烘托场景设定的情节气氛,揭示展览传播目的,突出和提升展示艺术效果。

2. 艺术手段的科技性

随着科技的不断发展和进步,灯光技术也在日新月异地发展,数字化和网络化技术也越来越多地被用于灯光技术,功能强大而又操作简单的技术设备层出不穷。生态场景通过DMX512 控制系统,基于 LED 照明的可变色温技术,在展陈照明实践中运用智能可变色温灯光系统。这个系统由两部分组成,一是融入时间的概念,二是找到静态时的最佳色温。

3. 创造成果的融合性

展览的灯光作为展览的重要组成部分,它的效果同时融合在整体展览氛围之中,因此,生态场景灯光艺术创作时要综合考虑,不能脱离布景进行创作,不能只追求灯光的美。

4. 灯具选型的特点

一是高能效。本展览采用的均是低功率 LED 光源,LED 灯的平均寿命就达到了 10 万 h。二是安全性。首先,LED 灯发热量非常低,不会对人体造成烧伤;其次,其光线非常柔和,同时配备防眩光配件(蜂巢罩、遮光板减少眩光),降低眩光存在,营造良好的观展效果;再次,其不含汞等有害元素,对人体也不会存在任何辐射危害。三是环保性。选择不含损害展品的红外线及紫外线和污染环境的金属汞。LED 灯具是固体发光体,不仅具有耐震、不易破碎的功效,而且废弃物还可以回收,不会污染环境。四是还原性。通过采用高性能灯具,冷暖光源的混合使用,以及高显色指数和严格的色温控制,发挥各自灯具的特色，真实还原展览的效果。

12.8 成都金沙遗址博物馆

12.8.1 基本情况

成都金沙遗址博物馆是一种特殊的博物馆类型，它依托于考古遗址的原址建立，以遗址保护和展示为核心，坚持在发掘现场以最小的干预手段来保存遗址的原有面貌，使得博物馆不仅是展示文物的场所，也是保护和研究遗址的重要基地。该类博物馆主要依托考古成果展示，如金沙遗址博物馆依托金沙遗址的考古发现，为公众提供了直观的古蜀文明展示。

成都金沙遗址博物馆是一座展示商周时期四川地区古蜀文化的专题类博物馆，位于成都市区西北部的金沙遗址原址上。由遗迹馆、陈列馆、文物保护与修复中心、园林区和金沙剧场等部分组成，其中遗迹馆是金沙遗址大型祭祀活动场所的发掘地，而陈列馆则由"远古家园""王国剪影""天地不绝""千载遗珍""解读金沙"5 个展厅组成，全面展示了古蜀金沙的灿烂与辉煌。金沙遗址出土的"太阳神鸟"金饰，被确定为中国文化遗产标志和成都城市形象标识的主体图案。

12.8.2 照明方案及技术特点

1. "太阳神鸟金饰"照明案例

本案例中灯具被巧妙地隐藏在玻璃展柜上方的顶部开孔中，极窄光束角的轨道射灯精确地将光投射到中国文化遗产标志"太阳神鸟金饰"上，既达到了极佳的照明效果，又有效地避免了眩光干扰。

灯具光源采用 LED，色温采用 2700K 的暖黄光，更能体现出黄金的色泽。因为轨道射灯的配光更加丰富，光学效果也会优于一般的嵌入式筒灯，所以采用轨道灯具照明是最优的选择。本次设计不是使用常规的蜂窝状防眩网等配件来控制眩光，而是利用建筑本身的结构来起到防眩作用，效果也会更加自然。把防眩的要求结合到建筑和室内的设计中是本次设计的一大亮点。照明设计概念图如图 12－43 所示。

采用光束角为 6°且光斑质量高的灯具，有效避免了副光斑对照明效果的影响，使观众更能关注到太阳神鸟展品的本体上。当光束集中以后，展品的神圣感油然而生，同时也强化了展厅空间整体的戏剧感。项目实景效果图如图 12－44 所示。

2. 成都金沙遗址博物馆考古套箱照明案例

本案例的要求是对玻璃地面下方的考古套箱进行照明，如果把灯具装在地面以上对套箱内部进行照射的话，就会产生反射眩光，影响观众的参观体验。加上展厅内附近区域的照度略高，外部打光的方式灯具功耗也会偏大。因此，采用了在玻璃地面下面的考古套箱四周安装灯具轨道，用轨道灯具对套箱内部进行照明的方式。采用的偏光洗墙配光的轨道灯具，这种灯具一般是用在需要对墙面进行均匀布光的场合，也就是说用于对垂直面照射。把洗墙灯用于对考古套箱的遗迹表面的水平面进行照射，由于洗墙灯的不对称偏光特性，能把套箱底平面均匀覆盖，同时凹凸不平的遗迹面在灯光的照射下也显得更为立体真实，具有沧桑感。照明设计概念示意图如图 12-45 所示，项目实景照片如图 12-46 所示。

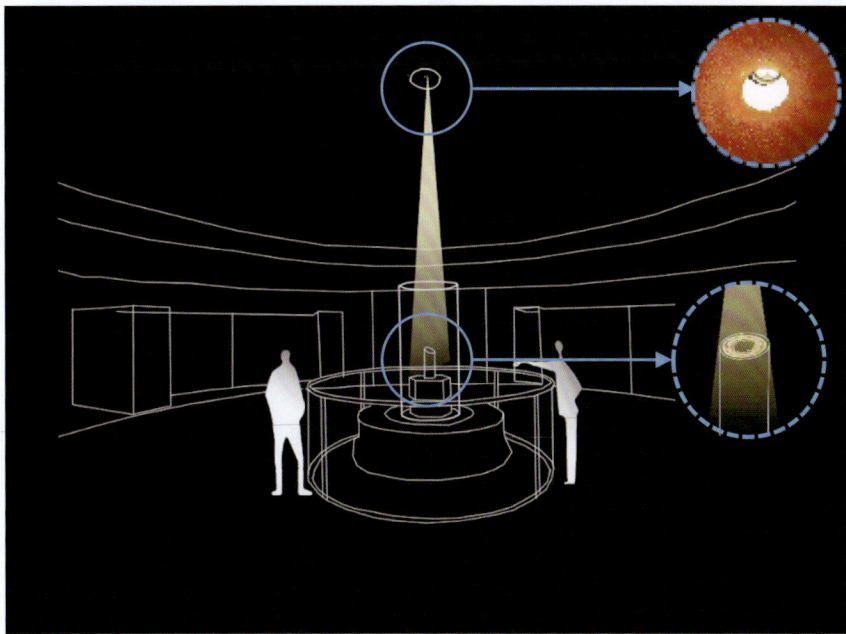

图 12-43　照明设计概念示意图

图 12-44　项目实景效果图

图 12-45　照明概念示意图

图 12-46　实景照片

3. 成都金沙遗址博物馆墓葬遗址照明案例

本案例为金沙遗址博物馆二展厅内的原状套箱的墓葬遗址的照明改造提升，把原来使用传统卤素光源的灯具换成 LED 轨道灯具。根据每个墓葬坑的大小和灯具离展示面的距离，选择不同功率和配光的灯具，把光束聚焦在每个墓葬坑里的遗骸上，光斑大小根据遗骸的大小来确定，避免了过多的溢出光。同时，为每个灯具配置了遮光筒和防眩罩，有效地减小了眩光干扰。由于墓葬坑上的照度高于周边的照度，形成了明暗对比，突出了展示重点；又因为照度控制得当，也使得墓葬坑上的展品与周边文物以及版面照明的照度综合协调，保证了视觉舒适度的要求。再加上灯具的照明都是集中在墓葬坑里的展品上，也减少了灯具的使用数量，从而也符合节约和节能的要求。其照明模拟计算图如图 12-47 所示，现场实景照片如图 12-48 所示。

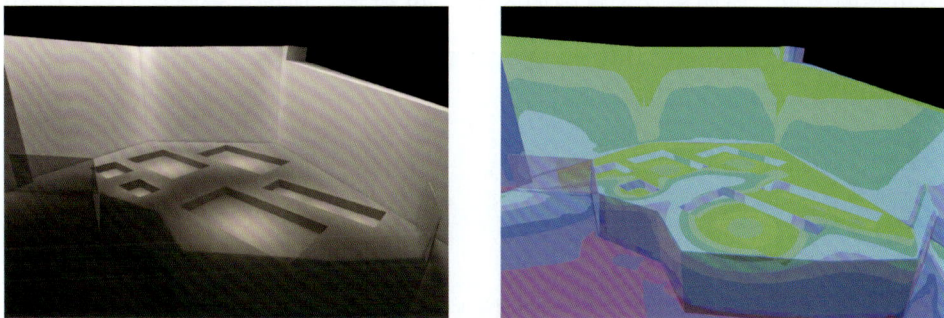

图 12-47　墓葬遗址照明模拟计算图

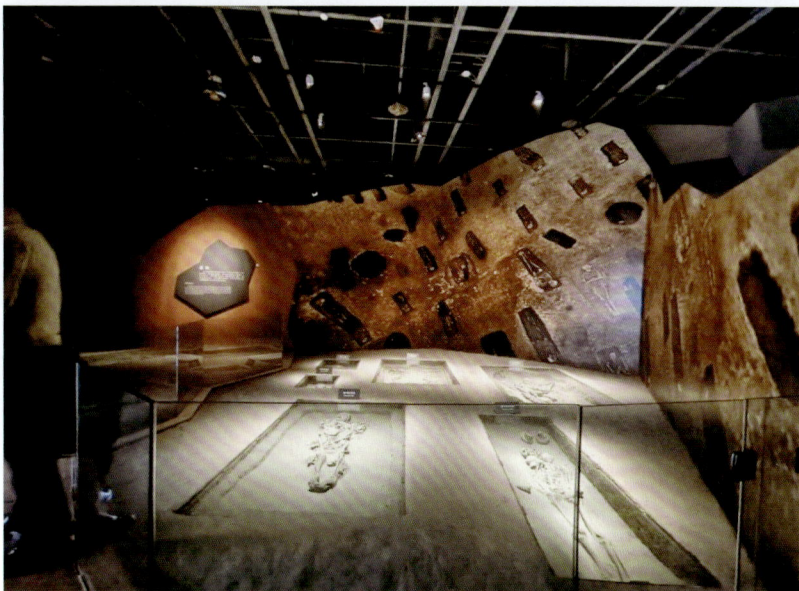

图 12-48　现场实景照片

4. 三星堆博物馆青铜大立人照明案例

本案例是对三星堆博物馆中具有代表性的文物展品"青铜大立人像"进行照明，由于青铜大立人像高达 2.62m，被放置在一个完全是玻璃的大展柜中，这项照明工作极具挑战性。

在权衡了柜内照明和柜外打光的优缺点以后，最终选择了在展柜内顶部和底部安装多个配光为极窄聚光的 LED 小射灯，从多个方向对青铜大立人进行照明的方案。从展柜顶部多个方向进行照射是为了用光对立像整体进行塑形，通过多方位的照射，尽可能把立像通体照亮。

因为是采用极窄聚光的灯具照射的效果，所以青铜大立人的立体感会凸显出来，不会像采用大泛光照明那样平淡。同时，由于灯具光束角比较窄，眩光容易控制，可以最大限度地减少眩光对参观者的影响。在实施过程中，又发现由于立像的两个手臂是举起的，会在手肘下方形成阴影，在展柜的底部又增加了两个 LED 小射灯进行了补光，极大地消除了阴影。最后终于呈现出了既通体照亮，又具有层次感不失去重点和细节，同时又最大限度地减少眩光和溢出光的效果。照明概念示意图如图 12－49 所示，现场实景照片如图 12－50 所示。

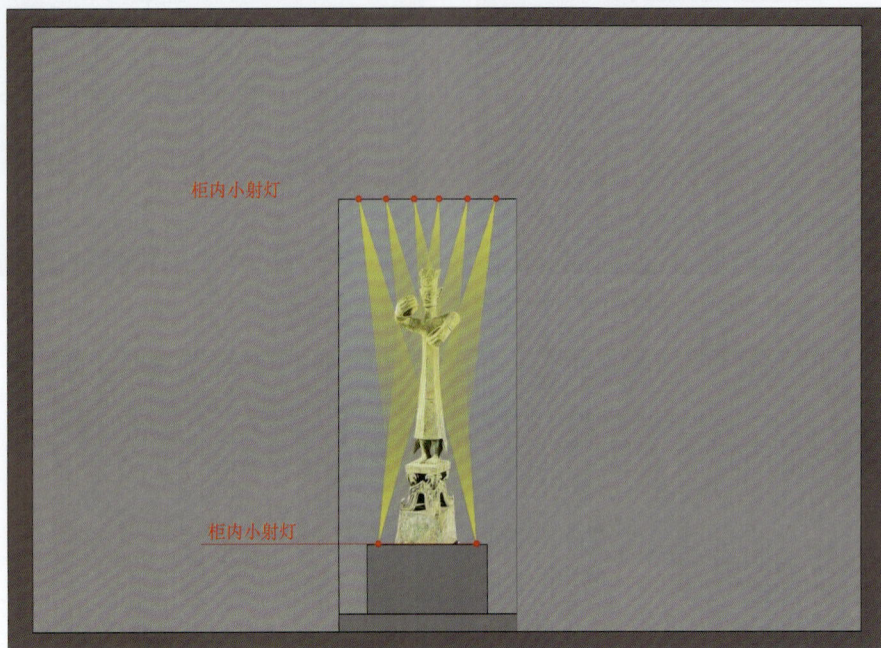

图 12－49　照明概念示意图

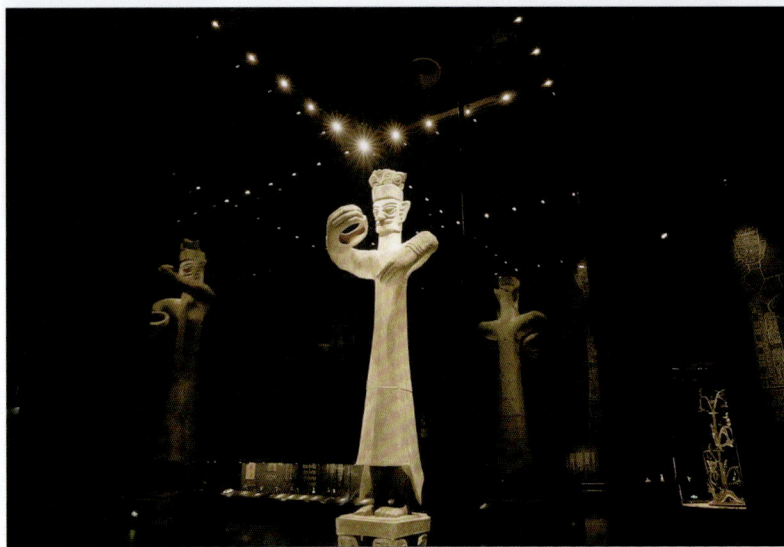

图 12－50　现场实景照片

12.9　国家博物馆　意大利之源——古罗马文明展

12.9.1　基本情况

"意大利之源——古罗马文明展"通过 500 余件展品，讲述了意大利作为政治和文化统一体的最初形成过程。展览如同一幅画卷、一部史书般，重温了古罗马特定历史时期的发展。展览分序幕、族群的记忆、语言的流变、诸神的崇拜、罗马的扩张、城市的规划、信仰的演变、奢华的时代、众生的面相、凯撒的后裔、时代的见证 11 个部分。通过对展览主题的认识与展厅设计的理解，本次展览的灯光设计以"阅读历史书籍一般的体验感"作为设计理念。根据各个展区展示内容的不同，照明设计在整体统一的前提下，根据每个单元内容的变化，设置了不同的灯光主题，力求在统一中寻求变化，使整个空间富有情节和韵律感。营造一种轻松、惬意的观赏氛围的同时，让人像读史书一样，随着历史的发展、变化而自然沉醉其中。

12.9.2　照明方案及技术特点

展览的灯光设计分为三个层次，首先是大环境下的整体照明，其次是突出展品的展柜内照明，再次是起到烘托氛围的装饰照明。好的照明设计在满足展品安全的前提下，通过光效塑造光影，创造满足视觉体验的美学需求的灯光效果，突出展陈主题、满足观众的参观心理。

1. 照明设计要求

本次展览从文物安全与低碳节能要求考虑，采用 LED 照明灯具，LED 光源几乎不含红外线与紫外线，且产生的热量较少，能够满足文物展品的安全需求。本次展览中展出的彩陶、壁画属于对光敏感展品，照度控制小于或等于 50lx。其他金属和石材等对光不敏感的展品，照度值小于或等于 300lx。

根据设计要求，展厅整体的色彩要求呈现一种有温度的肃静感。展厅外环境照明灯具的色温为 3500K。展柜内采用 4000K 的照明灯具，整体呈现的色彩与外环境形成呼应，柜内与柜外的色温略有变化，刚好起到强调展品的作用。壁画、彩陶对辨色要求高的展品，采用显色指数（R_a）大于或等于 90 的光源作照明光源。

2. 展陈空间照明方式

照明采用重点照明、普通照明相结合的方法，把握好不同照明方式之间的照度比例。把照明技术、展陈主题、艺术效果和观众参观心理相结合。

序厅设计元素提取古罗马斗兽场建筑元素，形成弧线造型，两个半弧形标题台形成一个正圆，营造强烈的意大利的地域文化氛围。一束强光从圆形正上方直射到地面，营造一种炫目、震撼的视觉效果，以吸引参观者的视线，聚集为焦点，同时，象征着一道文明之光，引导观者畅读这篇史诗。

照明方式采用环境照明结合重点照明的方式。使用宽光束射灯对标题文字进行重点照明，使用 LED 雕刻灯在主题文字下的弧线形平面上投射副标题文字，形成对比，突显主题。同时以漫射照明和定向照明结合的方式，来体现前言文字与展览标题字的前后空间感。环境照明采用宽光束 LED 射灯多点照明实现环境照明的均匀度。空间正上方使用窄光束 LED 射灯，提高照度，与环境光形成照度反差，形成一束光直射地面效果，达到吸引和烘托气氛的作用，其照明效果如图 12-51 所示。

图 12-51　序厅的照明效果

展厅第一部分序幕为整个展览内容的总括部分。本单元选择两件雕塑展品总括这一时期的历史特点。这部分空间采用重点照明方法，降低展品周围环境照度，使用宽光束 LED 射灯与窄光束 LED 射灯相结合的方法，打造视觉的凝聚效果。

第二部分为族群的记忆，本单元通过几组墓葬展品展现意大利族群的多样性。这部分空间照明设计打造肃穆感，环境照度控制在 50lx 左右，每组墓葬展品的照度控制在 120lx 左右，形成明暗对比，引导观众将注意力集中在四组墓葬展品上，减少空间环境对参观的干扰，打造肃穆庄严的参观环境，其照明效果如图 12-52 所示。

图 12-52　墓葬展品的照明效果

　　第三部分为语言的流变，这部分空间是第二部分空间与第四部分空间的过渡空间，展品数量相对较少，展品形式相对平面化。这部分照明设计力在打造均匀、舒缓的灯光效果。空间照度控制在 30lx 左右，空间照明基本来自墙面的折射光。打造舒缓的过渡空间，进入下一个空间参观。

　　第四部分是诸神的崇拜。展品以神像和献纳品为主，以神像为中心，献纳品环绕四周。神像部分以漫射照明和定向照明结合的方式，对展品进行重点照明，充分展示中心雕塑的立体感及细节。这部分空间使用 3000K 色温宽光束角 LED 灯具，形成偏暖色调的光环境。周围献纳品使用 3500K 的漫射照明，形成偏冷色调的光环境，冷色环境光包围暖色环境光，烘托神像的中心位置，体现精神崇拜的崇高与宁静之感。

　　第五部分是罗马军队扩张、第六部分是城市的规划，这两部分空间使用宽光束角 LED 射灯对地面和墙面进行均匀补光，提高整体空间照度，打造一种奋进之感。地面补光灯形成较弱的光斑，不仅明确了路线，更增强了整个空间的韵律感。

　　第七部分是信仰的演变，这部分空间采用重点照明的方式，使用宽光束角 LED 射灯进行重点照明，降低环境照度。其他展品以展柜为单位进行柜内照明，与中心展品形成外散式分布状态，形成由中心向外散布效果。

　　第八部分是奢华的时代，这部分展品从不同角度展示当时生活的奢华程度。这部分空间以展柜为单位，精准布光，突出展现每件展品自身的精美与奢华，每组展柜照度与色温基本保持一致，形成平行展示效果，不突出重点却件件都是重点的设计理念。第九、十部分是众生的面相、凯撒的后裔这两部展品为大理石雕刻头像，展陈设计为密集式集中展出，整体环境照明在 50lx 左右，采用窄光束 LED 射灯对展品进行精准照明，控制出光角度，缩短投影长度，减少展品间相互干扰，突出雕塑的立体感，如图 12-53 所示。

图 12-53　凯撒的后裔雕刻头像

　　第十一部分是时代的见证，这部分展品为钱币，展示空间与第十部分空间融合在一起，位于展厅出口处，考虑观众参观的舒适性，调高这部分空间整体的环境照度，形成展厅与公共空间之间的过渡空间。

3. 展品照明方法

本次展览展品照明使用柜内泛光和点射光相结合的照明方式。泛光照明使用 LED 灯具结合反射膜，呈现出柔和均匀的亮度。解决通常柜内使用单一点射光照明带来的照度不均匀的问题。点射光照明使用可变焦 LED 射灯，根据展品器形特征确定照明主光方向，减少展品表面的阴影，完整表现展品主体。同时，控制展品在背景中的投影长度。

多件展品在同一展柜内时，多光源照明需要根据展品的性质来设计，尽量保证主光方向的一致性，协调展示空间中不同光源彼此之间的相互关系、确定主光源与补充光源主次关系、照明间距要保持合理、光与影的切线要保持一致，缩短、减少展品在环境中的投影，亮度保持视觉的均衡，避免展品表面过亮、多点高光、多重投影等现象，其照明效果如图 12-54 所示。

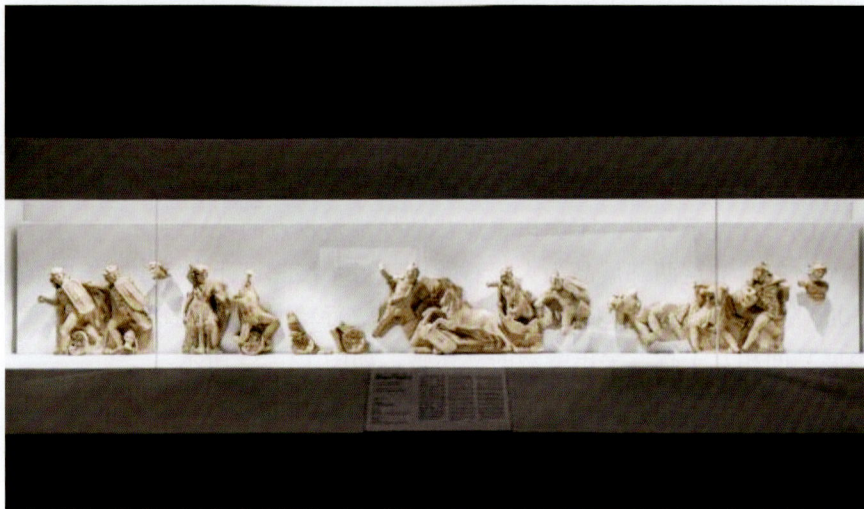

图 12-54　多件展品的照明效果

展柜内照明不仅要考虑主体展品的照明，还要考虑展品背景在整体环境中的作用。通常情况下，展品背景亮度和色彩不宜喧宾夺主，背景材料应尽量选择无光泽材料、色彩饱和度低于展品主体的饱和度，选择无色或中性色为宜。展品与背景的亮度控制在 1:3 之间较为舒适。

眩光产生来自光源的亮度、光源在视野内的位置、观察者的视线方向、照度水平和展示空间表面的反射比等诸多因素。照明设计过程中，根据具体展品形式，严格控制灯位和投射角度，将光源放置在没有斜线范围的区域之内，避开参观者的参观流动路线，以最大程度消除直接眩光。同时，避免展柜中光源直射所产生的眩光，控制玻璃展柜等反射面的亮度，使之低于主画面亮度，以消除二次反射眩光。表面有光泽的展品，控制光照度与出光方向，参观方向不应出现光幕反射，展品与环境的亮度对比如图 12-55 所示，控制灯位避免直射眩光如图 12-56 所示，避免反射眩光如图 12-57 所示，避免光幕反射如图 12-58 所示。

图 12-55 展品与环境的亮度对比

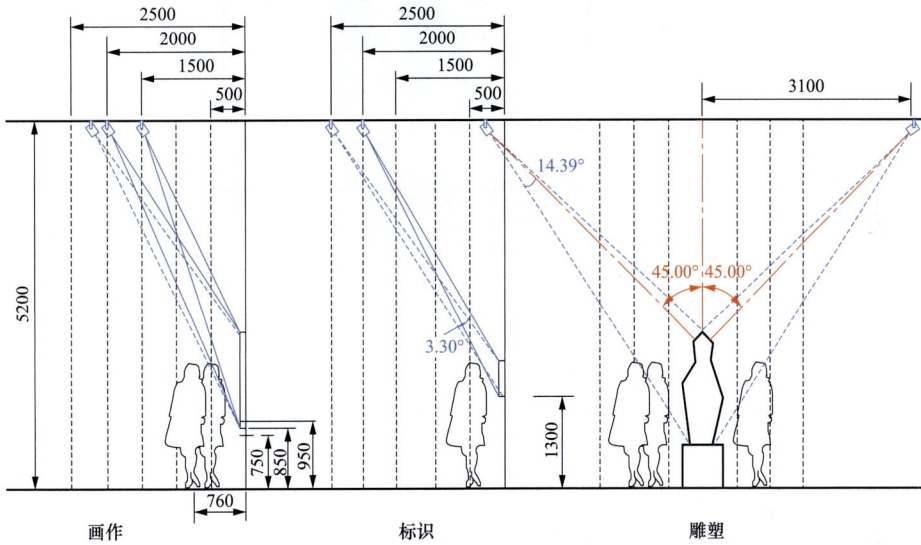

图 12-56 控制灯位避免直射眩光（单位：mm）

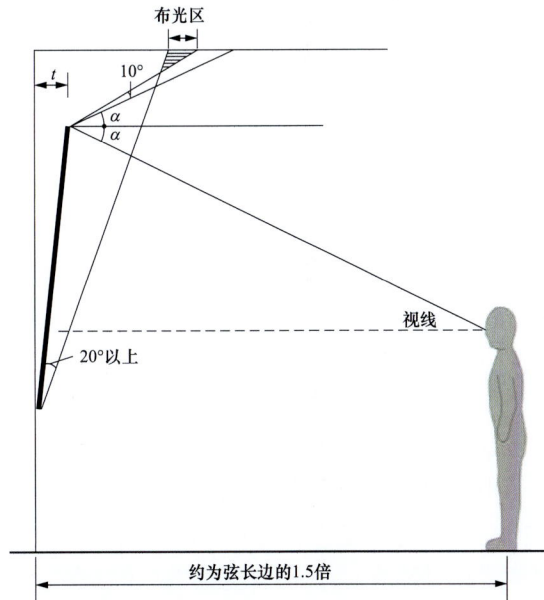

图 12-57 避免反射眩光

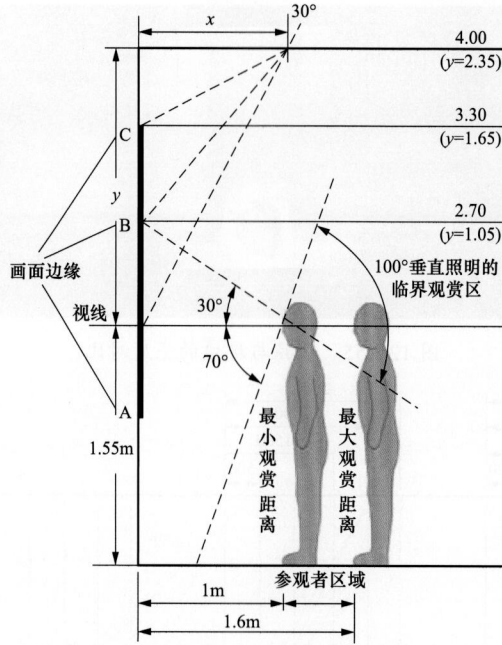

图 12-58 避免光幕反射

附　录

附录 A　博物馆照明用典型产品性能参数

一、赛尔富电子有限公司（SPOCK ZOOM－R1－220V）

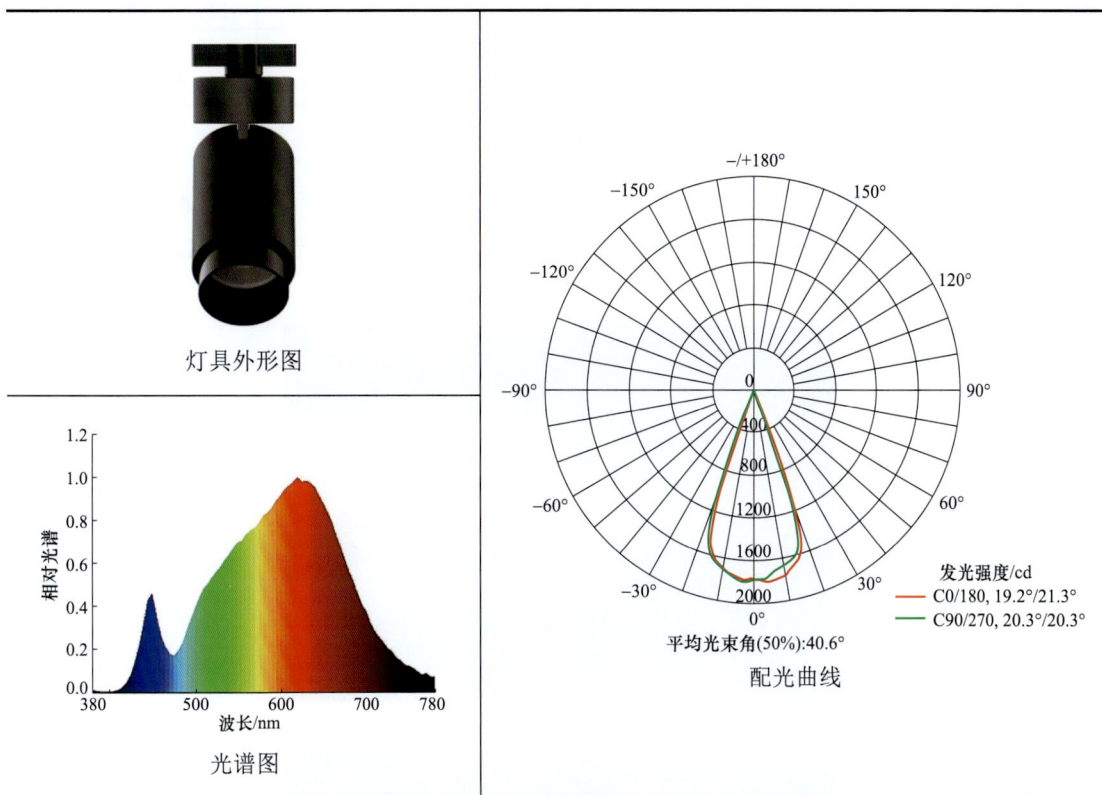

灯具外形图

光谱图

发光强度/cd
C0/180, 19.2°/21.3°
C90/270, 20.3°/20.3°

平均光束角(50%):40.6°

配光曲线

基本参数								
型号	生产厂家	外形尺寸/mm			光源	最大允许距高比 L/H		调光方式
SPOCK ZOOM－R1－220V	赛尔富电子有限公司	长 L	宽 W	高 H	LED	0°/180°	0.50	DALI/晶闸管
		289	91	91		90°/270°	0.50	
输入电压	额定功率	功率因数	使用寿命	防护等级	防触电类别	发光面尺寸		安装方式
220～240V AC	20W	0.98	50 000h	IP20	Ⅱ类	0.005 6m²		轨道式

光色电参数							
灯具效能 /（lm/W）	光通量 /lm	上射光通比 （%）	下射光通比 （%）	光分布分类	最大表面亮度 /（cd/m²）	遮光角 /（°）	频闪 SVM
36	720	0	100	直接型	312 685	35	0.002
一般显色 指数 R_a	特殊显色 指数 R_9	色温	色域指数	色容差 SDCM	空间颜色 不均匀性	蓝光能量比	
98	87	3000K	94.7	3.8	0.003 4	3.30%	

发光强度值/（cd/klm）

θ/（°）		0	5	10	15	20	25	30	35	40	45
I_θ/cd	0°/180°	1786	1756	1687	1559	689	71	34.7	18.1	11.1	5.94
	90°/270°	1786	1782	1704	1591	976	68.3	29.8	16.6	9.76	5.98
θ/（°）		50	55	60	65	70	75	80	85	90	—
I_θ/cd	0°/180°	3.26	1.41	0.63	0.28	0.18	0.09	0.06	0.02	0.00	—
	90°/270°	3.69	2.16	1.07	0.54	0.27	0.10	0.05	0.01	0.00	—

适用场所：博物馆、美术馆空间照明。

备注：本灯具选用高光效、高显色性光源；灯头调节角垂直90°、水平365°转动；灯具旋合转动可调焦，6°～40°，调焦光斑过渡自然；单灯支持旋钮调光，选配 DALI 或晶闸管电源，可实现 DALI 或晶闸管调光、调光无频闪。

宁波美术馆（一）

宁波美术馆（二）

二、赛尔富电子有限公司（GLOW2–L80–700）

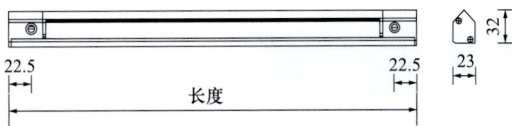

灯具外形图（单位：m）

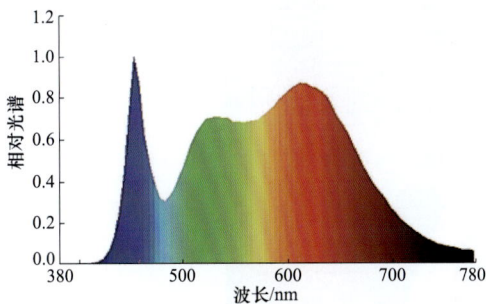

光谱图

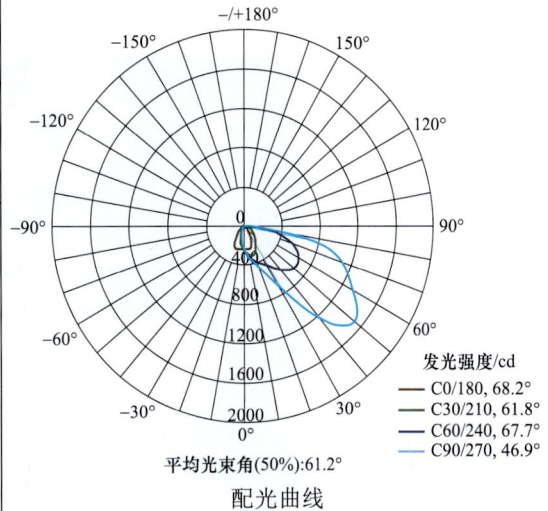

平均光束角(50%):61.2°

配光曲线

基本参数

型号	生产厂家	外形尺寸/mm			光源	灯具重量/kg	调光方式
GLOW2–L80–700	赛尔富电子有限公司	长 L	宽 W	高 H	LED	0.57	旋钮
		1168	23	32			
输入电压	额定功率	功率因数	使用寿命	防护等级	防触电类别	发光面尺寸	安装方式
220V AC	16W	0.93	50 000h	IP20	Ⅲ类	0.026m²	卡扣式

光色电参数

灯具效能/（lm/W）	光通量/lm	上射光通比（%）	下射光通比（%）	光分布分类	最大表面亮度/（cd/m²）	遮光角/（°）	频闪 SVM
85	1420	2	98	扫光	24 233	35	0
一般显色指数 R_a	特殊显色指数 R_9	色温	色域指数	色容差 SDCM	空间颜色不均匀性	光生物安全等级	
98	99	3000K/4000K	99.4	4.2	0.003 7	RG1	

发光强度值/（cd/klm）

θ/（°）		0	5	10	15	20	25	30	35	40	45
I_θ/cd	0°/180°	172	170	170	173	175	168	141	107	78.2	59.6
	90°/270°	185	213	244	276	315	376	485	653	851	1008
θ/（°）		50	55	60	65	70	75	80	85	90	—
I_θ/cd	0°/180°	47.6	39.6	32.9	26.8	20.4	14.4	9.15	5.18	3.04	—
	90°/270°	939	863	791	682	420	494	420	142	50.4	—

适用场所：博物馆展柜、玻璃展柜。

备注：本灯具选用光学级偏光透镜，使照射面照度更加均匀；防眩光设计；支持双色切换；灯具具备两种安装方式，立杆安装、卡扣安装，立杆安装可调节高度，方便适用各种柜型。

故宫博物院千里江山图

宁波中国港口博物馆

三、惠州市西顿工业发展有限公司（MAL40920-Ⅱ）

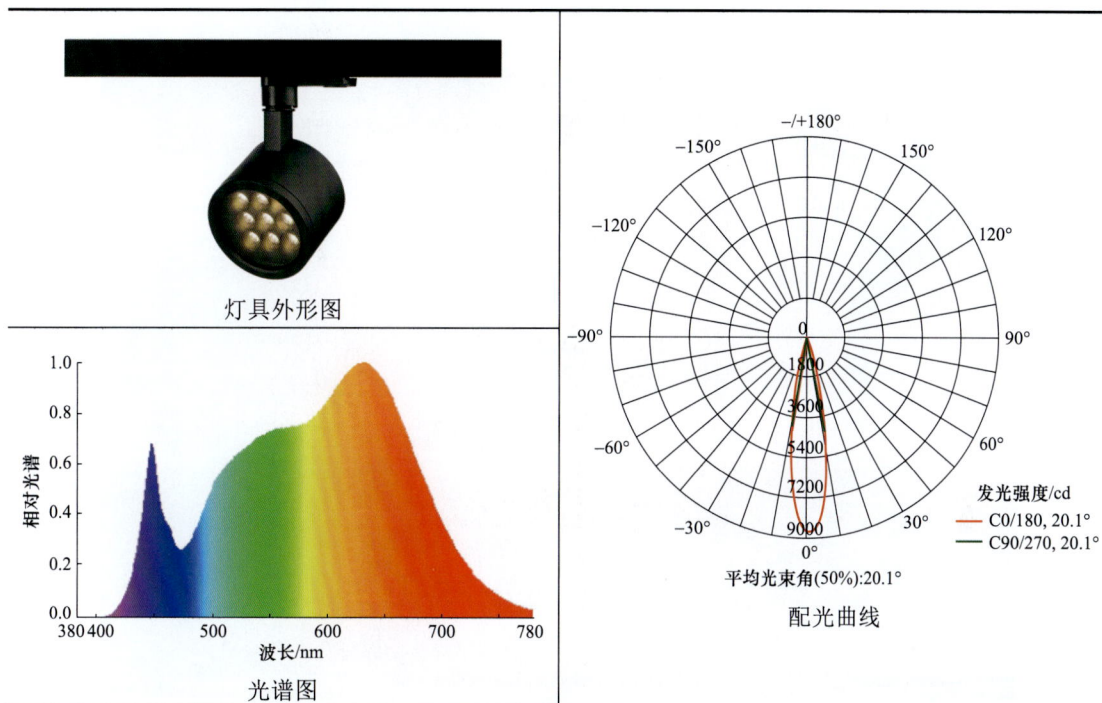

灯具外形图

光谱图

平均光束角(50%):20.1°

配光曲线

发光强度/cd
— C0/180, 20.1°
— C90/270, 20.1°

基本参数

型号	生产厂家	外形尺寸/mm			光源	灯具重量/kg	调光方式
MAL40920-Ⅱ	惠州市西顿工业发展有限公司	长 L	宽 W	高 H	LED	0.9	单灯调光
		110	81	81			
输入电压	额定功率	功率因数	使用寿命	防护等级	防触电类别	发光面尺寸	安装方式
220～240V AC	20W	0.96	30 000h	IP20	Ⅰ类	0.006 5m²	轨道式

光色电参数

灯具效能/(lm/W)	光通量/lm	上射光通比(%)	下射光通比(%)	光分布分类	最大表面亮度/(cd/m²)	频闪 SVM
67	1340	0	100	直接型	1 065 815	0.002
一般显色指数 R_a	特殊显色指数 R_9	色温	色域指数	色容差 SDCM	空间颜色不均匀性	蓝光能量比
97	91	4000K	99	1.5	0.000 3	10%

发光强度值/(cd/klm)

θ/(°)		0	5	10	15	20	25	30	35	40	45
I_θ/cd	0°/180°	5170	4362	2879	1510	632	234	92.5	38.3	16.5	7.45
	90°/270°	5152	4325	3132	1707	627	193	110	37.2	19.5	8.60
θ/(°)		50	55	60	65	70	75	80	85	90	—
I_θ/cd	0°/180°	3.43	1.83	1.00	0.44	0.26	0.18	0.08	0.04	0.04	—
	90°/270°	3.33	2.01	1.16	0.48	0.37	0.24	0.15	0.08	0.07	—

适用场所：博物馆、美术馆专业照明。

备注：磁吸式光学配件。

中国工艺美术馆：中华瑰宝——中国非物质文化遗产和工艺美术展

国家大剧院艺术馆：美育芳草——中央美术学院造型艺术传承展

四、惠州市西顿工业发展有限公司（MPL40923）

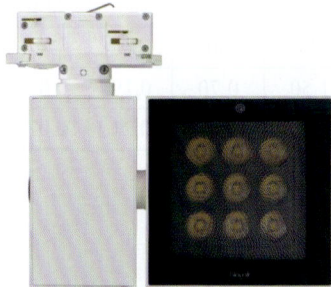

灯具外形图

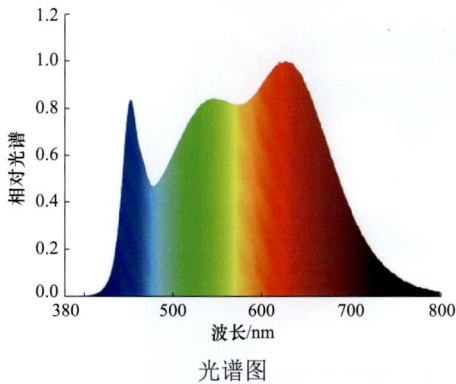

光谱图

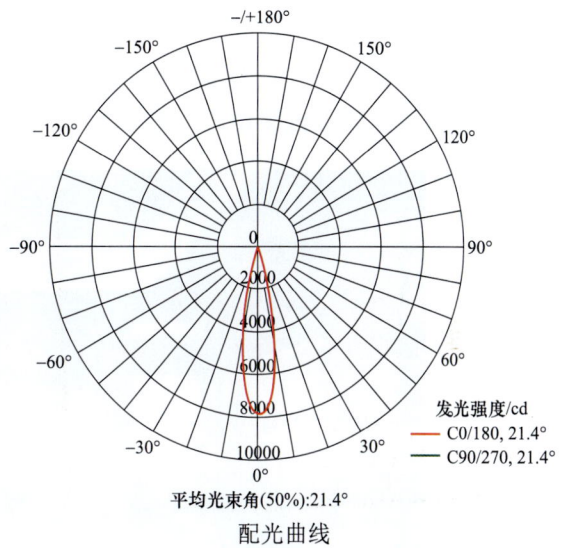

发光强度/cd
— C0/180, 21.4°
— C90/270, 21.4°

平均光束角(50%):21.4°

配光曲线

基本参数

型号	生产厂家	外形尺寸/mm			光源	灯具重量/kg	调光方式
MPL40923	惠州市西顿工业发展有限公司	长 L	宽 W	高 H	LED	0.9	单灯调光
		124	124	42			
输入电压	额定功率	功率因数	使用寿命	防护等级	防触电类别	发光面尺寸	安装方式
220～240V AC	23W	0.90	50 000h	IP20	Ⅰ类	0.015m²	轨道式

光色电参数

灯具效能/（lm/W）	光通量/lm	上射光通比（%）	下射光通比（%）	光分布分类	最大表面亮度/（cd/m²）	频闪 SVM
57	1311	0	100	直接型	590 618	0.001
一般显色指数 R_a	特殊显色指数 R_9	色温	色域指数	色容差 SDCM	空间颜色不均匀性	蓝光能量比
98	90	3000K	102	2.0	0.000 8	12.03%

发光强度值/（cd/klm）										
$\theta/(°)$		0	5	10	15	20	25	30	35	40	45
I_θ/cd	0°/180°	6943	6557	4535	2060	735	226	85.0	46.8	32.0	23.6
	90°/270°	6850	5774	3390	1215	374	128	57.3	33.5	23.0	16.5
$\theta/(°)$		50	55	60	65	70	75	80	85	90	—
I_θ/cd	0°/180°	16.7	11.0	7.04	4.38	2.61	1.50	0.70	0.19	0.07	—
	90°/270°	11.5	8.05	5.38	3.48	2.17	1.28	0.64	0.21	0.07	—

适用场所：博物馆、美术馆专业照明。

备注：按压式反弹自锁设计，光学配件换取方便。

四川博物院：古代四川——两晋至唐五代时期

五、恒亦明（重庆）科技有限公司（BGS3009－30W）

灯具外形图

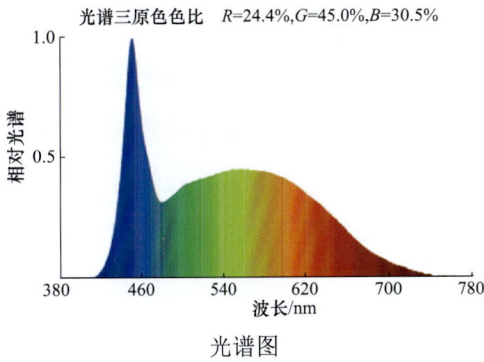

光谱三原色色比　$R=24.4\%,G=45.0\%,B=30.5\%$

光谱图

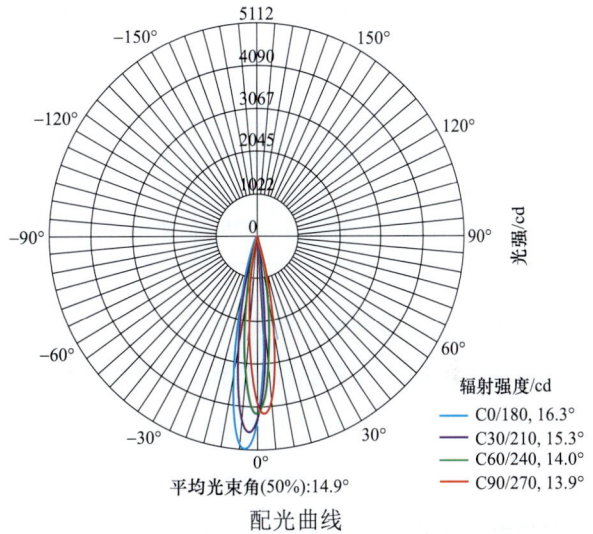

平均光束角(50%):14.9°

配光曲线

辐射强度/cd
- C0/180, 16.3°
- C30/210, 15.3°
- C60/240, 14.0°
- C90/270, 13.9°

基本参数

型号	生产厂家	外形尺寸/mm			光源	最大允许距高比 L/H		调光方式
BGS3009－30W	恒亦明（重庆）科技有限公司	长 L	宽 W	高 H	LED	0°/180°	0.17/0.90	ZPLC
		258	255	110		90°/270°	0.37/1.03	
输入电压	额定功率	功率因数	使用寿命	防护等级	防触电类别	发光面尺寸		安装方式
220～240V AC	30W	0.96	50 000h	IP20	Ⅱ类	0.002 8m²		固定式

光色电参数

灯具效能/（lm/W）	光通量/lm	上射光通比（%）	下射光通比（%）	光分布分类	最大表面亮度/（cd/m²）	频闪 SVM
22	660	0	100	直接型	5178	0.26
一般显色指数 R_a	特殊显色指数 R_9	色温	颜色漂移	色容差 SDCM	空间颜色不均匀性	光生物安全等级
91	48	5700K	0.002	3.4	0.001	RG1

发光强度值/（cd/klm）										
$\theta/(°)$		0	5	10	15	20	25	30	35	40	45
I_θ/cd	0°/180°	4538	2264	790	308	133	49.1	35.2	22.7	17.1	12.7
	90°/270°	4000	4032	2442	1015	341	148	67.4	67.4	21.6	15.3

$\theta/(°)$		50	55	60	65	70	75	80	85	90	—
I_θ/cd	0°/180°	8.87	6.06	4.26	3.13	2.41	1.87	1.62	1.53	1.45	—
	90°/270°	10.7	7.25	4.50	2.73	1.70	1.08	0.73	0.58	0.53	—

适用场所：博物馆、画廊。

备注：冷锻一体散热体设计，高导热、低温差、低光衰、高寿命。工业级光学滤镜，光学级可变光阑设计、多层干式阻尼设计、双向无极线性变焦设计。多片高清镀膜光学镜片组合而成，出光效率高、光斑均匀度高、畸变小、线性变焦范围大、光斑截止线性好。可随意调节角度、位置，满足不同光形需求。ZPLC 照明控制，配合智能开关，实现调光调色温，满足不同场景需求。

江西省革命烈士纪念堂

六、恒亦明（重庆）科技有限公司（BGD3020‑24W）

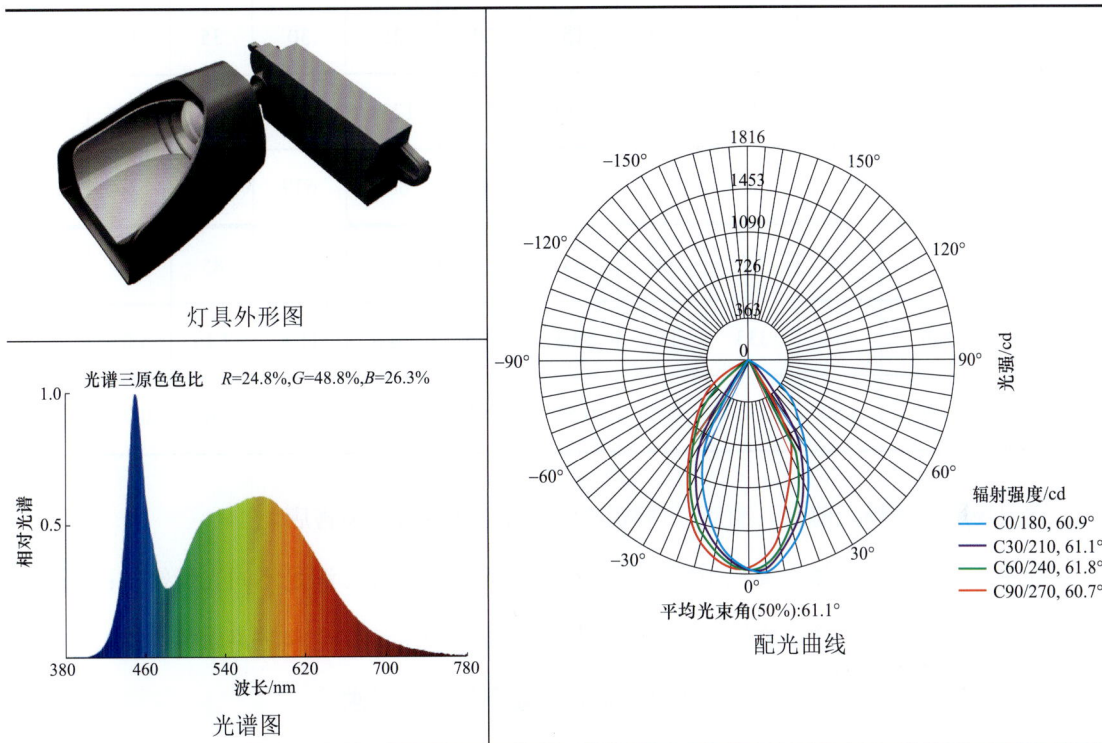

灯具外形图

光谱三原色色比　R=24.8%,G=48.8%,B=26.3%

光谱图

辐射强度/cd
C0/180, 60.9°
C30/210, 61.1°
C60/240, 61.8°
C90/270, 60.7°

平均光束角(50%):61.1°

配光曲线

基本参数

型号	生产厂家	外形尺寸/mm			光源	最大允许距高比 L/H		调光方式
BGD3020‑24W	恒亦明（重庆）科技有限公司	长 L	宽 W	高 H	LED	0°/180°	0.95	ZPLC
		230	115	142		90°/270°	0.73	
输入电压	额定功率	功率因数	使用寿命	防护等级	防触电类别	发光面尺寸		安装方式
220～240V AC	24W	0.94	50 000h	IP20	Ⅱ类	0.001 3m²		固定式

光色电参数

灯具效能 /（lm/W）	光通量 /lm	上射光通比 （%）	下射光通比 （%）	光分布分类	最大表面亮度 /（cd/m²）	频闪 SVM
75	1800	1.2	98.8	直接型	1816	0.28
一般显色指数 R_a	特殊显色指数 R_9	色温	颜色漂移	色容差 SDCM	空间颜色不均匀性	光生物安全等级
92	53	5400K	0.002	2.2	0.001	RG1

发光强度值/（cd/klm）										
θ/（°）		0	5	10	15	20	25	30	35	40	45
I_θ/cd	0°/180°	1786	1811	1711	1598	1442	1231	1037	869	710	583
	90°/270°	1760	1677	1507	1269	1060	887	629	127	55.4	21.4
θ/（°）		50	55	60	65	70	75	80	85	90	—
I_θ/cd	0°/180°	451	333	151	58.3	34.5	20.6	11.5	7.19	5.03	—
	90°/270°	6.80	2.41	0.75	0.55	0.49	0.47	0.51	0.60	0.73	—

适用场所：商场、前台、酒店、博物馆、画廊、时装店、零售店。

备注：全铝合金灯体，美观耐用；可随意调节角度、位置，满足不同光形需求；高显色指数，长寿命；安装方便，将轨道盒对准路轨向上推，使卡位完全卡进路轨槽；ZPLC 照明控制接口；配合智能开关，实现调光调色温，满足不同场景需求。

江西省革命烈士纪念堂

七、深圳市埃克苏照明系统有限公司（Sprite X11）

灯具外形图

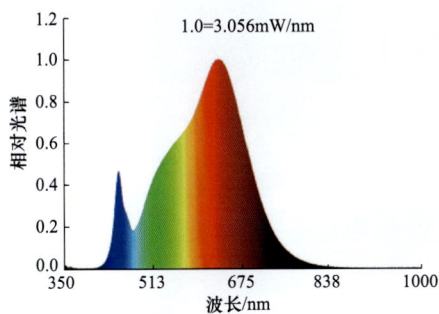

光谱图

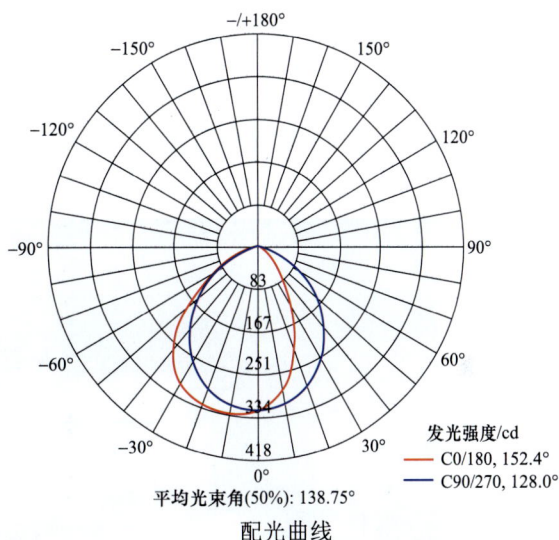

平均光束角(50%): 138.75°

配光曲线

基本参数						
型号	生产厂家	外形尺寸/mm			光源	灯具重量/kg	调光方式

型号	生产厂家	长 L	宽 W	高 H	光源	灯具重量/kg	调光方式
Sprite X11	深圳市埃克苏照明系统有限公司	1338	10	—	LED	0.35	群组调光
输入电压	额定功率	功率因数	使用寿命	防护等级	防触电类别	发光面尺寸	安装方式
12V DC	15W	＞0.9	50 000h	IP20	Ⅱ类	5pcs 170×4mm	立杆式

光色电参数						
灯具效能/（lm/W）	光源光通量/lm	上射光通比（%）	下射光通比（%）	光分布分类	最大表面亮度/（cd/m²）	遮光角/（°）	频闪SVM
47	1100	0	100	非对称分布	—	—	＜0.5
一般显色指数 R_a	特殊显色指数 R_9	色温	色域指数	色容差SDCM	空间颜色不均匀性	光生物安全等级	
95	90	3000K	102	＜2	—	RG1	

发光强度值/（cd/klm）									
θ/（°）	0	5	10	15	20	25	30	35	40	45
I_θ/cd 　0°/180°	319.1	317.0	311.2	301.6	289.8	273.8	254.5	232.3	207.1	180.6
90°/270°	320.9	307.2	285.6	254.2	215.0	175.5	134.7	98.3	70.3	50.7
θ/（°）	50	55	60	65	70	75	80	85	90	—
I_θ/cd 　0°/180°	152.7	125.6	99.3	75.4	53.8	35.3	20.0	7.6	0.3	—
90°/270°	36.3	26.5	18.7	12.3	6.9	1.8	0.1	0.2	0.3	—

适用场所：平柜及台柜。

备注：超高显色指数/无频闪/可定制外观颜色/群组调光/DALI控制/遮光翼组件/垂直360°调节。

陕西历史博物馆——秦汉馆

殷墟博物馆

八、深圳市埃克苏照明系统有限公司（Tracron M6）

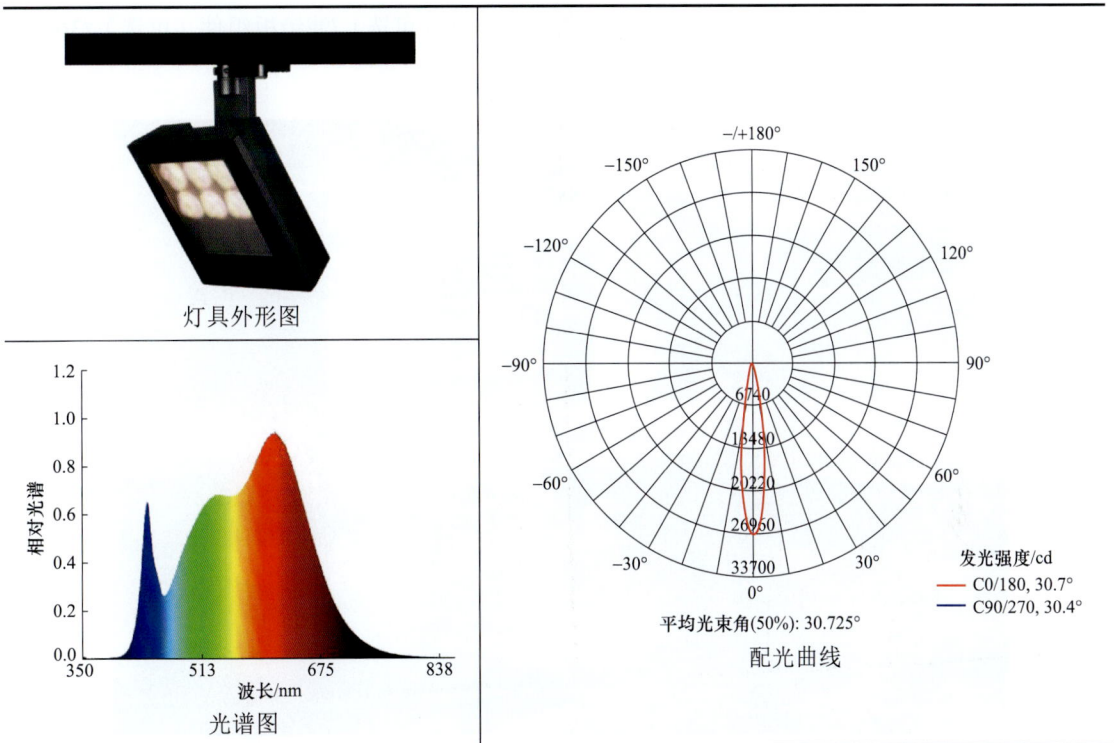

灯具外形图

光谱图

配光曲线

发光强度/cd
C0/180, 30.7°
C90/270, 30.4°
平均光束角(50%): 30.725°

基本参数						
型号	生产厂家	外形尺寸/mm			光源	灯具重量/kg	调光方式
Tracron M6	深圳市埃克苏照明系统有限公司	长 L	宽 W	高 H	LED	1.6	自带旋钮调光
		182	65	243			
输入电压	额定功率	功率因数	使用寿命	防护等级	防触电类别	发光面尺寸	安装方式
220～240V AC	40W	>0.9	50 000h	IP20	Ⅰ类	0.016 6m²	轨道式

光色电参数							
灯具效能 /(lm/W)	光源光通量 /lm	上射光通比 （%）	下射光通比 （%）	光分布分类	最大表面亮度 /(cd/m²)	遮光角 /(°)	频闪 SVM
69	3240	0.0	100	旋转对称分布	—	45（加防眩网）	<0.5
一般显色 指数 R_a	特殊显色 指数 R_9	色温	色域指数	色容差 SDCM	用空间颜色 非均匀性	光生物安全等级	
>95	>90	3500K	99	<2	—	RG1	

发光强度值/(cd/klm)										
θ/(°)		0	5	10	15	20	25	30	35	40	45
I_θ/cd	0°/180°	26 946.1	21 784.6	10 444.4	3213.4	957.0	385.5	193.2	109.6	71.0	50.3
	90°/270°	26 928.2	21 640.8	10 260.1	3122.6	935.4	381.9	191.4	109.6	69.2	48.5
θ/(°)		50	55	60	65	70	75	80	85	90	—
I_θ/cd	0°/180°	39.5	29.6	23.4	16.2	11.7	5.4	3.6	0.0	0.0	0.0
	90°/270°	37.7	27.0	21.6	14.4	9.0	2.7	1.8	0.9	0.0	0.0

适用场所：展陈高空间。

备注：超高显色指数/Triod 光学系统/可更换扩散镜组件/一灯多光型/无频闪/可定制外观颜色/内置调光/DALI 控制/防眩网组件（可选）/挡光板组件（可选）/滤镜板组件（可选）/360°×90°调节。

秦始皇帝陵铜车马博物馆

中国人民革命军事博物馆

附录 B　中国建研院主编的照明相关标准规范

[1]《建筑采光设计标准》（GB 50033）。

[2]《建筑照明设计标准》（GB/T 50034）。

[3]《室外作业场地照明设计标准》（GB 50582）。

[4]《绿色照明检测及评价标准》（GB/T 51268）。

[5]《建筑节能与可再生能源利用通用规范》（GB 55015）。

[6]《建筑环境通用规范》（GB 55016）。

[7]《住宅项目规范》（GB 55038）。

[8]《城市道路照明设计标准》（CJJ 45）。

[9]《建筑照明术语标准》（JGJ/T 119）。

[10]《体育场馆照明设计及检测标准》（JGJ 153）。

[11]《城市夜景照明设计规范》（JGJ/T 163）。

[12]《导光管采光系统技术规程》（JGJ/T 374）。

[13]《采光测量方法》（GB/T 5699）。

[14]《照明测量方法》（GB/T 5700）。

[15]《光源显色性评价方法》（GB/T 5702）。

[16]《照明光源颜色的测量方法》（GB/T 7922）。

[17]《光环境评价方法》（GB/T 12454）。

[18]《视觉工效学原则　室内工作场所照明》（GB/T 13379）。

[19]《玻璃幕墙光热性能》（GB/T 18091）。

[20]《中国古典建筑色彩》（GB/T 18934）。

[21]《博物馆照明设计规范》（GB/T 23863）。

[22]《LED 室内照明应用技术要求》（GB/T 31831）。

[23]《LED 城市道路照明应用技术要求》（GB/T 31832）。

[24]《照明工程节能监测方法》（GB/T 32038）。

[25]《LED 体育照明应用技术要求》（GB/T 38539）。

[26]《LED 夜景照明应用技术要求》（GB/T 39237）。

[27]《温室气体　产品碳足迹量化方法与要求　照明产品》（GB/T 45818）。

[28]《智能照明系统应用技术要求》（待批）。

[29]《建筑环境设计　室内环境　视觉环境设计方法》（待批）。

[30]《Light and lighting-Commissioning of lighting systems in buildings》（ISO/TS 21274）。

[31]《Light and lighting-Commissioning of lighting systems in building-Explanation and justification of ISO/TS 21274》（ISO/TR 5911）。

[32]《安全生产等级评定技术规范　第 45 部分：城市照明设施施工维护单位》（DB11/T 1322.45）。

［33］《城市道路照明设施运行维护规范》（DB11/T 1876）。

［34］《地下空间照明设计标准》（T/CECS 45）。

［35］《室内灯具光分布分类和照明设计参数标准》（T/CECS 56）。

［36］《智能照明控制系统技术规程》（T/CECS 612）。

［37］《直流照明系统技术规程》（T/CECS 705）。

［38］《LED 室内照明建筑一体化技术规程》（T/CECS 1122）。

［39］《健康建筑评价标准》（T/ASC 02）。

［40］《健康社区评价标准》（T/CECS 650 | T/CSUS 01）。

［41］《健康小镇评价标准》（T/CECS 710）。

［42］《健康照明检测及评价标准》（T/CECS 1365）。

［43］《照明用 LED 驱动电源技术要求》（T/CECS 10021）。

［44］《"领跑者"标准评价要求　教室照明产品》（T/EES 0002）。

［45］《质量分级及"领跑者"评价要求　展陈照明产品》（T/CSTE 0284）。

［46］《中小学教室光环境测量方法》（T/JYBZ 025）。

参 考 文 献

［1］ 中国国家标准化管理委员会. 博物馆照明设计规范：GB/T 23863［S］. 北京：中国标准出版社，2024.

［2］ Control of damage to museum objects by optical radiation［J］. CIE157，2004.

［3］ 石东玉. 图说中国绘画颜料［M］. 北京：中国科学技术出版社，2019.

［4］ 章西焕. 雄黄与光反应的研究进展［J］. 地球学报，2017，038（002）：223－228.

［5］ Jovanovski G, Makreski P. Intriguing minerals: photoinduced solid-state transition of realgar to pararealgar—direct atomic scale observation and visualization［J/OL］. ChemTexts, 2020, 6 (1): 5. https://doi.org/10.1007/s40828－019－0100－9.

［6］ Berrie B H, Strumfels Y. Change is permanent:thoughts on the fading of cochineal-based watercolor pigments［J/OL］. Heritage Science, 2017, 5(1): 30. https://doi.org/10.1186/s40494－017－0143－4.

［7］ Bagniuk J, Pawcenis D,Conte A M, et al. How to estimate cellulose condition in insulation transformers papers? Combined chromatographic and spectroscopic study［J/OL］Polymer Degradation and Stability, 2019, 168: 108951. https://doi.org/10.1016/j.polymdegradstab.2019.108951.

［8］ Koperska M A,Pawcenis D,Bagniuk J, et al. Degradation markers of fibroin in silk through infrared spectroscopy［J/OL］. Polymer Degradation and Stability, 2014, 105: 185－196. https://doi.org/10.1016/j.polymdegradstab.2014.04.008.

［9］ 荆其诚，教书兰，喻柏林，等. 色度学［M］. 北京：科学出版社，1991.

［10］ 张锋辉. 基于光敏感文物色彩损伤评价的博物馆展陈照明指标［D］. 天津：天津大学，2020.

［11］ Rui D., Wang B.P., Song X.Y., Zhang F.h.& Liu G.The mathematical expression of damage law of museum lighting on dyed artworks［J］. Scientific Reports.

［12］ 宋向阳. 基于光敏感文物基材与胶体损伤的博物馆展陈照明指标研究［D］. 天津大学，2019.

［13］ Dang R, Zhang T, Wang JX, et al. Lighting quantity indexes for lighting traditional Chinese paintings based on pigments protection and substrates protection in museums［J］. Optics Express, 2021, 29(14): 22667－22678.

［14］ 谭慧姣. 适用于中国脆弱文物照明的 LED 光源损伤度评估方法［D］. 天津大学，2019.

［15］ Illuminating Engineering Society of North America.ANSI/IES RP－30－17. Recommended Practice for Museum Lighting［S］. New York，2017.

［16］ British Standards Institution.Specification for Managing Environmental Conditions for Cultural Collections［S］. BSI Standards, London, 2012.

［17］ Japanese Standards Association. JIS Z9110－1979，Recommended levels of illumination［S］. 1979.

［18］ СНИП－23－05－95, Daylighting and Artificial Lighting［S］. 1979.

［19］ European Committee for Standardization.EN 12464－1, Light and lighting-Lighting of work places-Part 1-Indoor work places［S］. Brussels，2012.

［20］ Rui D,Liu R, Luo T.Lighting quantity indexes for lighting paintings in museums［J］.Building and

Environment, 2020, 182: 107142.

［21］ Dang R, Zhang T, Wang JX,et al.Lighting quantity indexes for lighting traditional Chinese paintings based on pigments protection and substrates protection in museums［J］. Optics Express, 2021, 29(14): 22667－22678.

［22］ Dang Rui, Wang Jiaxing, Zhang Tong. Optimal LED spectrum for lighting Chinese paper cultural relics in museums ［J］. Journal of Cultural Heritage，2021.

［23］ Dang R, Guo W, Luo T.Correlated colour temperature index of lighting source for polychrome artworks in museums ［J］. Building and Environment, 2020, 185.

［24］ 中华人民共和国国家文物局. 馆藏文物保存环境监测终端光照度：WW/T 0105—2020［S］. 北京：文物出版社，2020.

［25］ 中华人民共和国国家文物局. 馆藏文物保存环境质量检测技术规范：WW/T 0016—2008［S］. 北京：文物出版社，2008.

［26］ 中华人民共和国国家文物局. 馆藏文物保存环境监测终端紫外线：WW/T 0094—2020［S］. 北京：文物出版社，2020.

［27］ 中国国家标准化管理委员会. 光源显色性评价方法：GB/T 5702—2019［S］. 北京：中国标准出版社，2019.